# Mathematik–Abitur
# Grundkurs 1996 — 2001

Die in Baden-Württemberg zentral gestellten
Abituraufgaben mit ihren Lösungen

Bearbeitet von
Kurt Arzt, Tübingen
Maximilian Selinka, Reutlingen
Jörg Stark, Tübingen

D1720513

## Ernst Klett Verlag
### Stuttgart  Düsseldorf  Leipzig

Gedruckt auf Recyclingpapier,
hergestellt aus 100 % Altpapier.

9 783127 256307

1. Auflage           A 1 ⁵ ⁴ ³ ² ¹ | 2005 2004 2003 2002 2001

Alle Drucke dieser Auflage können im Unterricht nebeneinander benutzt werden, sie sind untereinander unverändert. Die letzte Zahl bezeichnet das Jahr dieses Druckes.

© Ernst Klett Verlag GmbH, Stuttgart 2001.
Internetadresse: http://www.klett-verlag.de
Alle Rechte vorbehalten.

Fotosatz und Satzgrafiken: Iris Druckvorlagen GmbH, Becheln
Druck: Gutmann, Heilbronn

ISBN 3 – 12 – 725630 – 2

# Vorwort

Nachdem in Baden-Württemberg der „Bildungsplan für das Gymnasium der Normalform" am 1. August 1994 in Kraft getreten ist, finden die Abiturprüfungen ab dem Jahre 1997 auf der Grundlage dieses Bildungsplanes statt. Er enthält für den Grundkurs (Klassenstufen 12 und 13) als wichtigste Änderung bis zur zentralen schriftlichen Abiturprüfung nur noch die Gebiete „Analysis" und „Analytische Geometrie". Deshalb besteht der vorliegende Grundkursband nur noch aus diesen beiden Abschnitten. Nach dem neuen Bildungsplan werden Fragestellungen aus der Wahrscheinlichkeitsrechnung und Statistik in den Klassenstufen 10 und 11 behandelt; sie werden also nicht mehr im schriftlichen Abitur abgeprüft. Leser, die sich für die „alten" Aufgaben aus diesem Bereich interessieren, verweisen wir auf die bisherigen Ausgaben dieser Sammlung.

In den kommenden Abiturprüfungen hat ein Prüfling also je eine Aufgabe aus der „Analysis" und der „Analytischen Geometrie" zu bearbeiten. Die Auswahl aus den Vorschlägen trifft der Lehrer; die Bearbeitungszeit beträgt insgesamt 240 Minuten.

Die Form der Darstellung der Aufgaben und ihrer Lösungen ist beibehalten worden. So folgen nach dem Aufgabentext zunächst die Lösungshinweise und dann die Lösungen.

Für gezielte Vorbereitungsarbeit sind als Hilfsmittel wie bisher noch ein Inhaltsverzeichnis und ein Register beigefügt. Das Inhaltsverzeichnis läßt den Typ der Aufgabe und die Fragen der Teilaufgaben in Stichworten erkennen. Im Register kann in alphabetischer Anordnung aufgesucht werden, in welcher Aufgabe besondere Fragestellungen behandelt werden.

Wir hoffen, daß diese Aufgabensammlung auch weiterhin für Schüler und Lehrer eine nützliche Hilfe ist bei der Vorbereitung auf die Abiturprüfung.

## Bemerkungen

Bei den Lösungen und Hinweisen zu den Aufgaben aus der Analysis werden wie früher folgende Abkürzungen verwendet:

| Abkürzung | Bedeutung |
|---|---|
| K: $y = f(x)$ | Die Funktion f hat das Schaubild (den Funktionsgraphen) mit der Gleichung $y = f(x)$. Fehlt dabei die Angabe der Definitionsmenge, dann gilt die maximale reelle Definitionsmenge des Terms $f(x)$. |
| $N\left(4 \mid 0; -\frac{4}{3}\right)$ | In $N(4 \mid 0)$ hat K: $y = f(x)$ einen gemeinsamen Punkt mit der x-Achse und K hat in N die Steigung $-\frac{4}{3}$. <br> Oder: In $x = 4$ hat f eine Nullstelle mit $f'(4) = -\frac{4}{3}$. |
| $M(0 \mid 2; \sqrt{3})$ | In $M(0 \mid 2)$ hat K: $y = f(x)$ einen Schnittpunkt mit der y-Achse. Die Tangente in M hat die Steigung $\sqrt{3}$. <br> Oder: An der Stelle $x = 0$ gilt $f(0) = 4$ und $f'(0) = \sqrt{3}$. |
| $H\left(\frac{1}{2} \mid \frac{64}{27}\right)$ | Im Punkt H hat K: $y = f(x)$ einen Hochpunkt. <br> Oder: $f: x \mapsto f(x)$ nimmt an der Stelle $\frac{1}{2}$ das Maximum $\frac{64}{27}$ an. |
| $T(-3 \mid -\sqrt{2})$ | In gleicher Weise für Tiefpunkt und Minimum. |
| $W(2 \mid 3; -4)$ | K: $y = f(x)$ hat in $W(2 \mid 3)$ einen Wendepunkt. Die Steigung der Wendetangente ist $-4$. <br> Oder: f hat in $x = 2$ eine Wendestelle mit $f(2) = 3$, $f'(2) = -4$. |
| $As(y = 4; x = 2;$ <br> $y = x + 1)$ | K: $y = f(x)$ hat die Asymptoten $y = 4$, $x = 2$, $y = x + 1$. |
| $A(x) \Leftrightarrow B(x)$ | Die Aussageformen $A(x)$ und $B(x)$ haben über derselben Grundmenge dieselbe Lösungsmenge. Dies wird vor allem bei Äquivalenzumformungen von (Un-)Gleichungen verwendet. |

| Abkürzung | Bedeutung |
|---|---|
| $A(x) \Rightarrow B(x)$ | Über einer gewissen Grundmenge ist die Lösungsmenge von $A(x)$ in der von $B(x)$ enthalten. Die Lösungsmenge von $B(x)$ kann also umfangreicher sein als die von $A(x)$. So gilt über $\mathbb{R}$ : $x = 2 \Rightarrow x^2 = 4$. Oder: $A(x)$ ist „hinreichend" für $B(x)$. „Aus $A(x)$ folgt $B(x)$". |

# Analysis

# Inhaltsverzeichnis

| Auf-gabe | Funktion | Inhalt der Aufgabe |
|---|---|---|
| 96/1 | $f_t(x) = (x-1)^2 \cdot (t-x)$;<br>$x \in \mathbb{R}$; $t \in \mathbb{R}$;<br>Schaubild $K_t$ | a) Achsenpunkte; 3. Schnittpunkt einer Geraden durch zwei Kurvenpunkte mit K; Inhalt von $K_{-1}$ mit x-Achse, Fläche liegt unterhalb der x-Achse<br>b) Nachweis: $K_1$ hat keine Extrempunkte; Extrempunkte für $t > 1$; welchen Wert hat t, damit die Gerade durch die Extrempunkte die Steigung $\frac{2}{9}$ hat?<br>c) Tangenten an $K_t$ und $K_{t^*}$ sollen parallel sein. Welche Beziehung besteht zwischen t und $t^*$?<br>d) Dreiecksproblem: Für welches t bilden drei Kurvenpunkte ein rechtwinkliges, ein gleichseitiges Dreieck? |
| 96/2 | $f(x) = 2 - \dfrac{2}{x^2+1}$;<br>$x \in \mathbb{R}$;<br>Schaubild K;<br>$g(x) = 2 - \dfrac{2}{x^2}$; $x \neq 0$ | a) Von K: Symmetrie; Asymptoten; Punkte mit Achsen; Extrem- und Wendepunkte; Abstand von K zur Asymptote fordert Lösung einer Ungleichung<br>b) Rechteck soll extremalen Inhalt haben; Art des Extremums<br>c) Zeige: $g(x) < f(x)$ für $x \neq 0$; Abschätzung eines Inhalts mit $g(x)$ statt mit $f(x)$<br>d) Tangente an K durch O; zeige: Alle Punkte von K außer Berührpunkt liegen unterhalb der Tangente; Minimalabstand zweier Punkte |
| 96/3 | $f(x) = (4 - e^x) \cdot e^x$;<br>$x \in \mathbb{R}$;<br>Schaubild K;<br>$g_r(x) = r \cdot e^x$; $x \in \mathbb{R}$;<br>$r > 0$;<br>Schaubild $C_r$ | a) Achsenpunkte; H, T; W; Asymptoten; Schaubilder K und $C_1$<br>b) Schnittpunkt von K und $C_1$; Flächeninhalte von K und $C_1$; Verhältnis der Inhalte<br>c) Zeige: K und $C_r$ schneiden sich für $0 < r < 3$ im 1. Feld; Aufstellen einer Inhaltsfunktion A(r); für welches r wird A(r) extremal?<br>d) Wachstumsprozeß bei einer Pflanze: Zunächst exponentielles Wachstum, dann beschränktes Wachstum |

| Aufgabe | Funktion | Inhalt der Aufgabe |
|---|---|---|
| 97/1 | $f(x) = -\dfrac{1}{30}x^5 + \dfrac{1}{2}x^3$ ; <br><br> $x \in \mathbb{R}$ ; <br><br> Schaubild K | a) Untersuchung von K auf Symmetrie, Achsenschnittpunkte, Hoch-, Tief- und Wendepunkte; Schaubild K. <br> b) Dreieck OPQ mit P(u\|f(u)) und Q(0\|f(u)) rotiert um die y-Achse, maximales Volumen des Kegels. <br> c) Fläche zwischen K und den Koordinatenachsen im 1. Feld wird durch Parallele zur y-Achse durch den Hochpunkt geteilt, Inhalt der beiden Teilflächen; Gerade durch den Hochpunkt, welche diese Fläche halbiert. <br> d) Anzahl der gemeinsamen Punkte von K und einer Ursprungsgeraden, wann gibt es 5 gemeinsame Punkte? |
| 97/2 | $f(x) = \dfrac{36x - 48}{x^3}$ ; <br><br> $x \neq 0$ ; <br><br> Schaubild K <br><br> $y = \dfrac{a}{x}$ ; $a > 0$ ; $x \neq 0$ | a) Untersuchung von K auf Asymptoten, gemeinsame Punkte N mit x-Achse, Extrem- und Wendepunkte; Schaubild K; Anzahl der Schnittpunkte von K und einer Parallelen zur x-Achse. <br> b) Flächeninhalt A(z) zwischen K, der x-Achse und x = z im 1. Feld, Untersuchung von A(z) für $z \to \infty$. <br> c) Dreieck NRP mit P(u\|f(u)) und R(u\|0) soll extremalen Flächeninhalt haben, Stelle, Art und Wert des Extremums. <br> d) Bestimmung von a so, dass K die Hyperbel $y = \dfrac{a}{x}$ berührt, Bestimmung des Berührpunktes, Nachweis, dass Hyperbel oberhalb von K verläuft. |

| Auf-gabe | Funktion | Inhalt der Aufgabe |
|---|---|---|
| 97/3 | $f(x) = e^{x-1}$; <br> $x \in \mathbb{R}$; <br> Schaubild $K_f$ <br> $g(x) = e^{1-x}$; <br> $x \in \mathbb{R}$; <br> Schaubild $K_g$ <br> $T(t) = 50 + 150 \cdot e^{-kt}$; <br> $k > 0$; $t \geqq 0$ | a) Untersuchung von $K_f$ und $K_g$ auf Achsenschnittpunkte und Asymptoten; Schnittpunkt und Schnittwinkel von $K_f$ und $K_g$; Schaubilder $K_f$ und $K_g$. <br> b) Fläche zwischen $K_f$, $K_g$ und der y-Achse im 1. Feld rotiert um die x-Achse, Volumen des Rotationskörpers. <br> c) Tangente in $P(u \mid g(u))$ schneidet y-Achse in Q, Dreieck QPR mit $R(0 \mid g(u))$ soll extremalen Inhalt erhalten, Stelle, Art und Wert des Extremums. <br> d) Abkühlungsvorgang mit gegebenem $T(t)$; Nachweis der Abkühlung; mögliche Temperaturen; Bestimmung von k; Zeitpunkt, ab dem die Abkühlung in einer Minute weniger als zwei Grad beträgt. |
| 98/1 | $f(x) = -\frac{1}{8}x^3 + \frac{3}{4}x^2$; <br> $x \in \mathbb{R}$; <br> Schaubild K <br> K, die Gerade durch $P(-2 \mid f(-2))$ und $Q(3 \mid f(3))$ sowie die Parallele zur x-Achse durch den Hochpunkt H von K beschreiben das Profil eines Tales. | a) Untersuchung von K auf Achsenschnittpunkte, Hoch-, Tief- und Wendepunkte; Gleichung der Geraden durch P und Q; Schaubild K; Querschnittsfläche des bis P mit Wasser gefüllten Tales. <br> b) Gerade durch H und den Punkt $B(u \mid f(u))$ mit $0 < u < 4$ soll möglichst steil verlaufen. Bestimmung von B. <br> c) Bestimmung eines Punktes über H, von dem aus man bei Trockenheit den Punkt $R(-1 \mid f(-1))$ sieht. |

| Auf-<br>gabe | Funktion | Inhalt der Aufgabe |
|---|---|---|
| 98/2 | $f(x) = \frac{1}{4} \cdot \frac{x^4 + 2x^2 - 3}{x^2}$;<br>$x \neq 0$;<br>Schaubild K<br><br>$h(x) = \frac{1}{4}x^2 + \frac{1}{2}$ | a) Untersuchung von K auf Asymptoten, ge-<br>meinsame Punkte N mit x-Achse, Extrem-<br>und Wendepunkte; Schaubild K.<br>b) Bestimmung eines Näherungswertes für t<br>mit $1 \leq t \leq 2$ und $f'(t) = 1,5$ mit dem<br>Newton-Verfahren.<br>c) Untersuchung der ganzrationalen Nähe-<br>rungsfunktion g von f; Angabe des Funk-<br>tionsterms von g, Vergleich der Lage der<br>Schaubilder von f und g; Abstand der<br>Punkte $P(u \mid f(u))$ und $Q(u \mid g(u))$ soll klei-<br>ner als 1 werden; Nachweis, dass der<br>Abstand von P und Q auch beliebig groß<br>werden kann.<br>d) Flächeninhalt einer Fläche zwischen f und<br>h, welche die Form eines Weinglases hat;<br>Volumen eines Kegels, der dem Weinglas<br>einbeschrieben wird. |
| 98/3 | $f(x) = 4 - 3e^{-0,5x}$;<br>Schaubild K<br>$g(x) = e^{0,5x}$;<br>Schaubild C<br>$h_1(t) = 100e^{-kt}$;<br>$h_2(t) = 100e^{-ct}(1 - e^{-t})$ | a) Untersuchung von K und C auf Achsen-<br>schnittpunkte und Asymptoten; Zeich-<br>nung.<br>b) Schnittpunkte und Schnittwinkel von K<br>und C; Gerade $x = a$ soll Strecke mög-<br>lichst großer Länge aus K und C aus-<br>schneiden.<br>c) Inhalt der Fläche zwischen K, C und den<br>Geraden $y = 4$ und $x = z$ mit $z > \ln 16$;<br>Flächeninhalt für $z \to \infty$.<br>d) radioaktiver Zerfall: Berechnung von k<br>aus der Halbwertszeit; Berechnung von c;<br>Bestimmung des Zeitpunktes, bei dem $h_2$<br>maximal ist. |

| Auf-gabe | Funktion | Inhalt der Aufgabe |
|---|---|---|
| 99/1 | $f_t(x) = \dfrac{1}{3t} x(x-3t)^2$ ; <br> $x \in \mathbb{R}$ ; $t > 0$ <br> Schaubild $K_t$ | a) Untersuchung von $K_2$ auf gemeinsame Punkte mit der x-Achse, Hoch-, Tief- und Wendepunkte; Schaubild $K_2$ ; Inhalt der Fläche zwischen $K_2$ und der x-Achse. <br> b) S sei der Schnittpunkt von $K_2$ und der Geraden $y = -2$; Näherungswert für $x_S$ mit dem Newton-Verfahren. <br> c) Bestimmung von t so, dass die Gerade durch O und den Wendepunkt $W_t$ die Normale in $W_t$ ist. <br> d) C sei das Schaubild einer ganzrationalen Funktion h dritten Grades; Bedingung an die Koeffizienten von $h(x)$, wenn C keine Extrempunkte hat; Anzahl der gemeinsamen Punkte von C und der x-Achse in diesem Fall. |
| 99/2 | $f(x) = \dfrac{-x^3 + 5x^2 - 4}{2x^2}$ ; <br> $x \neq 0$ ; <br> Schaubild K | a) Untersuchung von K auf Asymptoten, Extrem- und Wendepunkte; Nachweis, dass 1 Nullstelle von f, weitere Nullstellen; Schaubild K mit Asymptoten. <br> b) Inhalt A(t) der Fläche zwischen K und den Geraden $y = -\dfrac{1}{2}x + \dfrac{5}{2}$, $x = 1$ und und $x = t$ mit $t > 1$; Bestimmung von t mit $A(t) = 1$; $\lim\limits_{t \to \infty} A(t)$. <br> c) Die Tangenten an K durch $S\left(0 \mid -\dfrac{7}{2}\right)$ bilden mit ihren Berührpunkten ein Dreieck, Flächeninhalt dieses Dreiecks. <br> d) Jede Gerade $y = -\dfrac{1}{2}x + r$ mit $r < \dfrac{5}{2}$ schneidet K in den Punkten $A_r$ und $B_r$; Nachweis, dass die y-Achse die Strecke $A_r B_r$ halbiert. |

**A**

| Auf-gabe | Funktion | Inhalt der Aufgabe |
|---|---|---|
| 99/3 | $f(x) = \frac{1}{4}e^x - 2e^{-x}$;<br><br>Schaubild $K_f$<br><br>$g(x) = 2e^{-x}$;<br><br>Schaubild $K_g$ | a) Untersuchung von $K_f$ auf gemeinsame Punkte mit den Koordinatenachsen, Hoch-, Tief- und Wendepunkte; Schaubilder $K_f$ und $K_g$.<br>b) Fläche zwischen $K_f$, den Koordinatenachsen und der Geraden $x = \ln 2$; exakte sowie näherungsweise Berechnung des Inhaltes mit der Fassregel von Kepler prozentuale Abweichung des Näherungswertes.<br>c) Fläche OQPR mit $P(u \mid g(u))$, $Q(u \mid 0)$, $R(0 \mid g(u))$ rotiert um die x-Achse; Bestimmung des Drehkörpers mit extremalem Volumen; Art und Wert des Extremums.<br>d) Exponentielle Abnahme: wann sind noch 10 % der ursprünglichen Anzahl vorhanden; wann nimmt die Anzahl erstmals in einem Jahr um weniger als 1500 Individuen ab? |
| 00/1 | $f_t(x) = \frac{1}{t}(x^3 - 9x)$;<br><br>$x \in \mathbb{R}$; $t > 0$<br>Schaubild $K_t$ | a) Untersuchung von $K_t$ auf Symmetrie, gemeinsame Punkte mit der x-Achse, Hoch-, Tief- und Wendepunkte; Schaubild $K_6$; Inhalt der Fläche zwischen $K_t$ und der positiven x-Achse.<br>b) Schnittpunkte von $K_6$ und der Normalen von $K_6$ in $N(3 \mid 0)$.<br>c) Die Gerade $x = 1$ schneidet $K_t$ in $R_t$ und die Gerade $y = tx$ in $S_t$; Länge und minimale Länge der Strecke $R_t S_t$.<br>d) Die Schnittpunkte von $K_t$ mit der x-Achse und die Extrempunkte von $K_t$ bilden ein Parallelogramm; Nachweis, dass dieses Parallelogramm für $t = 3\sqrt{2}$ ein Rechteck ist; Untersuchung, ob das Parallelogramm eine Raute sein kann. |

| Auf-gabe | Funktion | Inhalt der Aufgabe |
|---|---|---|
| 00/2 | $f(x) = \dfrac{x^2 + x + 1}{x + 1}$ ; <br><br> $x \in D$ ; <br><br> Schaubild K | a) Maximale Definitionsmenge D von f; Untersuchung von K auf gemeinsame Punkte mit den Koordinatenachsen, Asymptoten sowie Hoch-, Tief- und Wendepunkte; Schaubild K mit Asymptoten. <br> b) Schaubild der Parabel C: $y = -x^2$ schneidet K in P; näherungsweise Berechnung der x-Koordinate von P mit dem newtonschen Näherungsverfahren. <br> c) Untersuchung der Wärmedämmung eines Hauses: Bestimmung der Dicke einer Dämmschicht, welche die Heizkosten auf ein Drittel reduziert; Bedeutung von Konstanten bei den Kosten für das Anbringen einer Dämmschicht; Dicke der Dämmschicht mit minimalen Kosten für die folgenden 20 Jahre. |
| 00/3 | $f_t(x) = e^{2x} - 2te^x + t^2$ ; <br><br> $x \in \mathbb{R}$ , $t \in \mathbb{R}$ ; <br><br> Schaubild $G_t$ <br><br> $k(x) = e^{2x}$ ; <br><br> $x \in \mathbb{R}$ ; <br><br> Schaubild K | a) Untersuchung von $G_2$ auf Extrempunkte, Wendepunkte und Asymptoten; Schaubild $G_2$. <br> b) Inhalt A(u) der Fläche zwischen $G_2$, der y-Achse und den Geraden $y = 4$ und $x = u$ für $u < 0$; Grenzwert von A(u) für $u \to -\infty$. <br> c) Bestimmung von $t > 0$ so, dass sich $G_t$ und K orthogonal schneiden. <br> d) Nachweis, dass $f_t$ genau eine Wendestelle hat oder streng monoton wachsend ist; Gleichung der Kurve, auf der die Wendepunkte von $G_t$ liegen. |

**A**

| Auf-gabe | Funktion | Inhalt der Aufgabe |
|---|---|---|
| 01/1 | $f(x) = \dfrac{1}{12}x^3 - x^2 + 3x;$ <br> $x \in \mathbb{R};$ <br> Schaubild K | a) Untersuchung von K auf gemeinsame Punkte mit der x-Achse, Hoch-, Tief- und Wendepunkte; Schaubild K. <br> b) K teilt das Rechteck, das von den Koordinatenachsen und ihren Parallelen durch $H\left(2 \left\vert \dfrac{8}{3}\right.\right)$ gebildet wird, in zwei Teilflächen; Verhältnis der Inhalte dieser Teilflächen. <br> c) Tangente an K in $P(u\,\vert\,f(u))$ schneidet die y-Achse in Q; der Inhalt des Dreiecks OPQ soll maximal werden. <br> d) Bestimmung der Gleichung einer Flugbahn beim Kugelstoßen; Auftreffwinkel der Kugel auf dem Boden. |
| 01/2 | $f(x) = \dfrac{x^2+1}{x^2-1};$ <br> $x \in D;$ <br> Schaubild K | a) Maximaler Definitionsbereich D von f; Untersuchung von K auf Symmetrie, Asymptoten, gemeinsame Punkte mit den Koordinatenachsen sowie Extrempunkte; Schaubild K mit Asymptoten. <br> b) Näherungsweise Berechnung des Inhaltes der Fläche zwischen K, der x-Achse und den Geraden $x=2$ und $x=4$ mit der keplerschen Faßregel. <br> c) Zwei Parallelen zur x-Achse mit gleichem Abstand $a>1$ zur x-Achse schneiden aus K Strecken der Längen $s_1$ und $s_2$ aus; Nachweis, daß $s_1 \cdot s_2$ unabhängig von a ist. <br> d) C ist das Schaubild der Funktion h, C hat die Asymptote $y=-2$, h die Nullstellen $\pm 3$ und den Pol 0 ohne Vorzeichenwechsel; Skizze von C; Angabe eines möglichen Funktionstermes für h. |

| Auf-gabe | Funktion | Inhalt der Aufgabe | |
|---|---|---|---|
| 01/3 | $f(x) = x + 1 + e^{1-x}$;  $x \in \mathbb{R}$;  Schaubild K | a) | Untersuchung von K auf Extrempunkte, Wendepunkte und Asymptoten; Schaubild K; Schnittpunkt der Tangente an K in $S(0 \mid f(0))$ mit der x-Achse. |
| | | b) | Inhalt $A(z)$ der Fläche zwischen K, der y-Achse und den Geraden $y = x + 1$ und $x = z$ für $z > 0$; Grenzwert A von $A(z)$ für $z \to +\infty$; Bestimmung von z so, dass $A(z)$ um 1 % von A abweicht. |
| | | c) | Gerade $x = u$ mit $u > 0$ schneidet K und die Gerade $y = x + 1$ in den Punkten P und Q, Inhalt des Dreiecks PQR mit $R(0 \mid 1)$ soll extremal werden, Art und Wert des Extremums; Änderungen bei den vorigen Überlegungen, wenn R auf der y-Achse verschoben wird. |
| | $f_t(x) = tx + 1 + e^{1-x}$;  $x \in \mathbb{R}$; $t \in \mathbb{R}$;  Schaubild $K_t$ | d) | Untersuchung, für welche t die Schaubilder $K_t$ wie das Schaubild K eine Asymptote und einen Tiefpunkt besitzen. |

Zu jedem $t \in \mathbb{R}$ ist eine Funktion $f_t$ gegeben durch
$$f_t(x) = (x-1)^2 \cdot (t-x); \quad x \in \mathbb{R}.$$
Ihr Schaubild sei $K_t$.

a) Untersuchen Sie $K_{-1}$ auf gemeinsame Punkte mit den Koordinatenachsen. Die Gerade durch die Kurvenpunkte P und R von $K_{-1}$ (siehe nebenstehende Skizze) schneidet $K_{-1}$ in einem weiteren Punkt S.
Berechnen Sie die Koordinaten von S.
Bestimmen Sie den Inhalt der Fläche, die von $K_{-1}$ und der x-Achse begrenzt wird.

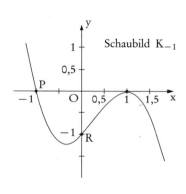

Schaubild $K_{-1}$

b) Zeigen Sie, daß das Schaubild $K_1$ keine Extrempunkte besitzt.
Bestimmen Sie für $t > 1$ die Extrempunkte von $K_t$.
Untersuchen Sie für $t > 1$, ob man $t$ so bestimmen kann, daß die Gerade durch die Extrempunkte die Steigung $\frac{2}{9}$ hat.

c) Der Punkt $P_t(t\,|\,0)$ liegt auf $K_t$, der Punkt $P_{t*}(t^*\,|\,0)$ liegt auf $K_{t*}$; $t \neq t^*$.
Die Tangente an $K_t$ in $P_t$ soll parallel sein zur Tangente an $K_{t*}$ in $P_{t*}$.
Welcher Zusammenhang besteht dann für $t \neq 1$ zwischen $t$ und $t^*$?

d) Die Kurve $K_t$ schneidet die y-Achse im Punkt $R_t$ und hat mit der x-Achse die Punkte $P_t(t\,|\,0)$ und $Q(1\,|\,0)$ gemeinsam.
Für welche Werte von $t$ bilden diese Punkte ein Dreieck?
Geben Sie für diese Werte von $t$ den Flächeninhalt des Dreiecks an.
Für welchen Wert von $t$ ist das Dreieck rechtwinklig?
Zeigen Sie, daß das Dreieck für keinen Wert von $t$ gleichseitig ist.

## Lösungshinweise:

a) In Teilaufgabe b) werden Extrempunkte erfragt, also wird $f_t'$ benötigt, so daß es sinnvoll ist, wenn man die Ableitungen von $f_t$ für $t \in \mathbb{R}$ bereitstellt. Ausklammern von Termen ist hilfreich beim Nullsetzen.

Die Gleichung der Geraden (PR) bei $K_{-1}$ läßt sich am Schaubild von $K_{-1}$ ablesen. Die Schnittbedingung muß drei Lösungen haben. Durch Bilden von Klammern durch Ausklammern erhält man die Abszissen.

Die zu berechnende Fläche liegt im 3. und 4. Quadranten. Ein Flächeninhalt muß immer positiv sein. Wie muß man deshalb das Integral für den Inhalt A ansetzen?

b) Die Untersuchung auf Existenz des Extrempunktes bei $K_1$ mit $f_1''(x)$ versagt. Mit welchem Kriterium erhält man genaue Auskunft?

Für $t > 1$ verwendet man vorteilhaft $f_t'(x) = (x-1) \cdot (-3x + 2t + 1)$ und erhält damit zwei Extrempunkte für jedes $t$. Mit $f_t''(x)$ ist die Entscheidung möglich.

Beachte, daß nur die Steigung der Geraden durch die Extrempunkte benötigt wird. Das Ergebnis gilt nur für $t > 1$.

c) Welche Eigenschaft haben die Gleichungen paralleler Tangenten? Man kommt also mit den Ableitungen von $f_t(x)$ zu der Bedingung für $t$ und $t^*$.

d) Wie müssen drei Punkte liegen, damit sie kein Dreieck bilden? Für welche Werte von $t$ bilden $P_t$, $Q_t$, $R_t$ kein Dreieck? Verwende für die Inhaltsberechnung die elementare Dreiecksformel.

Welche Bedingung gilt für die Steigungen $m_1$ und $m_2$ zweier orthogonaler Strecken?

Welche kennzeichnenden Eigenschaften haben gleichseitige Dreiecke? Welche ist in der vorliegenden Aufgabe am leichtesten zu überprüfen?

## Lösung:

**a) Schnitt von $K_{-1}$ mit einer Geraden. Flächeninhalt von $K_{-1}$ mit x-Achse**

Beim Durchlesen des Aufgabentextes wird ersichtlich, daß die 1. und die 2. Ableitung für $t \in \mathbb{R}$ und für den Sonderfall $t=1$ benötigt werden; deshalb ist es sinnvoll, diese voranzustellen.

## 1. Ableitungen

$f_t(x) = (x-1)^2 \cdot (t-x)\,;\quad x \in \mathbb{R},\ t \in \mathbb{R}\,;\qquad t=1:\ f_1(x) = -(x-1)^3$
$\qquad = -x^3 + (t+2)x^2 - (2t+1)x + t$

$f_t'(x) = 2(x-1)\cdot(t-x) - (x-1)^2 = (x-1)\cdot(-3x+2t+1)$
$\qquad = -3x^2 + 2(t+2)x - 2t - 1$

$f_t''(x) = -6x + 2t + 4\,;\quad x \in \mathbb{R},\ t \in \mathbb{R}$

$f_t'''(x) = -6$

## 2. Schnittpunkt S der Geraden (PR) mit $K_{-1}$

Die Gerade g durch P und R auf $K_{-1}$ kann man an der Figur des Aufgabentextes ablesen. Wählt man als Gleichung die Form $y = mx + c$, dann ist $m = -1$ und $c = -1$.
Somit g: $y = -x - 1$.

g schneidet $K_{-1}$ in 3 Punkten, von denen zwei, P und R, bekannt sind.
Die Schnittbedingung $f_{-1}(x) - g(x) = 0$ führt auf die Gleichung

$(x-1)^2 \cdot (-1-x) + x + 1 = 0 \qquad$ bzw.
$-(x-1)^2 \cdot (1+x) + 1 + x = 0$
$\quad (1+x) \cdot (-(x-1)^2 + 1) = 0.$

Ein Produkt wird null, wenn einer der Faktoren null wird. Somit $x + 1 = 0$ oder $-(x-1)^2 + 1 = 0$.
Man erhält $x_1 = -1$ und aus $(x-1)^2 = 1$ einmal $x - 1 = 1$, zum anderen $x - 1 = -1$; daraus $x_2 = 2$ und $x_3 = 0$.

Als Ordinaten erhält man $f_{-1}(x_1) = g(x_1) = 0$, $f_{-1}(x_2) = f_{-1}(2) = 3$,
$f_{-1}(x_3) = f_{-1}(0) = -1$.

Zu den bekannten Kurvenpunkten $P(-1|0)$, $R(0|-1)$ erhält man $S(2|-3)$.

## 3. Flächeninhalt von $K_{-1}$ mit der x-Achse

Die Fläche, deren Inhalt zu berechnen ist, liegt im 3. und 4. Quadranten.
Der Integralansatz ergibt einen negativen Wert.
Da aber ein Inhalt nur positiv sein kann, formuliert man

$$A = - \int_{-1}^{1} f_{-1}(x)\,dx = - \int_{-1}^{1} (-x^3 + x^2 + x - 1)\,dx$$

$$= \int_{-1}^{1} (x^3 - x^2 - x + 1)\,dx$$

$$= \left[ \frac{x^4}{4} - \frac{x^3}{3} - \frac{x^2}{2} + x \right]_{-1}^{1}$$

$$= \left[ \frac{1}{4} - \frac{1}{3} - \frac{1}{2} + 1 \right] - \left[ \frac{1}{4} + \frac{1}{3} - \frac{1}{2} - 1 \right]$$

$$= \frac{16}{12} = \frac{4}{3}.$$

**4. Schaubild von $K_{-1}$**

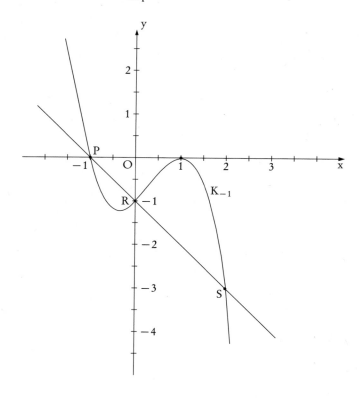

**A**

**b) Untersuchung auf Extrempunkte bei $K_t$**

**1. $K_1$ hat keine Extrempunkte**

Aus der Funktionsgleichung $f_1(x) = -(x-1)^3$ (siehe bei den Ableitungen) ist ersichtlich, daß $K_1$ eine nach rechts verschobene Wendeparabel ist, die bei $x = 1$ auf der x-Achse ihren Wendepunkt hat, und die ohne Extrempunkte aus dem 2. Quadranten über $(0 \mid 1)$ und den Wendepunkt $(1 \mid 0)$ in den 4. Quadranten verläuft.

Dies wird auch durch die folgende Rechnung bestätigt:

Notwendige Bedingung für eine Extremstelle $x_e$ der Funktion $f_1$ ist $f_1'(x_e) = 0$.

Hinreichend ist zusätzlich für einen $\left\{ \begin{matrix} \text{Hochpunkt} \\ \text{Tiefpunkt} \end{matrix} \right.$ , wenn $f_1''(x_e) \left. \begin{matrix} <0 \\ >0 \end{matrix} \right\}$ ist.

Man kann auch das Vorzeichenwechselkriterium (VZW) zu Hilfe nehmen.

Es besagt: Es existiert ein Extrempunkt an der Stelle $x_e$, wenn $f_1'(x)$ an der Stelle $x_e$ einen Vorzeichenwechsel von plus nach minus bzw. von minus nach plus hat.

Anwendung der Kriterien:

1) $f_1(x) = -(x-1)^3$; $f_1'(x) = -3(x-1)^2$; $f_1'(x_e) = 0$ führt auf $x_e = 1$.
   $f_1''(x) = -6(x-1)$; für $x_e = 1$ wird $f_1''(1) = 0$,
   also weder plus noch minus.

   Mit der 2. Ableitung gibt es keine Extrempunkte.

2) Mit dem VZW folgt aus $f_1'(x) = -3(x-1)^2$, daß wegen des Quadrates sich beim Durchgang durch 1 das Vorzeichen nicht ändert. **Kein Extrempunkt!**

**2. Extrempunkte von $K_t$ für $t > 1$**

Die notwendige Bedingung $f_t'(x) = 0$ für Extremstellen führt auf
$$f_t'(x) = (x-1) \cdot (-3x + 2t + 1) = 0;$$

hieraus $x_1 = 1$ oder $x_2 = \dfrac{2t+1}{3}$.

Für $x_1 = 1$ ist $f_t(1) = 0$; $f_t''(1) = 2(t-1) > 0$ für $t > 1$. An der Stelle 1 existiert der Tiefpunkt $T_t(1 \mid 0)$ für alle $t > 1$.

Für die Stelle $x_2 = \dfrac{2t+1}{3}$ ist

$$f_t\left(\frac{2t+1}{3}\right) = \left(\frac{2t+1}{3} - 1\right)^2 \cdot \left(t - \frac{2t+1}{3}\right)$$

$$= \left(\frac{2t-2}{3}\right)^2 \cdot \left(\frac{t-1}{3}\right)$$

$$= \frac{4}{27} \cdot (t-1)^3.$$

$$f_t''\left(\frac{2t+1}{3}\right) = -6 \cdot \frac{2t+1}{3} + 2t + 4 = -4t - 2 + 2t + 4 = 2(1-t).$$

Für $t>1$ ist $f_t''\left(\frac{2t+1}{3}\right) < 0$. Damit ergibt sich für $t>1$ der Hochpunkt

$$H_t\left(\frac{2t+1}{3}\,\middle|\,\frac{4}{27}(t-1)^3\right).$$

**3. Existenz einer Geraden durch T und $H_t$ mit Steigung $\frac{2}{9}$ für $t>1$**

Die Gerade durch T und $H_t$ hat die Gleichung

$$\frac{y-0}{x-1} = \frac{\dfrac{4}{27} \cdot (t-1)^3}{\dfrac{2t+1}{3} - 1}\,;\quad \text{Umformung der Steigung ergibt}$$

$$= \frac{4(t-1)^3}{9(2t+1)-27} = \frac{4(t-1)^3}{18t-18} = \frac{4(t-1)^3}{18(t-1)} = \frac{2}{9} \cdot (t-1)^2.$$

Die Bedingung dafür, daß diese Steigung für ein bestimmtes t den Wert $\frac{2}{9}$

hat, lautet $\frac{2}{9} \cdot (t-1)^2 = \frac{2}{9}$ bzw.

$$(t-1)^2 = 1\,;\quad \text{dies gibt die beiden Gleichungen}$$
$$t-1 = 1 \quad \text{oder} \quad t-1 = -1.$$

Hieraus $\quad t=2 \quad$ oder $\quad t=0 \quad$ (keine Lösung wegen $t>1$).

Die Gleichung der Geraden durch $T(1\,|\,0)$ und $H_2\left(\frac{5}{3}\,\middle|\,\frac{4}{27}\right)$ ist $y = \frac{2}{9}x - \frac{2}{9}$.

**c) Parallele Tangenten bei $K_t$ und $K_{t*}$**

Die gesuchte Bedingung folgt daraus, daß die Steigungen in $P_t(t\,|\,0)$ von $K_t$ und in $P_{t*}(t^*\,|\,0)$ übereinstimmen müssen. Es ist

$$f_t'(x) = -3x^2 + 2(t+2)x - 2t - 1. \quad \text{Für } x=t \text{ ist}$$
$$f_t'(t) = -3t^2 + 2t^2 + 4t - 2t - 1$$
$$= -t^2 + 2t - 1 = -(t-1)^2. \quad \text{Für } x=t^* \text{ ist analog}$$
$$f_{t*}'(t^*) = -(t^*-1)^2.$$

Die Beziehung zwischen t und t* folgt aus

$$-(t-1)^2 = -(t^*-1)^2. \quad \text{Umformungen ergeben}$$
$$(t-1)^2 = (t^*-1)^2$$

bzw. $t-1 = t^*-1$ oder $t-1 = -t^*+1$. Daraus $t=t^*$ oder $t=2-t^*$.

Wegen $t \neq t^*$ folgt aus der 2. Gleichung $t+t^* = 2$.

Das ist die gesuchte Beziehung.

## d) Dreiecksprobleme

### 1. Existenz eines Dreiecks

Drei Punkte bilden kein Dreieck, wenn zwei Punkte zu einem verschmelzen, oder wenn alle drei auf einer Geraden liegen.

Der Punkt $Q(1|0)$ liegt fest. Für die Strecken $OR_t$ und $OP_t$ gilt

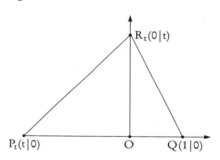

$\overline{OR_t} = \overline{OP_t} = t$ für $t \in \mathbb{R}$.

Für $t = 0$ fallen $R_0$ und $P_0$ nach $O$.
Es gibt kein Dreieck.
Für $t = 1$ fällt $P_1$ auf $Q$.
Es gibt kein Dreieck.

Ergebnis: Man erhält für $t \in \mathbb{R} \setminus \{0; 1\}$ ein Dreieck.

### 2. Flächeninhalt der existierenden Dreiecke

Man verwendet die Dreiecksformel $A = \frac{1}{2} \cdot \overline{QP_t} \cdot \overline{OR_t}$

$$\text{mit} \quad \overline{QP_t} = |1-t| \quad \text{und}$$
$$\overline{OR_t} = |t|.$$

Somit ist $A(t) = \frac{1}{2} \cdot |t-1| \cdot |t|$ für $t \in \mathbb{R} \setminus \{0; 1\}$.

### 3. Rechtwinkliges Dreieck

Nur der Winkel bei $R_t$ kann ein rechter werden. Für die Steigung $m_1$ von $R_t Q$ und die Steigung $m_2$ von $P_t R_t$ gilt dann $m_1 \cdot m_2 = -1$.
Es ist $m_1 = -t$ und $m_2 = -1$. Damit gilt
$$(-t) \cdot (-1) = -1 \quad \text{bzw.}$$
$$t = -1.$$

### 4. Untersuchung von Dreieck $P_t Q R_t$ auf Gleichseitigkeit

Es gibt mehrere kennzeichnende Eigenschaften für die Gleichseitigkeit:
Gleiche Länge der Dreiecksseiten,
die Winkelweite 60° bei jedem der Dreieckswinkel,
die Dreieckshöhe $h = \frac{a}{2}\sqrt{3}$, wenn a die Dreiecksseite ist.

Am einfachsten ist die Überprüfung mit der Winkelweite. Die Figur zeigt, daß der Winkel bei $P_t$ für alle t die Weite 45° oder 135° hat.
**Es gibt für alle $t \in \mathbb{R} \setminus \{0; 1\}$ kein gleichseitiges Dreieck.**

Gegeben ist die Funktion f durch

$$f(x) = 2 - \frac{2}{x^2+1}; \quad x \in \mathbb{R}.$$

Ihr Schaubild sei K.

**A**

a) Untersuchen Sie K auf Symmetrie, Asymptoten, gemeinsame Punkte mit der x-Achse, Extrem- und Wendepunkte.
Zeichnen Sie K samt Asymptote für $-3 \leqq x \leqq 3$. (LE 2 cm)
In welchem Bereich liegen die x-Werte derjenigen Punkte von K, deren Abstand von der Asymptote kleiner ist als 0,05?

b) $P(u|v)$ mit $u > 0$ ist ein Punkt von K. P und der Punkt $R(-u|2)$ sind Eckpunkte eines Rechtecks PQRS, dessen Seiten parallel zu den Koordinatenachsen sind.
Ermitteln Sie u so, daß der Inhalt dieses Rechtecks extremal wird.
Bestimmen Sie die Art des Extremums.

c) Es sei $g(x) = 2 - \frac{2}{x^2}; \quad x \neq 0$.
Zeigen Sie: Für $x \neq 0$ gilt $g(x) < f(x)$.
Untersuchen Sie damit, wie groß der Inhalt der Fläche mindestens ist, die von K, der x-Achse und den Geraden $x = 3$ und $x = 5$ begrenzt wird.

d) Die Tangente t an K im Punkt $B(b|f(b))$ mit $b > 0$ soll durch den Ursprung gehen.
Bestimmen Sie die Koordinaten von B.
Geben Sie eine Gleichung für t an, und zeichnen Sie t in das vorhandene Koordinatensystem ein.
Weisen Sie durch Rechnung nach, daß außer B alle Punkte von K mit positiver Abszisse unterhalb von t liegen.
Begründen Sie damit, daß von allen Kurvenpunkten im ersten Feld der Punkt B am nächsten bei $A(0|2)$ liegt.

**Lösungshinweise:**

a) Die Frage nach Extrem- und Wendepunkten legt nahe, die Ableitungen als Hilfsmittel voranzustellen. Es empfiehlt sich, Funktionsterm und Ableitungsterme auch auf einen Bruchstrich zu bringen. Wichtig dabei sind die Quotientenregel und die Kettenregel, auch Ausklammern von Termen, damit man kürzen kann. Warum kann $f(x)$ nie negativ werden?
Was bedeutet es, wenn in $f(x)$ nur $x^2$ als Variable vorkommt? Was besagt es für die Asymptote, wenn Zähler- und Nennerpolynom vom gleichen Grad sind?
Die Existenz der Wendestellen kann man sichern, wenn man nachweist, daß K für $x>0$ von einer Links- in eine Rechtskurve übergeht.
Bei dem Abstand d von Punkten auf K zur Asymptote ist der zweigliedrige Term von $f(x)$ günstiger. Wegen der Symmetrie kann man sich auf den Bereich $x>0$ beschränken.

b) Man benötigt die Rechtecksseiten mit der Variablen u statt x. Hier ist der gegebene Funktionsterm vorteilhaft. Wegen der Symmetrie muß man den Inhalt verdoppeln. Zu beachten ist, daß bei der Inhaltsfunktion A(u) die Variable $u>0$ ist.
Die Extremwertuntersuchung erfordert Ableitungen mit der Quotienten- und der Kettenregel. Ob das Extremum global oder lokal ist, kann man mit den Randwerten im Definitionsbereich, also für $u \to 0$ und $u \to \infty$, feststellen.

c) Der Nachweis, daß $g(x)<f(x)$ ist, läßt sich am Vergleich der Terme $\frac{2}{x^2}$ und $\frac{2}{x^2+1}$ erkennen. Die Lösungsmenge der entsprechenden Ungleichung bestätigt dies. Gefordert ist die Näherung des Flächeninhaltes mit $f(x)$ durch die einfachere Funktion mit $g(x)$, da $\int_a^b g(x)\,dx < \int_a^b f(x)\,dx$ nach einem Satz der Integralrechnung gilt. Wenn man $\int_a^b g(x)\,dx$ berechnet, erhält man einen etwas zu kleinen Näherungswert.

d) Wann geht eine Gerade durch O, wenn man die Tangentengleichung in einem beliebigen Punkt von K aufstellt? Durch Nullsetzen des Absolutgliedes erhält man eine Bedingung für u.
Der Nachweis, daß alle Punkte von K (außer dem Berührpunkt) unter der Tangente liegen, führt auf eine Ungleichung der Form $x-f(x)>0$. Durch Umformungen kommt man auf ein vollständiges Quadrat, daraus kann man auf die Richtigkeit der Behauptung schließen.

**Lösung:**

## a) Kurvenuntersuchung von K

### 1. Ableitungen

$$f(x) = 2 - \frac{2}{x^2+1} = \frac{2x^2}{x^2+1}; \quad x \in \mathbb{R}; \quad f(x) \text{ kann für kein } x \text{ negativ werden.}$$

$$f'(x) = \frac{4x}{(x^2+1)^2}; \quad x \in \mathbb{R}$$

$$f''(x) = \frac{4(x^2+1)^2 - 2(x^2+1) \cdot 2x \cdot 4x}{(x^2+1)^4} = \frac{4(x^2+1)^2 - 16x^2 \cdot (x^2+1)}{(x^2+1)^4}$$

$$= \frac{4(x^2+1) - 16x^2}{(x^2+1)^3} = 4 \cdot \frac{1-3x^2}{(x^2+1)^3}; \quad x \in \mathbb{R}$$

### 2. Symmetrie von K

Die Variable x kommt nur quadratisch vor. Es gilt für alle x des Definitions-
bereiches $f(x) = f(-x)$.
Das Schaubild K verläuft achsensymmetrisch zur y-Achse. Wegen $f(x) \geqq 0$
nur im 1. und 2. Quadranten.

### 3. Asymptoten

Asymptoten parallel zur y-Achse gibt es keine. Sie gibt es an Stellen, an denen
das Nennerpolynom null und das Zählerpolynom nicht null wird. $x^2+1$ ist
für kein $x \in \mathbb{R}$ null.

Die Asymptoten für $x \to \infty$ erkennt man bei gebrochenrationalen Funktionen
durch Vergleich der Grade von Zähler- und Nennerpolynom. Sie haben bei
f beide den Grad 2. Also gibt es eine Asymptote parallel zur x-Achse mit der
Gleichung $y = c$.
c erhält man durch eine Grenzwertuntersuchung von $f(x)$ für $x \to \pm\infty$.

Da $\lim\limits_{x \to \infty} \frac{2x^2}{x^2+1} = \lim\limits_{x \to \infty} \frac{2}{1+\frac{1}{x^2}} = 2$ und auch (als 2. Möglichkeit)

$$\lim\limits_{x \to \infty}\left(2 - \frac{2}{x^2+1}\right) = 2 - \lim\limits_{x \to \infty}\frac{2}{x^2+1} = 2 \text{ ist, erhält man } c = 2.$$

**K hat damit die Asymptote mit der Gleichung $y = 2$.**

Wegen der Symmetrie zur y-Achse erübrigt sich eine besondere Untersuchung für $x \to -\infty$.

**4. Gemeinsame Punkte mit der x-Achse**

Man erhält deren x-Werte aus der Bedingung $f(x) = 0$, d. h. aus

$$\frac{2x^2}{x^2 + 1} = 0.$$

Ein Bruch wird null, wenn es x-Werte gibt, für die der Zähler null, aber der Nenner für dieselben x nicht null wird. Somit x aus $x^2 = 0$ mit $x = 0$.
Dazu $f(0) = 0$; $f'(0) = 0$; $f''(0) = 4 > 0$.
Der gemeinsame Punkt mit der x-Achse ist der **Ursprung** $O(0|0)$.
Man erkennt, daß er **Tiefpunkt von K** ist.

**5. Extrem- und Wendepunkte von K**

Notwendige Bedingung für eine Extremstelle x ist $f'(x) = 0$.

Aus der Ableitung ergibt sich als einzige in Betracht kommende Stelle $x = 0$. Wegen $f''(0) = 4 > 0$. wird bestätigt, daß $T(0|0) = O$ ein Tiefpunkt und der **einzige Extrempunkt von K** ist.

Notwendige Bedingung für eine Wendestelle x ist $f''(x) = 0$.
Hinreichend ist, wenn man nachweisen kann, daß an der Stelle x die Kurve von einer Links- in eine Rechtskurve oder umgekehrt übergeht.

Aus $\quad 4 \cdot \dfrac{1 - 3x^2}{(x^2 + 1)^3} = 0 \quad$ folgt, weil der Nenner nie null wird,

$$1 - 3x^2 = 0 \quad \text{mit } x_1 = \frac{1}{\sqrt{3}} \text{ und } x_2 = -\frac{1}{\sqrt{3}}.$$

Dazu $f(x_1) = \dfrac{1}{2}$; $\qquad f(x_2) = \dfrac{1}{2}$;

$$f'(x_1) = \frac{3}{4}\sqrt{3}\,; \quad f'(x_2) = -\frac{3}{4}\sqrt{3} \approx -1,30.$$

An der 2. Ableitung erkennt man, daß beim Durchgang durch $x^2 = \dfrac{1}{3}$

K von einer Links- in eine Rechtskurve übergeht. Es existieren also die

beiden **Wendepunkte** $W_1\left(\dfrac{\sqrt{3}}{3}\bigg|\dfrac{1}{2}\right)$ mit der Steigung $\dfrac{3}{4}\sqrt{3}$ und

$$W_2\left(-\frac{\sqrt{3}}{3}\bigg|\frac{1}{2}\right); \text{ mit der Steigung } -\frac{3}{4}\sqrt{3}\,;\ m \approx \pm 1,30.$$

**A**

### 6. Schaubild von K

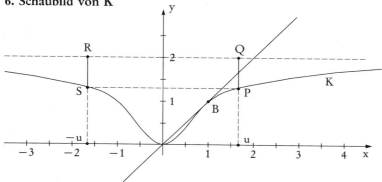

### 7. Abstand der Kurve K von der Asymptote

Der Abstand d der Kurve K von der Asymptote g: $y=2$ an der Stelle x
ist $d=2-f(x)=2-2+\dfrac{2}{x^2+1}=\dfrac{2}{x^2+1}$.

Gesucht ist die Lösungsmenge der Ungleichung

$$\frac{2}{x^2+1} < 0{,}05 \qquad \text{bzw.}$$

$$2 < 0{,}05x^2 + 0{,}05$$
$$0{,}05x^2 > 1{,}95$$
$$x^2 > 39$$
$$x^2 - 39 > 0$$
$$(x-\sqrt{39})\cdot(x+\sqrt{39}) > 0.$$

Dies ist eine nichtlineare Ungleichung. Man kann ablesen, daß sie sowohl für
alle $x>\sqrt{39}$ als auch für alle $x<-\sqrt{39}$ erfüllt wird.

### b) Extremales Rechteck PQRS

Die Rechteckseiten QP und QR an der Stelle u haben die Länge

$$\overline{QP}=2-2+\frac{2}{u^2+1}=\frac{2}{u^2+1} \quad \text{und} \quad \overline{QR}=2u.$$

Damit ist der Flächeninhalt des Rechtecks eine Funktion A mit

$$A(u)=4\cdot\frac{u}{u^2+1}; \quad u \in \mathbb{R}^+.$$

A(u) hat ein lokales Extremum für das u, für welches $A'(u)=0$ und
$A''(u)\neq0$ wird oder auch, wenn $A'(u)=0$ wird und das Vorzeichenwechselkriterium gilt.

Es ist $A'(u) = 4 \cdot \dfrac{1-u^2}{(u^2+1)^2}$   und

$$A''(u) = 4 \cdot \frac{2u^3 - 6u}{(u^2+1)^3} = 8u \cdot \frac{u^2-3}{(u^2+1)^3}; \quad u > 0.$$

$A'(u) = 0$ führt auf $u = 1$  ($u = -1$ entfällt wegen $u > 0$);

$A''(1) = 8 \cdot \dfrac{-2}{8} = -2 < 0$. Für $u = 1$ hat $A(u)$ ein **lokales Maximum.**

Mit dem VZW-Kriterium: $A'(u)$ geht von $u < 1$ zu $u > 1$ von plus nach minus, d. h. für $u = 1$ gibt es ein lokales Maximum.

$u = 1$ ist auch **globales (absolutes) Maximum**, denn die Randwerte von $A(u)$ sind sowohl für $u \to 0$ wie für $u \to \infty$ null.

**c) Abschätzung eines Flächeninhaltes**

**1. Nachweis:** $f(x) > g(x)$ für $x \neq 0$

Die Ungleichung $f(x) > g(x)$ kann unterschiedlich bewiesen werden.

**1. Möglichkeit:**

$$2 - \frac{2}{x^2+1} > 2 - \frac{2}{x^2}; \quad x \neq 0$$

$$-\frac{2}{x^2+1} > -\frac{2}{x^2}$$

$$\frac{2}{x^2+1} < \frac{2}{x^2}$$

$$2x^2 < 2x^2 + 2$$

$$0 < 2. \qquad \text{Damit auch } f(x) > g(x).$$

**2. Möglichkeit:**

$$2 - \frac{2}{x^2+1} - 2 + \frac{2}{x^2} > 0$$

$$-\frac{2}{x^2+1} + \frac{2}{x^2} > 0$$

$$\frac{2}{x^2(x^2+1)} > 0. \qquad \text{Richtig für alle } x \neq 0.$$

**2. Abschätzung eines Flächeninhaltes**

Man verwendet den Monotoniesatz des Integrals:

Gilt für die stetigen Funktionen f und g für alle $x \in [a;b]$ die Beziehung $g(x) < f(x)$, so gilt auch $\displaystyle\int_a^b g(x)\,dx < \int_a^b f(x)\,dx$.

Es ist also $\displaystyle\int_3^5 \left(2 - \frac{2}{x^2}\right)dx < \int_3^5 \left(2 - \frac{2}{x^2+1}\right)dx$.

Da $\int\limits_{3}^{5}\left(2-\dfrac{2}{x^2}\right)dx=\left[2x+\dfrac{2}{x}\right]_{3}^{5}=\left[10+\dfrac{2}{5}\right]-\left[6+\dfrac{2}{3}\right]$

$$=3\dfrac{11}{15}\approx 3,73 \quad \text{ist,}$$

erhält man damit $A=\int\limits_{3}^{5}\left(2-\dfrac{2}{x^2+1}\right)dx>3\dfrac{11}{15}$.

**Bemerkung:**
Eine exakte Berechnung ergibt für $\int\limits_{3}^{5}f(x)\,dx\approx 3,75129$ auf 5 Dezimalen.

Der Näherungswert beträgt 3,733333, der Unterschied ist 0,01796.
Der relative Fehler ergibt sich damit zu etwa 0,5%.

### d) Tangentenproblem

**1. Ursprungstangente t an K**

**1. Möglichkeit:**
Die gesuchte Tangente hat eine Gleichung der Form $y=mx$.
Wir verwenden den Satz:
Zwei Schaubilder der differenzierbaren Funktionen $x\mapsto f(x)$ und $x\mapsto g(x)$
berühren sich im Punkt $B(u\,|\,f(u))=B(u\,|\,g(u))$, wenn gilt
$$f(u)=g(u)$$
und $f'(u)=g'(u)$.

Mit $f(u)=\dfrac{2u^2}{u^2+1}$; $g(u)=mu$ sowie $f'(u)=\dfrac{4u}{(u^2+1)^2}$; $g'(u)=m$ und $b=u$
erhält man die Berührbedingung

$$\left.\begin{array}{l}\dfrac{2b^2}{b^2+1}=mb \qquad\qquad (1)\\[4mm]\dfrac{4b}{(b^2+1)^2}=m \qquad\qquad (2)\end{array}\right\}\ b>0.$$

Aus den beiden Gleichungen sind $m$ und $b$ zu bestimmen.

Mit $m=\dfrac{2b}{b^2+1}$ und $m=\dfrac{4b}{(b^2+1)^2}$ erhält man nach dem Gleichsetzungsverfahren eine Gleichung für $b$.

$$\dfrac{2b}{b^2+1}=\dfrac{4b}{(b^2+1)^2};\ b>0$$

$$1=\dfrac{2}{b^2+1} \quad \text{bzw.}\ b^2+1=2;\ b^2=1.$$

Damit $b=1$ oder $b=-1$. Wegen $b>0$ gilt $\mathbf{b=1}$.
Mit Gleichung (2) wird $\mathbf{m=1}$.

Damit ist die Gleichung durch O **die erste Winkelhalbierende** $y = x$.
**Der Berührpunkt auf K ist B(1|1).**

**2. Möglichkeit:**
Man stellt die Gleichung der Tangente t im Kurvenpunkt $B(b|f(b))$ auf und bestimmt b aus der Forderung, daß t durch den Ursprung geht, d. h., in der Tangentengleichung muß das Absolutglied null werden.
Im Berührpunkt $B(u|f(u))$ gilt für die Tangente t
$t(x) = f'(u) \cdot (x - u) + f(u)$.

Mit $u = b$; $f(b) = \dfrac{2b^2}{b^2 + 1}$ und $f'(b) = \dfrac{4b}{(b^2 + 1)^2}$ wird

$$t(x) = \frac{4b}{(b^2 + 1)^2} \cdot (x - b) + \frac{2b^2}{b^2 + 1}$$
$$= \frac{4b}{(b^2 + 1)^2} \cdot x \underbrace{- \frac{4b^2}{(b^2 + 1)^2} + \frac{2b^2}{b^2 + 1}}_{\text{Absolutglied}}.$$

Im Absolutglied dieser Tangentengleichung muß b so bestimmt werden, daß der Term null wird. Damit Bedingung für b:
$$\frac{2b^2}{b^2 + 1} - \frac{4b^2}{(b^2 + 1)^2} = 0. \text{ Wegen } b > 0 \text{ gilt}$$
$$1 - \frac{2}{b^2 + 1} = 0$$
$$b^2 + 1 - 2 = 0$$
$$b^2 = 1$$
$$\mathbf{b = 1} \quad (b = -1 \text{ entfällt wegen } b > 0).$$

Die Ursprungstangente $y = \dfrac{4b}{(b^2 + 1)^2} x$ wird mit $b = 1$ damit $\mathbf{y = x}$; der Berührpunkt $\mathbf{B(1|1)}$.

**2. K verläuft außer in B(1|1) unterhalb der Tangente t**
Der Nachweis ist geführt, wenn für alle $x > 0$ und $x \neq 1$ gilt $f(x) < x$.
Man zeigt $x - \dfrac{2x^2}{x^2 + 1} > 0$; wegen $x > 0$ und $x \neq 1$ ist auch
$$1 - \frac{2x}{x^2 + 1} > 0 \quad \text{oder}$$
$$\frac{x^2 - 2x + 1}{x^2 + 1} > 0; \quad \text{schließlich erhält man}$$
$$\frac{(x - 1)^2}{x^2 + 1} > 0.$$

Dies ist richtig für alle $x > 0$ und $x \neq 1$, damit ist der Nachweis geführt.

Man kann auch auf folgende Weise schließen mit $f(x) = 2 - \dfrac{2}{x^2-1}$. Es ist

$$x - 2 + \frac{2}{x^2+1} = \frac{x^3 - 2x^2 + x}{x^2+1} = \frac{x(x-1)^2}{x^2+1}.$$

Der letzte Bruchterm ist für alle $x > 0$ mit $x \neq 1$ positiv.

## 3. Der Punkt B auf K hat den kleinsten Abstand von A(0|2)

### 1. Möglichkeit:

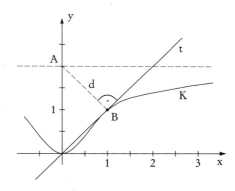

Der kleinste Abstand eines Punktes A von einer Geraden liegt auf einer Normalen dieser Geraden. Seine Größe ist die Entfernung von A zum Fußpunkt der Normalen. Die Gerade (AB) hat die Steigung $-1$. Sie ist also Normale von der Tangente und von K in B. A hat damit den kleinsten Abstand von der Tangente in B. Alle anderen Kurvenpunkte liegen, wie bewiesen, unter der Geraden t, also weiter weg.

### 2. Möglichkeit:

In einer Extremwertaufgabe kann man die Entfernung von $A(0|2)$ zu

$P\!\left(u \,\middle|\, 2 - \dfrac{2}{u^2+1}\right)$ auf Minimalabstand untersuchen.

Es ist $d(u) = \sqrt{u^2 + \dfrac{4}{(u^2+1)^2}}$.

Man untersucht als Ersatzfunktion die Radikandenfunktion

$$D(u) = u^2 + \frac{4}{(u^2+1)^2}; \quad u > 0.$$

$$D'(u) = 2u - \frac{16u}{(u^2+1)^3}; \quad D'(u) = 0 \text{ gesetzt}$$

führt auf $\quad (u^2+1)^3 = 8$

mit $\qquad u^2 + 1 = 2,$

also $\qquad u^2 = 1 \quad$ mit $\mathbf{u = 1}$ ($u = -1$ entfällt wegen $u > 0$).

$\qquad$ Dazu gehört $\mathbf{f(u) = 1}$

$\qquad\qquad$ und $\quad d = \sqrt{2}$.

**A**

Gegeben ist die Funktion f durch
$$f(x) = (4 - e^x) \cdot e^x; \quad x \in \mathbb{R}.$$
Ihr Schaubild sei K.

Gegeben ist weiterhin zu jedem $r > 0$ die Funktion $g_r$ durch
$$g_r(x) = r \cdot e^x; \quad x \in \mathbb{R}.$$
Ihr Schaubild sei $C_r$.

a) Untersuchen Sie K auf gemeinsame Punkte mit den Koordinatenachsen, Hoch-, Tief- und Wendepunkte sowie auf Asymptoten.
Zeichnen Sie K und $C_1$ für $-4 \leqq x \leqq 1{,}5$ in ein gemeinsames Achsenkreuz ein. (LE 1 cm)

b) Die Kurve K und das Schaubild $C_1$ schneiden sich in einem Punkt $P_1$.
K schließt mit den Koordinatenachsen und der Parallelen zur y-Achse durch $P_1$ im ersten Feld eine Fläche ein.
Berechnen Sie ihren Inhalt.
In welchem Verhältnis teilt $C_1$ diese Fläche?

c) Zeigen Sie: Für $0 < r < 3$ schneiden sich K und $C_r$ in einem Punkt $P_r$, der im ersten Feld liegt.
$C_r$ schließt dann mit den Koordinatenachsen und der Parallelen zur y-Achse durch $P_r$ eine Fläche mit dem Inhalt A(r) ein.
Für welchen Wert von r wird A(r) maximal?

d) Die Höhe einer Pflanze (in Meter) zur Zeit t (in Wochen seit dem Beginn der Beobachtung) soll zunächst durch eine Funktion $h_1$ mit
$$h_1(t) = 0{,}02 \cdot e^{kt}$$
näherungsweise beschrieben werden.
Wie hoch ist die Pflanze zu Beginn der Beobachtung?
Bestimmen Sie k, wenn die Höhe der Pflanze in den ersten 6 Wochen der Beobachtung um 0,48 m zugenommen hat.
Wie hoch müßte demnach die Pflanze 8 Wochen nach dem Beginn der Beobachtung sein?
Die Pflanze ist nach 8 Wochen tatsächlich nur 1,04 m hoch.
Die Höhe wird deshalb für $t \geqq 6$ beschrieben durch die Funktion $h_2$ mit
$$h_2(t) = a - b \cdot e^{-0{,}536 \cdot t}.$$
Bestimmen Sie a und b aus den beobachteten Höhen nach 6 und nach 8 Wochen.
Berechnen Sie $\lim_{t \to \infty} h_2(t)$.
Welche Bedeutung hat dieser Wert für die Pflanze?

## Lösungshinweise:

a) Beim Durchlesen der Aufgabe bemerkt man, daß nach Extrem- und Wendepunkten gefragt ist, also wird man die Ableitungen bereitstellen. Die Darstellung von f ohne Klammern ist für Integrationsprozesse nützlich. Wichtig sind
die Grundregeln $e^0 = 1$, $e^{\ln x} = x$, $e^{2\ln x} = e^{\ln(x^2)} = x^2$ und daß $v = \ln u$ äqui-
valent zu $u = e^v$ ist. Wichtig ist bei Umformungen, daß $e^x \neq 0$ ist.
Wie erhält man Nullstellen? Wie den Schnittpunkt mit der y-Achse?
Warum gibt es keine Asymptote parallel zur y-Achse? Wie ergibt sich die
Asymptote für $x \to \infty$ bei Exponentialfunktionen? Wie überprüft man auf
Hoch- oder Tiefpunkt? Wie auf die Existenz eines Wendepunktes?
Das Schaubild sollte man laufend durch die Sonderpunkte ergänzen, die man
berechnet hat.

b) Bei der Berechnung des x-Wertes von $P_1$ beachte, daß $e^x \neq 0$. Die Stammfunktion vom Funktionsterm $e^{2x}$ hat den Term $\frac{1}{2} \cdot e^{2x}$. Man berechnet die
beiden Inhalte getrennt mit denselben Grenzen, damit man deren Verhältnis
angeben kann.

c) Beim Bestimmen des Schnittpunktes $P_r$ darf man nicht vergessen, daß dieser
Schnittpunkt im 1. Quadranten liegen muß; dabei spielt der Wertebereich von
$\ln(4-r)$ eine Rolle.
Ein absolutes Extremum läßt sich mit Hilfe der Randwerte im betrachteten
Intervall nachweisen, wenn es sich um eine differenzierbare Funktion handelt.

d) Das Beschreiben eines organischen Wachstums mit einer mathematischen
Funktion ist nur näherungsweise möglich. $h_1$ ist eine Näherungsfunktion für
die ersten Wachstumswochen. $t = 0$ gibt die Höhe für den Beobachtungs-
anfang. Mit der Höhe nach 6 Wochen kann man die Wachstumskonstante k
bestimmen. Die fehlerhafte Angabe des Wachstums nach mehr als 6 Wochen
wird verbessert durch eine Funktion $h_2$ für beschränktes Wachstum, bei dem
das Wachstum einem Grenzwert zustrebt. Pflanzen wachsen nicht in den
Himmel!
Bei der Berechnung der beiden Unbekannten a und b kann man nach dem
Additionsverfahren die Gleichungen lösen.

## Lösung:

### a) Untersuchung der Kurve K

Es ist nach Extrem- und Wendepunkten gefragt, also ist es nützlich, die
Ableitungen bereitzustellen.

**A**

## 1. Ableitungen

$$f(x) = (4 - e^x) \cdot e^x = 4e^x - e^{2x}; \qquad x \in \mathbb{R}$$
$$f'(x) = 4e^x - 2e^{2x} = (4 - 2e^x) \cdot e^x; \qquad x \in \mathbb{R}$$
$$f''(x) = 4e^x - 4e^{2x} = (4 - 4e^x) \cdot e^x; \qquad x \in \mathbb{R}$$
$$f'''(x) = 4e^x - 8e^{2x} = (4 - 8e^x) \cdot e^x; \qquad x \in \mathbb{R}$$

## 2. Gemeinsame Punkte mit den Koordinatenachsen

**Mit der x-Achse**

Bedingung für die Schnittpunktsabszisse $x$ ist $f(x) = 0$.

Also ist $(4 - e^x) \cdot e^x = 0$.

Hieraus $e^x = 4$;

d. h. $x_1 = \ln 4 \approx 1,39$.

Wegen $f'(x_1) = (4 - 2e^{\ln 4}) \cdot e^{\ln 4} = (4 - 8) \cdot 4 = -16$ ergibt sich der Schnittpunkt $N(\ln 4 \,|\, 0)$ mit der Steigung $m_N = -16$, d. h. K überquert die x-Achse sehr steil in $N(\ln 4 \approx 1,39 \,|\, 0)$.

**Mit der y-Achse**

Bedingung für die Schnittpunktsordinate $y_1$ ist $y_1 = f(0)$.

Also $y_1 = (4 - e^0) \cdot e^0 = (4 - 1) \cdot 1 = 3$.

Mit $f'(0) = 4e^0 - 2e^0 = 2$ ergibt sich als Schnittpunkt mit der y-Achse der Punkt $M(0 \,|\, 3)$ mit Steigung $m_M = 2$.

## 3. Extrempunkte von K

Notwendige Bedingung für eine Extremstelle $x$ ist $f'(x) = 0$.

Hinreichend für die Existenz eines Hochpunktes (Tiefpunktes) ist zusätzlich $f''(x) < 0$ $(f''(x) > 0)$.

Aus $f'(x) = (4 - 2e^x) \cdot e^x = 0$ erhält man

$$2e^x = 4,$$
$$e^x = 2,$$
$$x = \ln 2 \approx 0,69.$$

Dazu $y = (4 - 2) \cdot 2 = 4$;

wegen $f''(x) = (4 - 4e^{\ln 2}) \cdot e^{\ln 2} = (4 - 8) \cdot 2 = -8 < 0$ ist $H(\ln 2 \,|\, 4)$ Hochpunkt von K.

## 4. Wendepunkte von K

Notwendige Bedingung für eine Wendestelle $x$ ist $f''(x) = 0$.

Hinreichend ist dies, wenn zusätzlich $f'''(x) \neq 0$ ist.

Aus $f''(x) = (4 - 4e^x) \cdot e^x = 0$ erhält man $4e^x = 4$

$$e^x = 1$$
$$x = \ln 1 = 0.$$

Da $f'''(0) = 4 - 8 = -4 \neq 0$ ist, ist $x = 0$ eine Wendestelle.
Zu $x = 0$ gehört der Funktionswert $f(0) = 3$. Da $f'(0) = 2$ ist, ist der Punkt
$\mathbf{M}(0|3)$ **Wendepunkt von K** mit $m_M = 2$.

**5. Asymptoten**

(1) Eine Asymptote mit der Gleichung $x = a$ parallel zur y-Achse existiert,
   wenn gilt $f(x) \to \infty$ für $x \to a$.
   Dieses Grenzwertverhalten gibt es bei K nicht.

(2) Eine Asymptote g mit $g(x) = mx + c$ existiert, wenn für $x \to +\infty$ oder
   $x \to -\infty$ gilt $\lim\limits_{|x| \to \infty} (f(x) - mx - c) = 0$.

   Für die Funktion der Kurve K ist demnach $(4 - e^x) \cdot e^x - mx - c$ auf
   Grenzwert 0 für $x \to +\infty$ oder $x \to -\infty$ zu untersuchen. Für $x \to +\infty$
   existiert kein Grenzwert, aber für $x \to -\infty$ gilt
   $\lim\limits_{x \to -\infty} ((4 - e^x) \cdot e^x - mx - c) = 0$, wenn man $m = 0$ und $c = 0$ setzt.

   Damit ist $\mathbf{y = 0}$ **für $x < 0$ Asymptote von K.** Die Kurve nähert sich
   beliebig der negativen x-Achse.

**6. Schaubilder K und C₁**

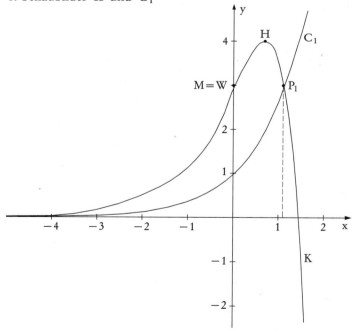

**A**

## b) Flächeninhalte

### 1. Bestimmung des Schnittpunktes $P_1$

Man erhält $x_P$ aus der Schnittbedingung

$(4 - e^{x_P}) \cdot e^{x_P} = e^{x_P}$ ; da $e^{x_P} \neq 0$ ist, gilt

$$4 - e^{x_P} = 1,$$
$$e^{x_P} = 3,$$
$$x_P = \ln 3; \quad g(x_P) = y_P = e^{\ln 3} = 3.$$

Somit ist der Schnittpunkt $P_1(\ln 3 \,|\, 3)$.

### 2. Inhalt $A_1$ von K über der x-Achse zwischen $x=0$ und $x=\ln 3$

$$A_1 = \int_0^{\ln 3} (4e^x - e^{2x})\, dx = \left[ 4e^x - \frac{1}{2} \cdot e^{2x} \right]_0^{\ln 3}$$

$$= \left[ 4 \cdot 3 - \frac{1}{2} \cdot e^{\ln 9} \right] - \left[ 4 - \frac{1}{2} \right] = 12 - 4{,}5 - 4 + 0{,}5$$

$$= 4$$

### 3. Inhalt $A_2$ von $C_1$ über der x-Achse zwischen $x=0$ und $x=\ln 3$

$$A_2 = \int_0^{\ln 3} e^x \cdot dx = [e^x]_0^{\ln 3} = [e^{\ln 3}] - [e^0] = 3 - 1 = 2$$

Da $A_2 = \frac{1}{2} \cdot A_1$, halbiert das Schaubild von $C_1$ den Inhalt $A_1$ von K.

Es ist $\dfrac{A_1}{A_2} = 2$.

## c) Extremwertaufgabe

### 1. Schnittpunkt $P_r$ für $0 < r < 3$

Die Abszisse x des Punktes $P_r$ folgt aus der Bedingung $f(x) = g_r(x)$, also aus $(4 - e^x) \cdot e^x = r \cdot e^x$

$$4 - e^x = r$$
$$e^x = 4 - r$$
$$x = \ln(4 - r).$$

Die Ordinate von $P_r$ ist $g_r(\ln(4-r))$. Dies gibt

$$y = r(4 - r).$$

Für $0 < r < 3$ gilt $4 - r > 1$, damit ist $\ln(4 - r) > 0$ und auch

$$y = r(4 - r) > 0.$$

Es ist erwiesen, daß $P_r(\ln(4-r) \,|\, r(4-r))$ im ersten Feld liegt.

**2. Flächeninhalt $A(r)$ von $C_1$ zwischen $x=0$ und $x=\ln(4-r)$**

$$A(r)=\int_0^{\ln(4-r)} r\cdot e^x\cdot dx=[r\cdot e^x]_0^{\ln(4-r)}=r(4-r)-r.$$

Damit ist $A(r)=3r-r^2$ für $0<r<3$.

**3. Maximum des Funktionsterms $A(r)$**

$A(r)$ wird für dasjenige $r$ maximal, für das $A'(r)=0$ ist und $A''(r)<0$ wird.

Es ist $A'(r)=3-2r$. Aus $3-2r=0$ erhält man $r=\dfrac{3}{2}$.

Da $\quad A''(r)=-2<0$, ist $A\left(\dfrac{3}{2}\right)=\dfrac{9}{4}=2{,}25$ ein **lokales Maximum**.

Die Funktion $r\mapsto A(r)$ hat im Definitionsintervall $0<r<3$ die Randwerte
$$\lim_{r\to 0} A(r)=\lim_{r\to 0}(3r-r^2)=0 \quad\text{und}$$
$$\lim_{r\to 3} A(r)=\lim_{r\to 3}(3r-r^2)=0.$$

$A(r)$ hat zwischen den beiden Randwerten null nur **ein** lokales Maximum. Dies ist auch **globales (absolutes) Maximum**.

**d) Wachstumsvorgang bei einer Pflanze**

**1. Exponentielles Wachstum**

Dies wird für die Anfangszeit näherungsweise beschrieben durch
$h_1(t)=0{,}02\cdot e^{kt}$.

$t$ Zeit in Wochen, $h_1(t)$ Höhe in Metern nach $t$ Wochen, $k$ Wachstumskonstante mit $k=\ln\left(1+\dfrac{p}{100}\right)$, wobei $p$ die prozentuale Zunahme in der Zeiteinheit ist.

**Pflanzenhöhe $h$ zur Zeit $t=0$**, dem Beginn der Beobachtung, ist
$h_1(0)=0{,}02\cdot e^0=0{,}02$ (Meter).

**Bestimmung von $k$**

Zur Zeit $t=6$ (Wochen) beträgt die Höhe $0{,}02+0{,}48=0{,}5$ (Meter).
Die Bedingung für $k$ ist damit

$\quad 0{,}50=0{,}02\cdot e^{6k}\quad$ oder

$\quad\quad 25=e^{6k}$

$\quad\ln 25=6k$

$\quad\quad k=\dfrac{1}{6}\ln 25\approx 0{,}5365$.

Die Höhenfunktion für das Anfangswachstum wird damit
$h_1(t)=0{,}02\cdot e^{0{,}5365\cdot t}$.

**Höhe nach t = 8 (Wochen)**

Mit der Funktion $h_1$ wird die Höhe der Pflanze nach 8 Wochen
$h_1(8) = 0,02 \cdot e^{0,5365 \cdot 8} = 0,02 \cdot 73,11 \approx 1,462$ (Meter).
Das Ergebnis weicht erheblich von der wirklichen Höhe 1,04 Meter ab.

## 2. Beschränktes Wachstum

Beim Wachstum von Pflanzen ist dem exponentiellen Wachstum eine natürliche Grenze gesetzt. Bäume etwa wachsen nicht in den Himmel. Man kommt zum beschränkten Wachstum.

Für solches Wachstum verwendet man Modellfunktionen der Form
$h(t) = a - b \cdot e^{-kt}$.

Dabei ist $h(t)$ der Bestand zur Zeit $t$ und $a$ der Bestand (z. B. die Höhe), dem sich die Pflanze für $t \to \infty$ nähert.

Für die Pflanze der Aufgabe ist die Funktion $h_2$ vorgegeben mit
$h_2(t) = a - b \cdot e^{-0,536 \cdot t}$.

Die unbekannten Konstanten $a$ und $b$ ergeben sich aus Bedingungen, die aus zwei beobachteten Wertepaaren für $t$ und $h$ folgen.

1. Paar:  $t = 6$ Wochen; $h = 0,5$ Meter
2. Paar:  $t = 8$ Wochen; $h = 1,04$ Meter.

Das führt auf das Gleichungssystem

$$0,5 = a - b \cdot e^{-0,5365 \cdot 6} = a - b \cdot 0,0400 \quad | \cdot (-1)$$
$$1,04 = a - b \cdot e^{-0,5365 \cdot 8} = a - b \cdot 0,0137 \quad | \cdot (1)$$

$$1,04 - 0,5 = -b \cdot 0,0137 + b \cdot 0,0400$$
$$0,54 = 0,02632 \cdot b$$
$$b \approx 20,52 \text{ (gerundet)}$$
$$a \approx 0,5 + 20,52 \cdot 0,04 = 1,3207 \approx 1,32 \text{ (gerundet)}.$$

Die Funktion für das beschränkte Wachstum der Pflanze ist
$h_2(t) = 1,32 - 20,5 \cdot e^{-0,536 \cdot t}$.

**Die maximale Höhe der Pflanze**

Der Grenzwert für $t \to \infty$ von $h_2(t)$ ist
$$\lim_{t \to \infty} (1,32 - 20,5 \cdot e^{-0,536 \cdot t}) = 1,32.$$

Wenn die Funktion $h_2$ das Pflanzenwachstum richtig beschreibt, dann kann die Pflanze **höchstens 1,32 m** hoch werden.

**Zusatzbemerkung:**

Die folgende Tabelle gibt für dieses Modell die Pflanzenhöhe an und zeigt, daß schon nach 24 Wochen die maximale Höhe im Rahmen der Meßgenauigkeit erreicht ist.

| t in Wochen | 6 | 8 | 12 | 16 | 20 | 24 | ... |
|---|---|---|---|---|---|---|---|
| $h_2$ in Meter | 0,5 | 1,04 | 1,29 | 1,316 | 1,319 | 1,32 | Wachstum beendet |

Gegeben ist die Funktion f durch

$$f(x) = -\frac{1}{30}x^5 + \frac{1}{2}x^3 ; \quad x \in \mathbb{R}.$$

Ihr Schaubild sei K.

a) Untersuchen Sie K auf Symmetrie, gemeinsame Punkte mit der x-Achse, Hoch-, Tief- und Wendepunkte.
   Zeichnen Sie K für $-4 \leqq x \leqq 4$. (LE 1 cm)

b) Ein Punkt $P(u|v)$ auf K mit $0 < u < \sqrt{15}$ bestimmt zusammen mit $O(0|0)$ und $Q(0|v)$ ein Dreieck OPQ. Durch Rotation dieses Dreiecks um die y-Achse entsteht ein Kegel.
   Für welches u wird das Volumen dieses Kegels maximal?
   Geben Sie das maximale Volumen auf zwei Dezimalen gerundet an.

c) Die Kurve K schließt mit der positiven x-Achse eine Fläche A ein. A wird durch die Parallele zur y-Achse durch den Hochpunkt H von K in zwei Teile geteilt.
   Berechnen Sie die Inhalte der beiden Teilflächen.
   Eine Gerade g durch H halbiert die Fläche A.
   An welcher Stelle schneidet g die x-Achse?

d) Begründen Sie, warum eine Ursprungsgerade mit der Kurve K nur einen oder drei oder fünf gemeinsame Punkte haben kann.
   Welche Ursprungsgeraden haben mit K genau fünf gemeinsame Punkte?

**Lösungshinweise:**

a) Man sollte den Funktionsterm sowie die Terme der Ableitungsfunktionen durch Ausklammern einer möglichst hohen Potenz von x umformen. Bei der Kurvenuntersuchung vereinfacht die Symmetrie einige Rechnungen. Es ist zu beachten, dass aus $f'(x_0) = 0$ und $f''(x_0) = 0$ nicht folgt, dass die Stelle $x_0$ keine Extremstelle ist. Beim Zeichnen muss die waagrechte Tangente in $O(0 \mid 0)$ erkennbar sein.

b) Das Volumen des Rotationskegels erhält man ohne Integration. Man kann nämlich den Grundkreisradius und die Höhe des Kegels unmittelbar der Zeichnung entnehmen. Bei der Untersuchung einer hinreichenden Bedingung ist dem Vorzeichenwechsel von $V'(u)$ der Vorzug zu geben, da das Berechnen von $V''(u_0)$ mit dem erhaltenen Wert von $u_0$ mühsam ist. Eine Untersuchung auf absolute Maxima darf nicht vergessen werden.

c) Die Inhalte der Teilflächen bestimmt man durch Integration. Es ist geschickt, den Inhalt A der gesamten Fläche und den Inhalt $A_1$ der linken Teilfläche durch Integration zu bestimmen, da die untere Integrationsgrenze 0 die Rechnung sehr vereinfacht.
Die Bestimmung des Schnittpunktes von g und der x-Achse ist ohne Integration möglich. Man bestimmt den Inhalt $A_3$ des Dreiecks so, dass $A_1 - A_3$ halb so groß wie der Gesamtflächeninhalt A ist. Mit der bekannten Höhe des Dreiecks erhält man dann dessen Grundseite.

d) Die Punktsymmetrie zu $O(0 \mid 0)$ von K und jeder Ursprungsgeraden ergibt eine ungerade Anzahl von gemeinsamen Punkten. Die Gleichung, mit der man die gemeinsamen bestimmt, hat aber höchstens 5 verschiedene Lösungen. Die Bestimmung der gemeinsamen Punkte führt auf eine biquadratische Gleichung, die durch eine Substitution in eine quadratische Gleichung umgewandelt wird. Man untersucht dann, wann diese quadratische Gleichung zwei verschiedene positive Lösungen besitzt.

**Lösung:**

a) **Kurvenuntersuchung**

1. **Ableitungen**

$$f(x) = -\frac{1}{30}x^5 + \frac{1}{2}x^3 = -\frac{1}{30}x^3(x^2 - 15)$$

$$f'(x) = -\frac{1}{6}x^4 + \frac{3}{2}x^2 = -\frac{1}{6}x^2(x^2 - 9)$$

$$f''(x) = -\frac{2}{3}x^3 + 3x = -\frac{2}{3}x\left(x^2 - \frac{9}{2}\right)$$

$$f'''(x) = -2x^2 + 3$$

2. **Symmetrie**

Es ist $f(-x) = -\frac{1}{30}(-x)^5 + \frac{1}{2}(-x)^3 = +\frac{1}{30}x^5 - \frac{1}{2}x^3 = -\left(-\frac{1}{30}x^5 + \frac{1}{2}x^3\right)$

$\qquad\qquad = -f(x)$ für alle $x \in \mathbb{R}$,

und somit ist K **punktsymmetrisch zu** $O(0|0)$.

3. **Gemeinsame Punkte mit der x-Achse**

Die x-Werte der gemeinsamen Punkte von K und der x-Achse sind die

Lösungen der Gleichung $f(x) = 0$. Mit $f(x) = -\frac{1}{30}x^3(x^2 - 15)$ ergibt sich die

Gleichung $-\frac{1}{30}x^3(x^2 - 15) = 0$. Da ein Produkt von Zahlen genau dann 0

ist, wenn mindestens ein Faktor 0 ist, erhält man $x = 0$ oder $x^2 - 15 = 0$.

Also ist $f(x) = 0$ für $x = 0$ oder $x = \sqrt{15}$ oder $x = -\sqrt{15}$. Die gemeinsamen

Punkte von K und der x-Achse sind damit $O(0|0)$, $X_1(\sqrt{15}|0)$ und

$X_2(-\sqrt{15}|0)$.

4. **Hoch- und Tiefpunkte**

Notwendige Bedingung:

K hat nur an den Stellen Hoch- und Tiefpunkte, an denen $f'(x) = 0$ ist.

Mit $f'(x) = -\frac{1}{6}x^2(x^2 - 9)$ ergibt dies $x^2(x^2 - 9) = 0$. Dann ist $x = 0$ oder

$x^2 - 9 = 0$. Also können nur an den Stellen 0 oder 3 oder $-3$ Extrem-

punkte vorliegen.

Hinreichende Bedingung:

Es ist $f'(3) = 0$ und $f''(3) = -\frac{2}{3} \cdot 3 \cdot \left(3^2 - \frac{9}{2}\right) = -9 < 0$ sowie

$$f(3) = -\frac{1}{30} \cdot 3^3 \cdot (3^2 - 15) = \frac{27}{5}. \text{ Also hat K den Hochpunkt } H\left(3\Big|\frac{27}{5}\right).$$

Die Punktsymmetrie von K zu O(0|0) ergibt, dass K auch den Tiefpunkt $T\left(-3\left|-\dfrac{27}{5}\right.\right)$ hat.

Es ist $f'(0)=0$ und auch $f''(0)=0$; damit kann hier noch nicht entschieden werden, ob an der Stelle 0 ein Hoch-; Tief- oder Wendepunkt vorliegt.

### 5. Wendepunkte

Notwendige Bedingung:

K hat nur an den Stellen Wendepunkte, an denen $f''(x)=0$ ist. Mit $f''(x)=-\dfrac{2}{3}x\left(x^2-\dfrac{9}{2}\right)$ erhält man $x\left(x^2-\dfrac{9}{2}\right)=0$. Dann ist $x=0$ oder $x^2-\dfrac{9}{2}=0$. Also kommen nur die Stellen 0 oder $\sqrt{\dfrac{9}{2}}$ oder $-\sqrt{\dfrac{9}{2}}$ für Wendepunkte in Betracht. Es ist $\sqrt{\dfrac{9}{2}}=\dfrac{3}{\sqrt{2}}=\dfrac{3}{2}\sqrt{2}$.

Hinreichende Bedingung:

Wegen $f''(0)=0$, $f'''(0)=-2\cdot 0^2+3=3\ne 0$ und $f(0)=0$ hat K den Wendepunkt O(0|0).

Es ist $f''\left(\dfrac{3}{2}\sqrt{2}\right)=0$ und $f'''\left(\dfrac{3}{2}\sqrt{2}\right)=-2\left(\dfrac{3}{2}\sqrt{2}\right)^2+3=-6\ne 0$ sowie $f\left(\dfrac{3}{2}\sqrt{2}\right)=-\dfrac{1}{30}\cdot\left(\dfrac{3}{2}\sqrt{2}\right)^5+\dfrac{1}{2}\cdot\left(\dfrac{3}{2}\sqrt{2}\right)^3=\dfrac{189}{80}\sqrt{2}$. Damit hat K auch den Wendepunkt $W_1\left(\dfrac{3}{2}\sqrt{2}\left|\dfrac{189}{80}\sqrt{2}\right.\right)$.

Wegen der Punktsymmetrie von K ist dann auch $W_2\left(-\dfrac{3}{2}\sqrt{2}\left|-\dfrac{189}{80}\sqrt{2}\right.\right)$ ein Wendepunkt.

Die Wendepunkte von K sind O(0|0), $W_1\left(\dfrac{3}{2}\sqrt{2}\left|\dfrac{189}{80}\sqrt{2}\right.\right)$ und $W_2\left(-\dfrac{3}{2}\sqrt{2}\left|-\dfrac{189}{80}\sqrt{2}\right.\right)$.

## 6. Schaubild K

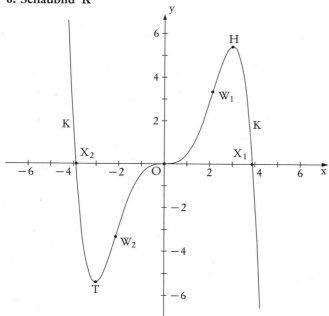

A

## b) Rotationskegel mit maximalem Volumen

### 1. Bestimmung des Volumens V(u)

Das Dreieck OPQ hat die Grundseite $u > 0$ und die Höhe $v = f(u) > 0$.
Also hat der Rotationskegel den Grundkreisradius $u$ und die Höhe $f(u)$.
Damit ist sein Volumen

$$V(u) = \frac{1}{3}\pi \cdot u^2 \cdot f(u)$$

$$= \frac{1}{3}\pi \cdot u^2 \cdot \left(-\frac{1}{30}u^5 + \frac{1}{2}u^3\right)$$

$$= \frac{1}{90}\pi \cdot (-u^7 + 15u^5).$$

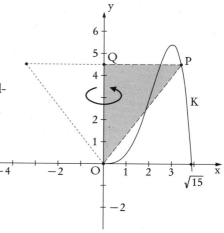

**2. Bestimmung des relativen Maximums von V(u)**

Man untersucht die Funktion $V$ auf relative Extremwerte.

Es ist $V'(u) = \dfrac{1}{90}\pi \cdot (-7u^6 + 75u^4) = \dfrac{1}{90}\pi \cdot u^4 \cdot (-7u^2 + 75)$ und die notwendige Bedingung $V'(u) = 0$ ergibt $\dfrac{1}{90}\pi \cdot u^4 \cdot (-7u^2 + 75) = 0$. Dann ist $u = 0$ oder

$-7u^2 + 75 = 0$. Wegen $u > 0$ gilt dann $u_0 = \sqrt{\dfrac{75}{7}} = 5\sqrt{\dfrac{3}{7}} = \dfrac{5}{7}\sqrt{21}$. Da $u_0^2 = \dfrac{75}{7}$

gilt, ist für $0 < u < \dfrac{5}{7}\sqrt{21}$ stets $V'(u) = \dfrac{1}{90}\pi \cdot u^4 \cdot (-7u^2 + 75) > 0$ und für

$\dfrac{5}{7}\sqrt{21} < u < \sqrt{15}$ stets $V'(u) < 0$. Also hat $V'(u)$ an der Stelle $u_0 = \dfrac{5}{7}\sqrt{21}$

einen Vorzeichenwechsel von „+" nach „−". Damit hat $V(u)$ an der Stelle

$u_0 = \dfrac{5}{7}\sqrt{21}$ **ein relatives Maximum.**

Ergänzung:
Es ist $V''(u) = \dfrac{1}{90}\pi \cdot (-42u^5 + 300u^3) = \dfrac{1}{15}\pi \cdot u^3 \cdot (-7u^2 + 50)$ und somit

$V''\left(\dfrac{5}{7}\sqrt{21}\right) = \dfrac{1}{15}\pi \cdot \left(\dfrac{5}{7}\sqrt{21}\right)^3 \cdot \left(-7\left(\dfrac{5}{7}\sqrt{21}\right)^2 + 50\right) = -\dfrac{625}{49}\pi \cdot \sqrt{21} < 0$. Auch so

lässt sich die Existenz eines relativen Maximums an der Stelle $u_0 = \dfrac{5}{7}\sqrt{21}$
nachweisen.

**3. Nachweis und Berechnung des absoluten Maximums von V(u)**

Die Funktion $V$ besitzt für $0 < u < \sqrt{15}$ nur einen Extremwert, nämlich das

Maximum an der Stelle $u_0 = \dfrac{5}{7}\sqrt{21}$. Also ist dieses Maximum bei $u_0 = \dfrac{5}{7}\sqrt{21}$

**das absolute Maximum von V.**

Das maximale Volumen des Rotationskegels ist

$V\left(\dfrac{5}{7}\sqrt{21}\right) = \dfrac{1}{90}\pi \cdot \left(-\left(\dfrac{5}{7}\sqrt{21}\right)^7 + 15\left(\dfrac{5}{7}\sqrt{21}\right)^5\right) = \dfrac{9375}{2401}\cdot \pi \cdot \sqrt{21} \approx \mathbf{56{,}21}$.

Ergänzung:
Aus $V(u) = \dfrac{1}{90}\pi \cdot (-u^7 + 15u^5) = \dfrac{1}{90}\pi \cdot u^5 (-u^2 + 15)$ folgt sofort, dass

$\lim\limits_{u \to 0} V(u) = 0$ und $\lim\limits_{u \to \sqrt{15}} V(u) = 0$ gilt. Man kann damit ebenfalls nachweisen,

dass $V(u)$ an der Stelle $u_0 = \dfrac{5}{7}\sqrt{21}$ ein absolutes Maximum besitzt.

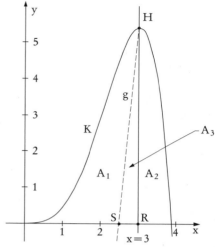

**c) Flächenberechnungen und Berechnungen der flächenhalbierenden Geraden g**

**1. Flächeninhalte der beiden Teilflächen**

Da das Schaubild K die positive x-Achse bei $X_1(\sqrt{15}\,|\,0)$ schneidet, hat die gesamte von K und der x-Achse im ersten Feld umschlossene Fläche den Inhalt

$$A = \int_0^{\sqrt{15}} f(x)\,dx$$

$$= \int_0^{\sqrt{15}} \left(-\frac{1}{30}x^5 + \frac{1}{2}x^3\right)dx$$

$$= \left[-\frac{1}{180}x^6 + \frac{1}{8}x^4\right]_0^{\sqrt{15}}$$

$$= -\frac{1}{180}(\sqrt{15})^6 + \frac{1}{8}(\sqrt{15})^4 - 0 = \frac{75}{8}.$$

Die Parallele $x=3$ zur y-Achse durch $H\left(3\,\Big|\,\frac{27}{5}\right)$ begrenzt mit K und der x-Achse im ersten Feld eine Fläche mit dem Inhalt

$$A_1 = \int_0^3 f(x)\,dx = \int_0^3 \left(-\frac{1}{30}x^5 + \frac{1}{2}x^3\right)dx = \left[-\frac{1}{180}x^6 + \frac{1}{8}x^4\right]_0^3$$

$$= -\frac{1}{180}\cdot 3^6 + \frac{1}{8}\cdot 3^4 - 0 = \frac{243}{40}.$$

Da die gesamte Fläche den Inhalt $A = \frac{75}{8}$ und die linke Teilfläche den Inhalt $A_1 = \frac{243}{40}$ hat, beträgt der Inhalt der rechten Teilfläche

$$A_2 = A - A_1 = \frac{75}{8} - \frac{243}{40} = \frac{33}{10}.$$

Die **linke Teilfläche** hat den Inhalt $\frac{243}{40}$ und die **rechte Teilfläche** den Inhalt $\frac{33}{10}$.

**2. Bestimmung der flächenhalbierenden Geraden g**

Es sei R der Schnittpunkt der Geraden $x=3$ mit der x-Achse und S der Schnittpunkt der flächenhalbierenden Geraden g mit der x-Achse. Es ist $A_1 > A_2$. Wenn das Dreieck SRH den Inhalt $A_3$ hat, so gilt

$$A_1 - A_3 = \frac{1}{2}A.$$

Dann ist $A_3 = A_1 - \frac{1}{2}A$ und somit $A_3 = \frac{243}{40} - \frac{1}{2} \cdot \frac{75}{8} = \frac{111}{80}$. Das Dreieck

SRH hat damit den Inhalt $\frac{111}{80} = \frac{1}{2} \cdot \overline{RS} \cdot \overline{RH}$. Da $\overline{RH} = \frac{27}{5}$ ist, gilt

$\overline{RS} = 2 \cdot \frac{111}{80} \cdot \frac{5}{27} = \frac{37}{72}$.

Da R den x-Wert 3 hat, ist $3 - \frac{37}{72} = \frac{179}{72}$ der x-Wert von S.

Die Gerade g schneidet die x-Achse in $S\left(\frac{179}{72} \middle| 0\right)$.

**d) Gemeinsame Punkte von K und einer Ursprungsgeraden**

**1. Begründung zur Anzahl der gemeinsamen Punkte**

Der Ursprung $O(0|0)$ ist stets ein gemeinsamer Punkt von K und jeder Ursprungsgeraden. K und alle Ursprungsgeraden sind punktsymmetrisch zu $O(0|0)$. Wenn also ein Punkt $T(x_T|y_T)$ mit $T \ne O(0|0)$ auf K und einer Ursprungsgeraden $y = mx$ liegt, so liegt auch der an $O(0|0)$ gespiegelte Punkt $T^*(-x_T|-y_T)$ auf K und dieser Ursprungsgeraden. K und die Ursprungsgerade $y = mx$ haben damit eine ungerade Anzahl von gemeinsamen Punkten. Ist $T(x_T|y_T)$ ein gemeinsamer Punkt von K und der Geraden $y = mx$, so gilt

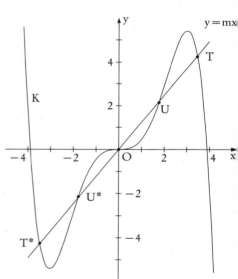

$-\frac{1}{30}x_T^5 + \frac{1}{2}x_T^3 = mx_T$,

und Umformen ergibt

$-\frac{1}{30}x_T(x_T^4 - 15x_T^2 + 30m) = 0$.

K und die Gerade $y = mx$ haben so viele gemeinsame Punkte, wie die

Gleichung $-\frac{1}{30}x_T(x_T^4 - 15x_T^2 + 30m) = 0$ Lösungen besitzt. Diese Gleichung

hat aber höchstens 5 Lösungen, nämlich $x_T = 0$ sowie höchstens 4 Lösungen von $x_T^4 - 15x_T^2 + 30m = 0$. Da die Anzahl der gemeinsamen Punkte ungerade ist, gibt es **einen oder drei oder fünf gemeinsame Punkte**.

**2. Ursprungsgeraden mit 5 gemeinsamen Punkten**

Haben K und die Ursprungsgerade $y = mx$ fünf gemeinsame Punkte, so muss die Gleichung $x_T^4 - 15x_T^2 + 30m = 0$ vier Lösungen haben. Setzt man $x_T^2 = z$, so erhält man $z^2 - 15z + 30m = 0$ und diese quadratische Gleichung muss zwei verschiedene positive Lösungen besitzen. Damit diese Gleichung überhaupt zwei verschiedene Lösungen besitzt, muss ihre Diskriminante positiv sein. Dies ergibt $(-15)^2 - 4 \cdot 30m > 0$. Dann ist $225 - 120m > 0$ und damit $m < \dfrac{15}{8}$. Für $m < \dfrac{15}{8}$ besitzt die Gleichung $z^2 - 15z + 30m = 0$ die beiden Lösungen $z_1 = \dfrac{15 + \sqrt{225 - 120m}}{2}$ und $z_2 = \dfrac{15 - \sqrt{225 - 120m}}{2}$.

Dabei ist stets $z_1 > 0$, doch es muss noch untersucht werden, für welche m auch $z_2 > 0$ gilt.

$z_2 > 0$ ergibt $15 - \sqrt{225 - 120m} > 0$. Dann ist $15 > \sqrt{225 - 120m}$ und Quadrieren ergibt $225 > 225 - 120m$. Dies besagt $m > 0$.

Wenn nun $0 < m < \dfrac{15}{8}$ ist, so besitzt die Gleichung $z^2 - 15z + 30m = 0$ zwei verschiedene positive Lösungen $z_1$ und $z_2$. Dann besitzt die Gleichung $x_T^4 - 15x_T^2 + 30m = 0$ vier verschiedene Lösungen $x_T = \pm\sqrt{z_1}$ und $x_T = \pm\sqrt{z_2}$.

Dann haben K und die Ursprungsgerade $y = mx$ genau fünf gemeinsame Punkte mit den x-Werten 0, $\sqrt{z_1}$, $-\sqrt{z_1}$, $\sqrt{z_2}$ und $-\sqrt{z_2}$.

Genau fünf gemeinsame Punkte gibt es, wenn für die Steigung m der Ursprungsgeraden gilt: $0 < m < \dfrac{15}{8}$.

Die Funktion f ist gegeben durch

$$f(x) = \frac{36x - 48}{x^3}; \quad x \neq 0.$$

Ihr Schaubild sei K.

**A**

a) Untersuchen Sie K auf Asymptoten, gemeinsame Punkte mit der x-Achse, Extrem- und Wendepunkte.
Zeichnen Sie K für $-8 \leq x \leq 8$. (LE 1 cm)
Bestimmen Sie anhand des Schaubildes K die Anzahl der Lösungen der
Gleichung $\frac{36x - 48}{x^3} = c$ in Abhängigkeit von c.

b) Die Kurve K, die x-Achse und die Gerade $x = z$ mit $z > \frac{4}{3}$ begrenzen eine Fläche mit dem Inhalt A(z).
Berechnen Sie A(z).
Untersuchen Sie A(z) für $z \to \infty$.

c) $P(u|v)$ mit $u > \frac{4}{3}$ ist ein Punkt von K. Der Schnittpunkt N von K mit der x-Achse, der Punkt $R(u|0)$ und P sind Eckpunkte eines Dreiecks NRP.
Bestimmen Sie u so, dass der Inhalt dieses Dreiecks extremal wird.
Ermitteln Sie die Art des Extremums und seinen Wert.

d) Die Hyperbel $y = \frac{a}{x}$ mit $a > 0$ berührt K.
Bestimmen Sie a und den Berührpunkt.
Zeigen Sie: Mit Ausnahme des Berührpunktes verläuft diese Hyperbel für $x > 0$ stets oberhalb von K.

## Lösungshinweise:

a) Man kann den Funktionsterm so umformen, dass sich beim Ableiten die Quotientenregel umgehen lässt. Bei der Frage nach den Asymptoten ist zu beachten, dass es sowohl senkrechte Asymptoten gibt sowie Asymptoten, die das Verhalten von f(x) für $x \rightarrow \pm\infty$ beschreiben. Beim Lösen der Gleichungen $f(x) = 0$, $f'(x) = 0$ und $f''(x) = 0$ ist zu beachten, dass ein Bruchterm genau dann den Wert 0 annimmt, wenn der Zähler den Wert 0 annimmt und der Nenner von 0 verschieden ist.

Die Lösungen der angegebenen Gleichung sind die x-Werte der Schnittpunkte der Geraden $y = c$ mit K. Man muss also die Anzahl der Schnittpunkte von K und der Geraden $y = c$ angeben.

b) Den Inhalt A(z) erhält man durch Integration. Die Bedingung $z > \dfrac{4}{3}$ garantiert, dass die beschriebene Fläche ganz im 1. Feld liegt. Bei der Grenzwertbestimmung ist auf Summanden zu achten, die den Grenzwert 0 haben für $x \rightarrow \infty$.

c) Man bestimmt den Funktionsterm D(u) einer Funktion D, die den Inhalt des Dreiecks NRP angibt. Über die Lösungen von $D'(u) = 0$ erhält man die Stelle $u_0$ des relativen Extremums von D(u). Weitere Untersuchungen zum absoluten Extremum an dieser Stelle $u_0$ müssen folgen.

d) Die Bestimmung von a und des Berührpunktes kann über die Bedingung erfolgen, dass K und die Hyperbel genau einen gemeinsamen Punkt haben. Man kann auch mit dem Ansatz zum Ziel kommen, dass K und die Hyperbel im Berührpunkt eine gemeinsame Tangente haben.

Statt $\dfrac{a}{x} > f(x)$ ist es günstiger $\dfrac{a}{x} - f(x) > 0$ nachzuweisen. Hierbei ist folgender Satz nützlich: Für $z \neq 0$ ist $z^2 > 0$.

## Lösung:

a) **Kurvenuntersuchung, Anzahl der Lösungen einer Gleichung**

1. **Ableitungen**

$$f(x) = \frac{36x - 48}{x^3} = 12 \cdot \frac{3x - 4}{x^3} = 12 \cdot \left( \frac{3}{x^2} - \frac{4}{x^3} \right); \qquad x \neq 0$$

$$f'(x) = 12 \cdot \left( -\frac{6}{x^3} + \frac{12}{x^4} \right) = 72 \cdot \left( \frac{2}{x^4} - \frac{1}{x^3} \right) = 72 \cdot \frac{2 - x}{x^4}; \qquad x \neq 0$$

$$f''(x) = 72 \cdot \left( -\frac{8}{x^5} + \frac{3}{x^4} \right) = 72 \cdot \left( \frac{3}{x^4} - \frac{8}{x^5} \right) = 72 \cdot \frac{3x - 8}{x^5}; \qquad x \neq 0$$

## 2. Asymptoten

K kann zwei Arten von Asymptoten haben, nämlich solche, die parallel zur y-Achse verlaufen und solche, die das Verhalten von $f(x)$ für $x \to \pm\infty$ beschreiben.

(1) Asymptoten, die parallel zur y-Achse sind.

Der Nenner $x^3$ von $f(x)$ wird 0 für $x=0$, und für $x=0$ ist der Zähler $36x-48$ von 0 verschieden. Also ist die Gerade $x=0$, d. h. die **y-Achse senkrechte Asymptote** von K.

(2) Asymptoten für $x \to \pm\infty$

Das Polynom $36x-48$ im Zähler von $f(x)$ hat den Grad 1 und das Polynom $x^3$ im Nenner von $f(x)$ den Grad 3. Also ist der Grad des Polynoms im Zähler kleiner als der Grad des Polynoms im Nenner und somit die **x-Achse waagrechte Asymptote** von K.

## 3. Gemeinsame Punkte mit der x-Achse

Die gemeinsamen Punkte von K und der x-Achse haben als x-Werte die Lösungen der Gleichung $f(x)=0$.

$f(x)=0$ ergibt $\dfrac{36x-48}{x^3}=0$ und somit $36x-48=0$. Dann ist $x=\dfrac{4}{3}$.

Gemeinsamer Punkt von K und der x-Achse ist $N\left(\dfrac{4}{3}\Big|0\right)$.

## 4. Extrempunkte

Extrempunkte liegen an den Stellen x, für die $f'(x)=0$ und $f''(x) \neq 0$ ist.

$f'(x)=0$ ergibt $72 \cdot \dfrac{2-x}{x^4}=0$ und somit $2-x=0$. Dann ist $x=2$.

Da $f(2)=\dfrac{36\cdot2-48}{2^3}=3$ und $f''(2)=72\cdot\dfrac{3-8\cdot2}{2^5}<0$ ist, hat K den Hochpunkt $H(2|3)$.

## 5. Wendepunkte

Wendepunkte liegen an den Stellen x, für die $f''(x)=0$ ist und $f''(x)$ einen Vorzeichenwechsel hat.

$f''(x)=0$ ergibt $72\cdot\dfrac{3-8x}{x^5}=0$ und somit $3x-8=0$. Dann ist $x=\dfrac{8}{3}\approx2{,}67$

und $f\left(\dfrac{8}{3}\right)=\dfrac{36\cdot\dfrac{8}{3}-48}{\left(\dfrac{8}{3}\right)^3}=\dfrac{81}{32}\approx2{,}53$.

$f''(x) = 72 \cdot \dfrac{3x-8}{x^5}$ hat an der Stelle $\dfrac{8}{3}$ einen Vorzeichenwechsel, denn in einer

Umgebung von $\dfrac{8}{3}$ ist der Nenner $x^5$ stets positiv, doch der Zähler $3x-8$

ist negativ für $x < \dfrac{8}{3}$ und positiv für $x > \dfrac{8}{3}$. Also hat K den Wendepunkt

$W\left(\dfrac{8}{3}\,\Big|\,\dfrac{81}{32}\right)$.

**6. Schaubild K**

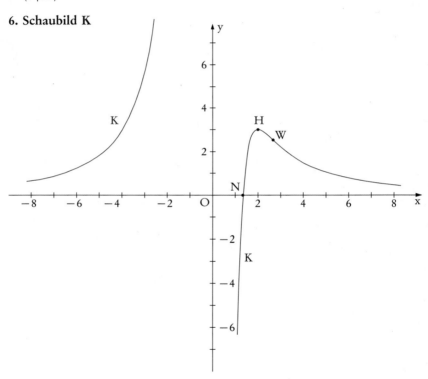

**7. Anzahl der Lösungen der Gleichung**

Die Lösungen der Gleichung $\dfrac{36x-48}{x^3} = c$ sind die x-Werte der Schnittpunkte
des Schaubildes K und der Geraden $y = c$. Die eingezeichnete Gerade
schneidet K in drei Punkte $S_1$, $S_2$ und $S_3$. Wandert die Gerade $y = c$ für
wachsendes c nach oben, so gibt es für $c = 3$ nur noch 2 Schnittpunkte,
nämlich einen mit dem linken Ast von K und den Hochpunkt $H(2|3)$.

Für $c > 3$ schneidet die Gerade nur noch den linken Ast von K. Wenn $c$ vom eingezeichneten Wert aus abnimmt, schneidet für $c \leqq 0$ die Gerade das Schaubild K nur einmal, und zwar nur den rechten Ast von K.

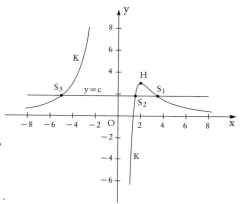

Die Gleichung $\dfrac{36x - 48}{x^3} = c$ hat also

$$\begin{cases} 1 \text{ Lösung} & \text{für } c \leqq 0 \text{ oder } c > 3 \\ 2 \text{ Lösungen für } c = 3 \\ 3 \text{ Lösungen für } 0 < c < 3. \end{cases}$$

## b) Flächeninhaltsberechnung

### 1. Berechnung von A(z)

Für den Inhalt $A(z)$ der eingezeichneten Fläche gilt

$$A(z) = \int_{\frac{4}{3}}^{z} f(x)\,dx.$$

Einsetzen des Funktionsterms ergibt

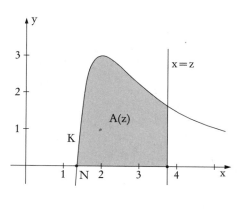

$$A(z) = \int_{\frac{4}{3}}^{z} \frac{36x - 48}{x^3}\,dx$$

$$= 12 \cdot \int_{\frac{4}{3}}^{z} \left( \frac{3}{x^2} - \frac{4}{x^3} \right) dx$$

$$= 12 \cdot \left[ \frac{-3}{x} + \frac{2}{x^2} \right]_{\frac{4}{3}}^{z}$$

$$= 12 \cdot \left( \left( \frac{-3}{z} + \frac{2}{z^2} \right) - \left( \frac{-3}{\frac{4}{3}} + \frac{2}{\left(\frac{4}{3}\right)^2} \right) \right)$$

$$= 12 \cdot \left( \frac{9}{8} - \frac{3}{z} + \frac{2}{z^2} \right).$$

Also ist der Flächeninhalt $A(z) = \dfrac{27}{2} - \dfrac{36}{z} + \dfrac{24}{z^2}$.

### 2. Grenzwert für $z \to \infty$

Für $z \to \infty$ strebt $\dfrac{36}{z} \to 0$ und $\dfrac{24}{z^2} \to 0$. Also ist $\lim\limits_{z \to \infty} A(z) = \dfrac{27}{2}$.

**c) Extremaler Dreiecksinhalt**

**1. Bestimmung des Inhaltes D des Dreiecks NRP**

Das Dreieck NRP hat die Grundseite NR der Länge $u-\dfrac{4}{3}>0$ und die Höhe

PR der Länge $v=f(u)=\dfrac{36u-48}{u^3}>0$

für $u>\dfrac{4}{3}$.

Also ist der Inhalt D(u) des Dreiecks NRP

$$D(u)=\frac{1}{2}\cdot\left(u-\frac{4}{3}\right)\cdot f(u)$$

$$=\frac{1}{2}\cdot\left(u-\frac{4}{3}\right)\cdot\frac{36u-48}{u^3}$$

$$=2\cdot(3u-4)\cdot\frac{3u-4}{u^3}=2\cdot\frac{(3u-4)^2}{u^3}$$

$$=\frac{18}{u}-\frac{48}{u^2}+\frac{32}{u^3}.$$

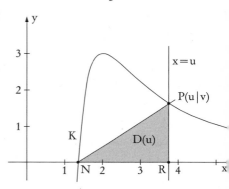

**2. Bestimmung des relativen Extremums von D**

Aus $D(u)=\dfrac{18}{u}-\dfrac{48}{u^2}+\dfrac{32}{u^3}$ folgt

$$D'(u)=-\frac{18}{u^2}+\frac{96}{u^3}-\frac{96}{u^4}=-\frac{6}{u^4}\cdot(3u^2-16u+16)\text{ und }D''(u)=\frac{36}{u^3}-\frac{288}{u^4}+\frac{384}{u^5}.$$

$D'(u)=0$ ergibt dann $3u^2-16u+16=0$. Dann ist $u=\dfrac{4}{3}$ oder $u=4$.

Wegen $u>\dfrac{4}{3}$ ist damit $u=4$. Da $D''(4)=\dfrac{36}{4^3}-\dfrac{288}{4^4}+\dfrac{384}{4^5}=-\dfrac{3}{16}<0$ gilt,

besitzt D **an der Stelle 4 ein relatives Maximum.**

Ergänzung:

Bestimmt man $D'(u)$ für $D(u)=2\cdot\dfrac{(3u-4)^2}{u^3}$ mit der Quotientenregel, erhält

man $D'(u)=2\cdot\dfrac{2(3u-4)\cdot3\cdot u^3-(3u-4)^2\cdot3u^2}{u^6}=6\cdot\dfrac{(3u-4)(4-u)}{u^4}$. Hieraus

folgt entsprechend $u=4$ und man erkennt auch unmittelbar, dass $D'(u)$ an der Stelle 4 einen Vorzeichenwechsel von „+" nach „−" hat. Damit erhält man das relative Maximum an der Stelle 4 ohne Bestimmung von $D''$.

**3. Weitere Untersuchung des Maximums von D**

An der Stelle $u=4$ liegt der einzige Extremwert von $D(u)$ für $u>\dfrac{4}{3}$. Also

hat D **an der Stelle 4 ein absolutes Maximum.** Der **maximale Flächeninhalt** ist $D(4)=\dfrac{18}{4}-\dfrac{48}{4^2}+\dfrac{32}{4^3}=\mathbf{2}.$

Ergänzung:
Man kann die Existenz eines absoluten Maximums an der Stelle 4 auch durch Untersuchung von D(u) am Rand des Definitionsbereichs nachweisen:

$$\lim_{u \to \frac{4}{3}} D(u) = \lim_{u \to \frac{4}{3}} \left[ \frac{1}{2} \cdot \left( u - \frac{4}{3} \right) \cdot f(u) \right] = 0 \quad \text{und} \quad \lim_{u \to \infty} D(u) = \lim_{u \to \infty} \left( \frac{18}{u} - \frac{48}{u^2} + \frac{32}{u^3} \right) = 0.$$

## d) Schaubild K und die Hyperbel $y = \frac{a}{x}$

### 1. Bestimmung von a und des Berührpunktes

### 1. Lösungsweg:

Es bei $B(x_B | y_B)$ ein gemeinsamer Punkt von K und der Hyperbel $y = \frac{a}{x}$ mit $a > 0$. Dann gilt $f(x_B) = \frac{a}{x_B}$ und somit $\frac{36x_B - 48}{x_B^3} = \frac{a}{x_B}$. Umformen ergibt $ax_B^2 - 36x_B + 48 = 0$. Da sich K und die Hyperbel $y = \frac{a}{x}$ berühren, dürfen die beiden Kurven nur einen gemeinsamen Punkt haben. Dies ist dann der Fall, wenn die Diskriminante der quadratischen Gleichung $ax_B^2 - 36x_B + 48 = 0$ verschwindet. Dies ergibt $(-36)^2 + 4 \cdot a \cdot 48 = 0$ und hieraus folgt $a = \frac{27}{4}$.

Die quadratische Gleichung lautet dann $\frac{27}{4}x_B^2 - 36x_B + 48 = 0$. Klammert man links den Faktor 3 aus, ergibt sich mit der 2. binomischen Formel $3 \cdot \left( \frac{3}{2}x_B - 4 \right)^2 = 0$. Dann ist $\frac{3}{2}x_B - 4 = 0$ und folglich $x_B = \frac{8}{3}$ sowie

$$y_B = \frac{a}{x_B} = \frac{\frac{27}{4}}{\frac{8}{3}} = \frac{81}{32}.$$ Der Berührpunkt ist somit $B\left( \frac{8}{3} \Big| \frac{81}{32} \right)$.

### 2. Lösungsweg:

Die Hyperbel $y = \frac{a}{x}$ mit $a > 0$ sei das Schaubild der Funktion g mit $g(x) = \frac{a}{x}$. Dann ist $g'(x) = -\frac{a}{x^2}$. Das Schaubild K und die Hyperbel berühren sich im Punkt $B(x_B | y_B)$, wenn B auf K und der Hyperbel liegt und beide Schaubilder in B dieselbe Steigung besitzen. Dies ergibt die Bedingungen $f(x_B) = g(x_B)$ und $f'(x_B) = g'(x_B)$.
Einsetzen ergibt nun

$$\frac{36x_B - 48}{x_B^3} = \frac{a}{x_B} \quad \text{und} \quad 72 \cdot \frac{2 - x_B}{x_B^4} = -\frac{a}{x_B^2},$$

und durch Auflösen nach a erhält man

$\frac{12}{x_B^2} \cdot (3x_B - 4) = a$ und $\frac{72}{x_B^2} \cdot (x_B - 2) = a$.

Gleichsetzen und Umformen liefert $3x_B - 4 = 6(x_B - 2)$ und somit $x_B = \frac{8}{3}$.

Für a ergibt sich damit $a = \frac{12}{x_B^2} \cdot (3x_B - 4) = \frac{12}{\left(\frac{8}{3}\right)^2} \cdot \left(3 \cdot \frac{8}{3} - 4\right) = \frac{27}{4}$ und schließ-

lich $y_B = \frac{a}{x_B} = \frac{\frac{27}{4}}{\frac{8}{3}} = \frac{81}{32}$. Die Hyperbel $y = \frac{a}{x}$ berührt K für $a = \frac{27}{4}$ im

Punkt $B\left(\frac{8}{3} \Big| \frac{81}{32}\right)$.

## 2. Verlauf der Hyperbel

Die Hyperbel $y = \frac{27}{4x}$ verläuft für $x > 0$ und $x \neq \frac{8}{3}$ stets oberhalb von K,

wenn für diese x stets $\frac{27}{4x} > f(x)$ gilt. Dazu zeigt man, dass für alle $x > 0$

und $x \neq \frac{8}{3}$ stets $\frac{27}{4x} - f(x) > 0$ gilt. Dies geschieht so:

$$\frac{27}{4x} - f(x) = \frac{27}{4x} - \frac{36x - 48}{x^3} = \frac{27x^2 - 144x + 192}{4x^3} = \frac{3(9x^2 - 48x + 64)}{4x^3}$$
$$= \frac{3(3x - 8)^2}{4x^3}$$

und für $x \neq \frac{8}{3}$ ist $(3x - 8)^2 > 0$. Wegen $x > 0$ ist dann

$$\frac{27}{4x} - f(x) = \frac{3(3x - 8)^2}{4x^3} > 0.$$

Damit ist gezeigt, dass **für $x > 0$ und $x \neq \frac{8}{3}$ die Hyperbel $y = \frac{27}{4x}$ oberhalb von K verläuft.**

**A**

Gegeben sind die Funktionen f und g durch
$f(x) = e^{x-1}$ und $g(x) = e^{1-x}$ ; $x \in \mathbb{R}$.
Das Schaubild von f sei $K_f$, das Schaubild von g sei $K_g$.

a) Untersuchen Sie sowohl $K_f$ als auch $K_g$ auf gemeinsame Punkte mit den Koordinatenachsen und auf Asymptoten.
   Berechnen Sie die Koordinaten des Schnittpunktes und den Schnittwinkel von $K_f$ und $K_g$.
   Zeichnen Sie $K_f$ für $-1 \leqq x \leqq 2,5$ und $K_g$ für $-0,5 \leqq x \leqq 3$ in ein gemeinsames Koordinatensystem. (LE 2 cm)

b) Die Kurven $K_f$ und $K_g$ schließen mit der y-Achse eine Fläche ein. Rotiert diese Fläche um die x-Achse, so entsteht ein Drehkörper.
   Berechnen Sie das Volumen dieses Drehkörpers.

c) $P(u|v)$ mit $u > 0$ sei ein Punkt auf der Kurve $K_g$. Die Parallele zur x-Achse durch P schneidet die y-Achse in Q. Die Tangente in P an $K_g$ schneidet die y-Achse in R.
   Für welchen Wert von u wird der Flächeninhalt des Dreiecks QPR extremal? Bestimmen Sie die Art des Extremums und seinen Wert.

d) Die Temperatur T(t) eines Körpers verändert sich in Abhängigkeit von der Zeit t nach folgendem Gesetz:
   $T(t) = 50 + 150 \cdot e^{-kt}$ ; $k > 0$ ; (Zeit t in min; Temperatur T(t) in °C).
   Zeigen Sie, dass es sich um einen Abkühlungsvorgang handelt.
   Welche Temperaturen kann der Körper für $t \geqq 0$ annehmen?
   Berechnen Sie k auf drei Dezimalen gerundet, wenn sich der Körper in den ersten 35 min auf 62,9 °C abgekühlt hat.
   Ab welchem Zeitpunkt nimmt für dieses k die Temperatur des Körpers in einer Minute um weniger als 2 Grad ab?

## Lösungshinweise:

a) Die Schaubilder $K_f$ und $K_g$ erhält man aus den Schaubildern $y = e^x$ und $y = e^{-x}$ durch eine Verschiebung in Richtung der x-Achse um 1. Damit lassen sich die meisten Eigenschaften von $K_f$ und $K_g$ vermuten. Insbesondere bei der Frage der Asymptoten ist dies hilfreich. Die Bestimmung des Schnittpunktes führt auf eine einfache Exponentialgleichung.

b) Das Volumen des beschriebenen Drehkörpers erhält man als Differenz von „äußerem" und „innerem" Drehkörper. Vor der Integration sind die Integranden umzuformen; dabei wendet man die Regel über das Potenzieren von Potenzen an. Bei der Bestimmung der Stammfunktionen sollte man dann die Kettenregel berücksichtigen.

c) Es ist $v = g(u)$, und die Ableitung $g'(u)$ liefert die Steigung der Tangente. Über die Punktsteigungsform kommt man dann zur Tangentengleichung und damit zum Schnittpunkt R. Man stellt den Funktionsterm einer Funktion A auf, die den Inhalt $A(u)$ des Dreiecks QPR in Abhängigkeit von u angibt. Über $A'(u) = 0$ erhält man eine mögliche Extremstelle $u_0$ von $A(u)$, die dann weiter untersucht werden muss.

d) Eine Funktion T, die den Temperaturverlauf eines Körpers in Abhängigkeit von der Zeit t angibt, ist zu untersuchen. Der Nachweis, dass T streng monoton abnimmt, kann mit dem Monotoniesatz erfolgen. Die Wertemenge von T ergibt sich damit durch Untersuchung der Grenzen des Definitionsbereichs von T. Die Bestimmung einer Konstanten k führt auf eine Exponentialgleichung, die durch Logarithmieren gelöst werden kann. Ein zu bestimmender Zeitpunkt $t_0$ ergibt sich als Lösung einer Exponentialungleichung. Dabei sind die Äquivalenzumformungen von Ungleichungen zu beachten.

**Lösung:**

a) Untersuchung der beiden Schaubilder, Schnittpunkt und Schnittwinkel

**1. Ableitungen**

$$f(x) = e^{x-1} \qquad g(x) = e^{1-x}; \qquad x \in \mathbb{R}$$
$$f'(x) = e^{x-1} \qquad g'(x) = -e^{1-x}; \qquad x \in \mathbb{R}$$

**2. Gemeinsame Punkte mit den Koordinatenachsen**

(1) Gemeinsame Punkte mit der x-Achse
Es ist $e^z > 0$ für alle $z \in \mathbb{R}$.
Damit haben $K_f$ und $K_g$ **keinen gemeinsamen Punkt mit der x-Achse.**

(2) Gemeinsame Punkte mit der y-Achse

$f(0) = e^{0-1} = \dfrac{1}{e}$; gemeinsamer Punkt von $K_f$ und der y-Achse $Y_f\left(0 \left| \dfrac{1}{e}\right.\right)$.

$g(0) = e^{1-0} = e$; gemeinsamer Punkt von $K_g$ und der y-Achse $Y_g\left(0 | e\right)$.

**3. Asymptoten**

Es ist $\lim\limits_{x \to -\infty} f(x) = \lim\limits_{x \to -\infty} e^{x-1} = 0$ und $\lim\limits_{x \to \infty} g(x) = \lim\limits_{x \to \infty} e^{1-x} = 0$. Also ist die

x-Achse **waagrechte Asymptote** von $K_f$ und $K_g$.
Es gibt **keine weiteren Asymptoten** von $K_f$ und $K_g$.

**4. Schnittpunkt von $K_f$ und $K_g$**

Es sei $S(x_S | y_S)$ der Schnittpunkt von $K_f$ und $K_g$. Dann gilt $f(x_S) = g(x_S)$
und somit $e^{x_S - 1} = e^{1 - x_S}$. Also ist $x_S - 1 = 1 - x_S$ und folglich $x_S = 1$.
Da $f(1) = e^{1-1} = e^0 = 1$ ist, lautet der Schnittpunkt $S(1 | 1)$.

**5. Schnittwinkel von $K_f$ und $K_g$**

Der Schnittwinkel von $K_f$ und $K_g$ in $S(1 | 1)$ ist der Schnittwinkel der
Tangenten an $K_f$ und an $K_g$ in $S$.
Die Steigungen der Tangenten sind
$f'(1) = e^{1-1} = e^0 = 1$ und $g'(1) = -e^{1-1} = -1$.
Da $f'(1) \cdot g'(1) = 1 \cdot (-1) = -1$ ist, schneiden sich die Tangenten in $S(1 | 1)$
orthogonal. Der Schnittwinkel von $K_f$ und $K_g$ ist **90°**.

### 6. Schaubilder $K_f$ und $K_g$

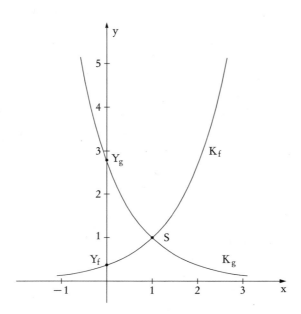

### b) Volumenberechnung

#### 1. Volumenberechnung mit f

Die Fläche, die von den Koordinatenachsen, der Geraden $x=1$ und $K_f$ begrenzt wird, rotiert um die x-Achse.

Dann ist das Volumen des entstehenden Drehkörpers

$$V_f = \pi \cdot \int_0^1 (f(x))^2\, dx = \pi \cdot \int_0^1 (e^{x-1})^2\, dx$$

$$= \pi \cdot \int_0^1 e^{2x-2}\, dx = \pi \cdot \left[\frac{1}{2} \cdot e^{2x-2}\right]_0^1$$

$$= \pi \cdot \left(\frac{1}{2} \cdot e^{2 \cdot 1 - 2} - \frac{1}{2} \cdot e^{2 \cdot 0 - 2}\right)$$

$$= \pi \cdot \left(\frac{1}{2} \cdot e^0 - \frac{1}{2} \cdot e^{-2}\right) = \frac{1}{2}\pi \cdot \left(1 - \frac{1}{e^2}\right).$$

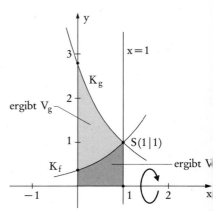

## 2. Volumenberechnung mit g

Die Fläche, die von den Koordinatenachsen, der Geraden $x = 1$ und $K_g$ begrenzt wird, rotiert um die x-Achse. Dann ist das Volumen des entstehenden Drehkörpers

$$V_g = \pi \cdot \int_0^1 (g(x))^2 \, dx = \pi \cdot \int_0^1 (e^{1-x})^2 \, dx$$

$$= \pi \cdot \int_0^1 e^{2-2x} \, dx = \pi \cdot \left[ -\frac{1}{2} \cdot e^{2-2x} \right]_0^1$$

$$= \pi \cdot \left( -\frac{1}{2} \cdot e^{2-2 \cdot 1} + \frac{1}{2} \cdot e^{2-2 \cdot 0} \right) = \pi \cdot \left( -\frac{1}{2} \cdot e^0 + \frac{1}{2} \cdot e^2 \right)$$

$$= \frac{1}{2} \pi \cdot \left( e^2 - 1 \right).$$

## 3. Volumen des Drehkörpers

Der Drehkörper, der durch Rotation der von $K_f$, $K_g$ und der y-Achse begrenzten Fläche um die x-Achse entsteht, hat das Volumen

$$V = V_g - V_f = \frac{1}{2} \pi \cdot \left( e^2 - 1 \right) - \frac{1}{2} \pi \cdot \left( 1 - \frac{1}{e^2} \right)$$

$$= \frac{1}{2} \pi \cdot \left( e^2 - 2 + \frac{1}{e^2} \right)$$

$$= \frac{1}{2} \pi \cdot \left( e - \frac{1}{e} \right)^2 \approx 8{,}678.$$

Ergänzung:
Bei der Berechnung von $V_f$ und $V_g$ werden folgende Gesetze verwendet:
(1) Potenzieren von Potenzen: $(e^{ax+b})^2 = e^{2(ax+b)} = e^{2ax+2b}$
(2) Eine Stammfunktion von u mit $u(x) = e^{ax+b}$ ist U mit

$U(x) = \frac{1}{a} \cdot e^{ax+b}$. Dies bestätigt man leicht durch Ableiten von U mit
der Kettenregel.

## c) Extremaler Dreiecksinhalt

### 1. Bestimmung der Tangente in P(u|v) und des Punktes R

Es ist $v = g(u)$, und die Tangente in $P(u|g(u))$ hat die Steigung $g'(u)$.
Also ist die Tangente nach der Punktsteigungsform der Geradengleichung
$y - g(u) = g'(u) \cdot (x - u)$.

Für den Schnittpunkt $R(0\,|\,y_R)$
dieser Tangente mit der y-Achse
gilt
$y_R - g(u) = g'(u)\cdot(0-u)$.
Dann ist
$y_R = g(u) + g'(u)\cdot(-u)$,
und Einsetzen von $g(u)$ und $g'(u)$
ergibt
$y_R = e^{1-u} - e^{1-u}\cdot(-u)$
$\phantom{y_R} = u\cdot e^{1-u} + e^{1-u}$.

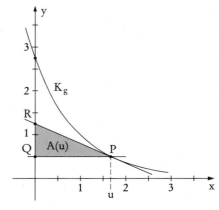

## 2. Bestimmung des Inhaltes A(u) des Dreiecks QPR

Das Dreieck QPR hat die Grundseite
QP der Länge $\overline{QP}=u>0$ und die
Höhe QR der Länge $\overline{QR}=y_R - g(u) = u\cdot e^{1-u} + e^{1-u} - e^{1-u} = u\cdot e^{1-u}$.
Damit ist der Flächeninhalt $A(u)$ des Dreiecks QPR

$$A(u)=\frac{1}{2}\cdot\overline{QP}\cdot\overline{QR}=\frac{1}{2}\cdot u\cdot u\cdot e^{1-u}=\frac{1}{2}\cdot u^2\cdot e^{1-u}.$$

## 3. Bestimmung des relativen Extremums von A

Mit der Produktregel erhält man aus $A(u)=\frac{1}{2}\cdot u^2\cdot e^{1-u}$:

$$A'(u)=\frac{1}{2}\cdot(2u\cdot e^{1-u}+u^2\cdot e^{1-u}\cdot(-1))=\frac{1}{2}\cdot e^{1-u}\cdot(2u-u^2)=\frac{1}{2}\cdot u\cdot e^{1-u}\cdot(2-u).$$

Zur Bestimmung der relativen Extrema von A ermittelt man die Lösungen
von $A'(u)=0$. Dies ergibt $\frac{1}{2}\cdot u\cdot e^{1-u}\cdot(2-u)=0$ und wegen $u>0$ und
$e^{1-u}>0$ ist dann $2-u=0$. Also gilt $A'(u)=0$ nur für $u_0=2$.
Für $0<u<2$ gilt $A'(u)=\frac{1}{2}\cdot u\cdot e^{1-u}\cdot(2-u)>0$, für $u>2$ dagegen
$A'(u)<0$. Also hat $A'(u)$ an der Stelle $u_0=2$ einen Vorzeichenwechsel von
„+" nach „–". Damit hat A **an der Stelle 2 ein relatives Maximum.**
Ergänzung:
Berechnet man mit der Produktregel $A''(u)$ aus $A'(u)=\frac{1}{2}\cdot e^{1-u}\cdot(2u-u^2)$ zu

$$A''(u)=\frac{1}{2}\cdot[e^{1-u}\cdot(-1)\cdot(2u-u^2)+e^{1-u}\cdot(2-2u)]=\frac{1}{2}\cdot e^{1-u}\cdot(u^2-4u+2),$$

so ist $A''(2)=\frac{1}{2}\cdot e^{1-2}\cdot(2^2-4\cdot2+2)=-\frac{1}{e}<0$. Auch damit lässt sich die
Existenz eines relativen Maximums von A an der Stelle $u_0=2$ begründen.

**A**

## 4. Weitere Untersuchung des Maximums von A

An der Stelle $u_0 = 2$ liegt der einzige Extremwert von A(u) für $u > 0$. Also hat A **an der Stelle 2 ein absolutes Maximum.** Der **maximale Flächeninhalt** ist $A(2) = \frac{1}{2} \cdot 2^2 \cdot e^{1-2} = \frac{2}{e} \approx 0{,}736$.

Ergänzung:
Man kann die Existenz eines absoluten Maximums an der Stelle 2 auch durch Untersuchung von A(u) am Rand des Definitionsbereichs nachweisen:

$$\lim_{u \to 0} A(u) = \lim_{u \to 0}\left(\frac{1}{2} \cdot u^2 \cdot e^{1-u}\right) = 0 \quad \text{und} \quad \lim_{u \to \infty} A(u) = \lim_{u \to \infty}\left(\frac{1}{2} \cdot u^2 \cdot e^{1-u}\right) = 0.$$

## d) Untersuchung eines Temperaturverlaufs

### 1. Nachweis des Abkühlungsvorganges

Die Funktion T beschreibt die Temperatur T(t) eines Körpers in Abhängigkeit von der Zeit t. Es handelt sich um einen Abkühlungsvorgang, wenn T streng monoton abnimmt. Dies wird mit dem Monotoniesatz gezeigt.
Aus $T(t) = 50 + 150 \cdot e^{-kt}$ folgt $T'(t) = -150 \cdot k \cdot e^{-kt}$. Wegen $k > 0$ und $e^{-kt} > 0$ ist dann $T'(t) < 0$ für alle t. Also nimmt T streng monoton ab, d. h. **es handelt sich um einen Abkühlungsvorgang.**

### 2. Bestimmung der möglichen Temperaturen

Die möglichen Temperaturen erhält man als den Wertebereich der Funktion T für $t \geqq 0$.
Es ist $T(0) = 50 + 150 \cdot e^{-k \cdot 0} = 200$. Da T streng monoton abnimmt und $\lim_{t \to \infty} T(t) = \lim_{t \to \infty}(50 + 150 \cdot e^{-kt}) = 50 + \lim_{t \to \infty}(150 \cdot e^{-kt}) = 50$ ist, gilt für die Temperaturen T(t) des Körpers (in °C): $50 < T(t) \leqq 200$.

### 3. Bestimmung der Konstanten k

Die Konstante k wird bestimmt aus der Bedingung $T(35) = 62{,}9$.
Wegen $T(35) = 50 + 150 \cdot e^{-k \cdot 35}$ ergibt dies die Exponentialgleichung $50 + 150 \cdot e^{-35k} = 62{,}9$.
Umformen ergibt $150 \cdot e^{-35k} = 12{,}9$ und dann $e^{-35k} = \frac{12{,}9}{150}$. Logarithmiert man beide Seiten, erhält man $-35k = \ln\frac{12{,}9}{150}$ und damit $k = -\frac{1}{35} \cdot \ln\frac{12{,}9}{150}$.
Auf drei Dezimalen gerundet gilt dann **k = 0,070.**

### 4. Bestimmung eines Zeitpunktes

Es gilt nun $T(t) = 50 + 150 \cdot e^{-0{,}070t}$ und es sei $t_0$ der Zeitpunkt, ab dem die Temperatur des Körpers in einer Minute um weniger als 2 °C abnimmt.

Dann gilt: Temperatur zum Zeitpunkt $t_0$: $T(t_0) = 50 + 150 \cdot e^{-0,070 t_0}$

Temperatur 1 Minute nach $t_0$: $T(t_0 + 1) = 50 + 150 \cdot e^{-0,070(t_0 + 1)}$.

Für die Temperatur $T(t_0)$ gilt $T(t_0) - T(t_0 + 1) < 2$.

Dies ergibt $50 + 150 \cdot e^{-0,070 t_0} - 50 + 150 \, e^{-0,070(t_0 + 1)} < 2$.

Daraus erhält man $\quad 150 \cdot e^{-0,070 t_0} \cdot (1 - e^{-0,070}) < 2$

und dann

$$e^{-0,070 t_0} < \frac{2}{150 \cdot (1 - e^{-0,70})}$$

$$-0,070 t_0 < \ln \frac{2}{150 \cdot (1 - e^{-0,70})}$$

$$t_0 > \frac{-1}{0,070} \cdot \ln \frac{2}{150 \cdot (1 - e^{-0,70})}$$

$$\approx 23,2.$$

Nach **etwa 23,2 Minuten** sinkt die Temperatur des Körpers in einer Minute um weniger als 2 Grad ab.

Ergänzung:

(1) Bei der Äquivalenzumformung der Ungleichung $T(t_0) - T(t_0 + 1) < 2$ sind folgende Gesetze zu beachten:

Multiplikation von Potenzen: $e^{a+b} = e^a \cdot e^b$

Division durch positive und negative Zahlen:

Es ist $1 - e^{-0,070} > 0$; deshalb wird das Zeichen „$<$" bei der Division der Ungleichung durch $1 - e^{-0,070}$ nicht verändert, wohl aber bei Division durch $-0,070 < 0$.

(2) Statt die Ungleichung $T(t_0) - T(t_0 + 1) < 2$ zu lösen, kann man auch die Gleichung $T(t_0) - T(t_0 + 1) = 2$ lösen. Man erhält die Lösung

$t_0 = \dfrac{-1}{0,070} \cdot \ln \dfrac{2}{150 \cdot (1 - e^{-0,70})} \approx 23,2$ und überlegt sich dann, dass die

Bedingung der Aufgabe für alle Zeiten $t > t_0$ gilt.

Das Schaubild K der Funktion f mit

$$f(x) = -\frac{1}{8}x^3 + \frac{3}{4}x^2 \, ; \quad x \in \mathbb{R}$$

A

beschreibt zwischen dem Hochpunkt H von K und dem Punkt $P(-2\,|\,f(-2))$ modellhaft das Profil eines Flusstales. Das Profil des angrenzenden Geländes verläuft von H aus horizontal, von P aus in Richtung der Geraden durch P und den Punkt $Q(3\,|\,f(3))$.

a) Untersuchen Sie K auf gemeinsame Punkte mit den Koordinatenachsen sowie Hoch-, Tief- und Wendepunkte.
Bestimmen Sie die Gleichung der Geraden PQ.
Zeichnen Sie das Profil des Tales mit dem angrenzenden Gelände in ein Koordinatensystem ein.
Bei Hochwasser steigt das Wasser bis zum Punkt P.
Berechnen Sie den Inhalt der Querschnittsfläche des dann mit Wasser gefüllten Tales.

b) Von H soll eine unterirdische, gerade Leitung ausgehen und im Punkt $B(u\,|\,f(u))$ mit $0 < u < 4$ ins Tal münden.
Bestimmen Sie B so, dass die Leitung möglichst steil verläuft.

c) Bei Trockenheit ist der Wasserspiegel bis zum Punkt $R(-1\,|\,f(-1))$ abgesunken.
Ab welcher Höhe über H ist dieser Punkt zu sehen?

## Lösungshinweise:

a) Bei der Untersuchung von K und den angrenzenden Geradenstücken sollte man immer daran denken, dass es sich um das Profil eines Flusstales handelt. Bei f und seinen Ableitungen ist es zweckmäßig, eine möglichst hohe Potenz von x auszuklammern. Bei der Querschnittsfläche ist der Verlauf der Wasseroberfläche zu überlegen. Daraus ergeben sich der Integrand und die Integrationsgrenzen bei der Bestimmung des Flächeninhaltes durch Integration.

b) Vor Beginn der Rechnungen sollte man sich die Situation veranschaulichen. Dann gibt es mehrere Lösungsmöglichkeiten.

Man kann einen Term für die Steigung m(u) der Geraden durch B und H aufstellen und dann das Maximum der so erhaltenen Funktion m bestimmen. Sehr nützlich ist es dabei, den Term m(u) weitgehend zu vereinfachen. Dazu zerlegt man den Zähler in ein geeignetes Produkt.

Man kann sich auch überlegen, welche Lage die Gerade durch B und H bezüglich des Schaubildes K haben muss. Um solche Geraden dann zu bestimmen, gibt es wiederum mehrere Möglichkeiten. Wenn Gleichungen 3. Grades auftreten, ist eine Lösung leicht zu erkennen. Dann hilft Polynomdivision weiter.

c) Veranschaulicht man sich hier die Situation wie bei b), so erkennt man, dass in dieser Teilaufgabe ähnliche Überlegungen und Rechnungen wie bei b) verlangt werden. Es gibt entsprechend auch mehrere Vorgehensweisen.

Stellt man einen Term für die Steigung n der gesuchten Geraden durch R auf, so ist wiederum die Herstellung eines ganzrationalen Termes für n von entscheidender Bedeutung.

Arbeitet man dagegen mit einer Tangente, so ergeben sich möglicherweise wiederum Gleichungen 3. Grades. Man hat dann eine Lösung zu suchen, und danach den Grad der Gleichung durch Polynomdivision zu reduzieren.

**Lösung:**

a) **Kurvenuntersuchung und Flächeninhaltsberechnung**

1. **Ableitungen**

$$f(x) = -\frac{1}{8}x^3 + \frac{3}{4}x^2 \quad = -\frac{1}{8}x^2(x-6)$$

$$f'(x) = -\frac{3}{8}x^2 + \frac{3}{2}x \quad = -\frac{3}{8}x(x-4)$$

$$f''(x) = -\frac{3}{4}x + \frac{3}{2} \quad = -\frac{3}{4}(x-2)$$

$$f'''(x) = -\frac{3}{4}$$

2. **Gemeinsame Punkte mit den Koordinatenachsen**

Die x-Werte der gemeinsamen Punkte von K und der x-Achse sind die Lösungen der Gleichung $f(x) = 0$. Mit $f(x) = -\frac{1}{8}x^2(x-6)$ ergibt sich die Gleichung

$$-\frac{1}{8}x^2(x-6) = 0.$$

Da ein Produkt von Zahlen genau dann 0 ist, wenn mindestens ein Faktor 0 ist, erhält man $x = 0$ oder $x - 6 = 0$. Also ist $f(x) = 0$ für $x = 0$ oder $x = 6$. Die gemeinsamen Punkte von K und der x-Achse sind damit $O(0|0)$ und $X(6|0)$.
Der y-Wert des gemeinsamen Punktes von K und y-Achse ist $f(0)$. Wegen $f(0) = 0$ ist $O(0|0)$ der gemeinsame Punkt von K und der y-Achse.

3. **Hoch- und Tiefpunkte**

Notwendige Bedingung:
K hat nur an den Stellen Hoch- oder Tiefpunkte, an denen $f'(x) = 0$ ist. Mit

$$f'(x) = -\frac{3}{8}x(x-4) \quad \text{ergibt dies}$$

$$x(x-4) = 0.$$

Dann ist $x = 0$ oder $x - 4 = 0$. Also können nur an den Stellen 0 oder 4 Extrempunkte vorliegen.

Hinreichende Bedingung:
Es ist $f'(0) = 0$ und $f''(0) = -\frac{3}{4} \cdot 0 + \frac{3}{2} = \frac{3}{2} > 0$ sowie $f(0) = 0$. Ebenso ist $f'(4) = 0$ und $f''(4) = -\frac{3}{4} \cdot 4 + \frac{3}{2} = -\frac{3}{2} < 0$ sowie $f(4) = -\frac{1}{8} \cdot 4^3 + \frac{3}{4} \cdot 4^2 = 4$.
Also hat K den Hochpunkt $H(4|4)$ und den Tiefpunkt $O(0|0)$.

### 4. Wendepunkte

Notwendige Bedingung:
K hat nur an den Stellen Wendepunkte, an denen $f''(x)=0$ ist. Mit
$f''(x)=-\dfrac{3}{4}(x-2)$ erhält man $-\dfrac{3}{4}(x-2)=0$. Dann ist $x=2$.

Hinreichende Bedingung:
Es ist $f''(2)=0$ und $f'''(2)=-\dfrac{3}{4}\neq0$. Da $f(2)=-\dfrac{1}{8}\cdot2^3+\dfrac{3}{4}\cdot2^2=2$ gilt,
hat K den Wendepunkt $W(2\,|\,2)$.

### 5. Gleichung der Geraden durch die Punkte P und Q

Es ist $f(-2)=-\dfrac{1}{8}\cdot(-2)^3+\dfrac{3}{4}\cdot(-2)^2=4$ und $f(3)=-\dfrac{1}{8}\cdot3^3+\dfrac{3}{4}\cdot3^2=\dfrac{27}{8}$. Also

ist $P(-2\,|\,4)$ und $Q\left(3\,\Big|\,\dfrac{27}{8}\right)$. Aus der Zwei-Punkte-Form $\dfrac{y-y_P}{x-x_P}=\dfrac{y_Q-y_P}{x_Q-x_P}$

erhält man $\dfrac{y-4}{x+2}=\dfrac{\frac{27}{8}-4}{3+2}$. Dann ist $\dfrac{y-4}{x+2}=-\dfrac{1}{8}$, und die Gleichung der

Geraden durch die Punkte P und Q lautet $y=-\dfrac{1}{8}x+\dfrac{15}{4}$.

### 6. Profil des Tales

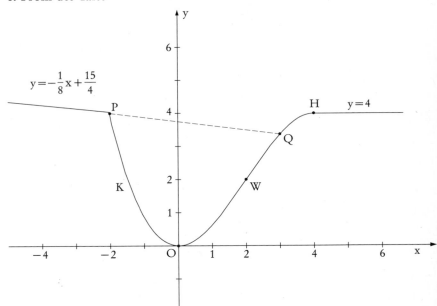

**A**

## 7. Inhalt der Querschnittsfläche

Die Querschnittsfläche des bis zum Punkt $P(-2|4)$ mit Wasser gefüllten Tales ist als Fläche zwischen K und der Geraden $y=4$ zu berechnen. Die Gerade $y=4$ schneidet K in den Punkten $P(-2|4)$ und $H(4|4)$.

Damit gilt für den Inhalt A der Querschnittsfläche

$$A=\int\limits_{-2}^{4}(4-f(x))\,dx$$

$$=\int\limits_{-2}^{4}\left(4-\left(-\frac{1}{8}x^3+\frac{3}{4}x^2\right)\right)dx=\int\limits_{-2}^{4}\left(\frac{1}{8}x^3-\frac{3}{4}x^2+4\right)dx$$

$$=\left[\frac{1}{32}x^4-\frac{1}{4}x^3+4x\right]_{-2}^{4}$$

$$=\left(\frac{1}{32}\cdot4^4-\frac{1}{4}\cdot4^3+4\cdot4\right)-\left(\frac{1}{32}\cdot(-2)^4-\frac{1}{4}\cdot(-2)^3+4\cdot(-2)\right)=\frac{27}{2}.$$

Die Querschnittsfläche hat den Inhalt $\frac{27}{2}$.

## b) Gerade durch H mit maximaler Steigung

### Lösungsweg I

### 1. Bestimmung der Steigung m der Geraden durch H und B

Es ist $H(4|4)$, also hat die Gerade durch H und $B(u|f(u))$ die Steigung

$$m(u)=\frac{4-f(u)}{4-u}=\frac{4+\frac{1}{8}u^3-\frac{3}{4}u^2}{4-u}=\frac{-u^3+6u^2-32}{8\,(u-4)}.$$

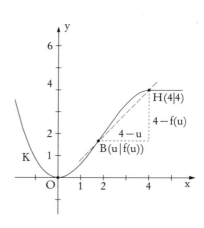

Da $f(4)=4$ ist, hat die Gleichung $4-f(u)=0$ die Lösung 4. Durch die Polynomdivision
$(-u^3+6u^2-32):(u-4)$
erhält man
$-u^3+6u^2-32=(-u^2+2u+8)\,(u-4)$
und damit

$$m(u)=\frac{(-u^2+2u+8)\,(u-4)}{8\,(u-4)}$$

$$=\frac{1}{8}(-u^2+2u+8)\,;\ u\neq4.$$

**2. Bestimmung des Maximums von m(u)**

Man untersucht die Funktion m auf Extremwerte.

Aus $m(u) = \frac{1}{8}(-u^2 + 2u + 8)$ folgt $m'(u) = \frac{1}{8}(-2u + 2)$ und $m''(u) = \frac{-1}{4}$.

Die notwendige Bedingung $m'(u) = 0$ ergibt dann $\frac{1}{8}(-2u + 2) = 0$ und somit $u = 1$.

Da $m''(1) = -\frac{1}{4} < 0$ ist, hat m an der Stelle 1 ein **relatives Maximum**; m(1) ist auch das absolute Maximum von m, denn das Schaubild von m ist eine nach unten geöffnete Parabel.

Ergänzung:

Geht man von $m(u) = \dfrac{-u^3 + 6u^2 - 32}{8(u-4)}$ aus und vereinfacht den Term $\dfrac{-u^3 + 6u^2 - 32}{8(u-4)}$ zunächst nicht weiter, so erhält man

$$m'(u) = \frac{-u^3 + 9u^2 - 24u + 16}{4(u-4)^2}.$$

Die notwendige Bedingung $m'(u) = 0$ führt dann auf die Gleichung

$$-u^3 + 9u^2 - 24u + 16 = 0.$$

Ihre Lösungen können bestimmt werden, indem man die Lösung 1 oder die Lösung 4 dieser Gleichung erkennt und dann mit Polynomdivision die weiteren Lösungen bestimmt. Man erhält dabei

$$-u^3 + 9u^2 - 24u + 16 = (u-4)^2 \cdot (1-u);$$

also hat die Gleichung nur die beiden Lösungen 1 und 4.

**3. Berechnung der Koordinaten von B**

Wegen $u = 1$ und $f(1) = -\frac{1}{8} \cdot 1^3 + \frac{3}{4} \cdot 1^2 = \frac{5}{8}$ gilt $B\left(1 \left|\frac{5}{8}\right.\right)$.

**Lösungsweg II**

**1. Überlegungen zum Verlauf der Geraden durch H und B**

Betrachtet man verschiedene Geraden durch H(4|4), die K in B(u|f(u)) mit $0 < u < 4$ schneiden, so stellt man fest, dass diejenige Gerade durch H am steilsten verläuft, die K in B berührt.

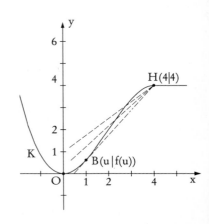

**2. Bestimmung des Berührpunktes B der Tangente an K durch H**

Für die Tangente an K in $B(u\,|\,f(u))$ gilt nach der Punkt-Steigungs-Form

$$\frac{y - f(u)}{x - u} = f'(u). \quad \text{Dann ist}$$

$$y - f(u) = f'(u) \cdot (x - u).$$

Da die Tangente durch den Hochpunkt $H(4\,|\,4)$ von K gehen soll, gilt

$$4 - f(u) = f'(u) \cdot (4 - u).$$

Mit $f(u) = -\frac{1}{8}u^3 + \frac{3}{4}u^2$ und $f'(u) = -\frac{3}{8}u^2 + \frac{3}{2}u$ erhält man

$$4 + \frac{1}{8}u^3 - \frac{3}{4}u^2 = \left(-\frac{3}{8}u^2 + \frac{3}{2}u\right) \cdot (4 - u).$$

Umformen liefert

$$u^3 - 9u^2 + 24u - 16 = 0.$$

Durch Probieren findet man 1 als eine Lösung dieser Gleichung. Die Polynomdivision $(u^3 - 9u^2 + 24u - 16) : (u - 1)$ ergibt

$$u^3 - 9u^2 + 24u - 16 = (u - 4)^2 \cdot (u - 1).$$

Also hat die Gleichung $u^3 - 9u^2 + 24u - 16 = 0$ nur die Lösungen 1 und 4.

Wegen $1 < u < 4$ gilt $u = 1$. Mit $f(1) = -\frac{1}{8} \cdot 1^3 + \frac{3}{4} \cdot 1^2 = \frac{5}{8}$ ergibt sich $B\left(1\,\middle|\,\frac{5}{8}\right)$.

Ergänzung:

Die Tangente an K durch H kann auch auf folgende Weise ermittelt werden: Die Geraden durch $H(4\,|\,4)$ mit der Steigung m erhält man mit der Punkt-Steigungs-Form zu

$$y = mx + 4 - 4m.$$

Für die Abszisse u gemeinsamer Punkte B dieser Geraden und K gilt

$-\frac{1}{8}u^3 + \frac{3}{4}u^2 = mu + 4 - 4m.$ Umformen ergibt

$$u^3 - 6u^2 + 8mu + 32 - 32m = 0. \qquad (*)$$

Da $H(4\,|\,4)$ ein gemeinsamer Punkt von K und der Geraden $y = mx + 4 - 4m$ ist, hat die Gleichung (*) die Lösung 4. Mit Polynomdivision erhält man

$$u^3 - 6u^2 + 8mu + 32 - 32m = (u^2 - 2u + 8m - 8)(u - 4).$$

Weitere Lösungen von (*) ergeben sich damit aus

$$u^2 - 2u + 8m - 8 = 0. \qquad (**)$$

Die Gerade $y = mx + 4 - 4m$ berührt dann K in B, wenn die Gleichung (**) nur eine Lösung besitzt. Dies ist der Fall, wenn die Diskriminante von (**) verschwindet; dies besagt

$$(-2)^2 - 4(8m - 8) = 0.$$

Hieraus folgt $m = \frac{9}{8}$. Aus (**) wird dann $u^2 - 2u + 8 \cdot \frac{9}{8} - 8 = 0$ und somit

$(u - 1)^2 = 0$. Dies liefert $u = 1$ und dann $B\left(1\,\middle|\,\frac{5}{8}\right)$.

c) **Höhe des Punktes T über H, vom dem aus man R sieht**

Es ist $f(-1) = -\frac{1}{8} \cdot (-1)^3 + \frac{3}{4} \cdot (-1)^2 = \frac{7}{8}$ und somit $R\left(-1 \left| \frac{7}{8}\right.\right)$.

**Lösungsweg I**

**1. Überlegungen zum Verlauf
eines Lichtstrahls**

Man sieht vom Punkt $T(4|t)$ über $H$
dann noch den Punkt $R$, wenn die
Gerade durch $R$ und den Punkt
$S(s|f(s))$ mit $0 < s < 4$ maximale
Steigung hat.

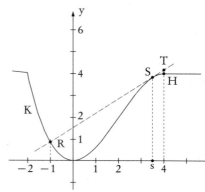

**2. Bestimmung der Steigung $n$
der Geraden durch $R$ und $S$**

Die Gerade durch $R\left(-1 \left| \frac{7}{8}\right.\right)$ und
$S(s|f(s))$ hat die Steigung

$$n(s) = \frac{f(s) - \frac{7}{8}}{s+1} = \frac{-\frac{1}{8}s^3 + \frac{3}{4}s^2 - \frac{7}{8}}{s+1} = \frac{-s^3 + 6s^2 - 7}{8(s+1)}.$$

Da $f(-1) = \frac{7}{8}$ ist, hat die Gleichung $f(s) - \frac{7}{8} = 0$ die Lösung $-1$. Durch die
Polynomdivision $(-s^3 + 6s^2 - 7) : (s+1)$ erhält man

$$-s^3 + 6s^2 - 7 = (-s^2 + 7s - 7)(s+1)$$

und damit

$$n(s) = \frac{(-s^2 + 7s - 7)(s+1)}{8(s+1)} = \frac{1}{8}(-s^2 + 7s - 7); \quad s \ne -1.$$

**3. Bestimmung des Maximums von $n(s)$**

Man untersucht die Funktion $n$ auf Extremwerte.

Aus $n(s) = \frac{1}{8}(-s^2 + 7s - 7)$ folgt $n'(s) = \frac{1}{8}(-2s + 7)$ und $n''(s) = \frac{-1}{4}$. Die

notwendige Bedingung $n'(s) = 0$ ergibt dann $\frac{1}{8}(-2s + 7) = 0$ und somit $s = \frac{7}{2}$.

Da $n''\left(\frac{7}{2}\right) = -\frac{1}{4} < 0$ ist, hat $n$ an der Stelle $\frac{7}{2}$ ein relatives Maximum;

$n\left(\frac{7}{2}\right) = \frac{1}{8}\left(-\left(\frac{7}{2}\right)^2 + 7 \cdot \frac{7}{2} - 7\right) = \frac{21}{32}$ ist auch das absolute Maximum von $n$, denn

das Schaubild von $n$ ist eine nach unten geöffnete Parabel.

**A**

**4. Gleichung der Geraden durch R und S, Höhe von T über H**

Für die Gerade durch $R\left(-1\,\middle|\,\frac{7}{8}\right)$ mit der Steigung $\frac{21}{32}$ gilt nach der Punkt-Steigungs-Form $\dfrac{y-\frac{7}{8}}{x+1}=\frac{21}{32}$ und somit

$$y=\frac{21}{32}x+\frac{49}{32}.$$

Für $x=4$ ergibt sich $y=\frac{21}{32}\cdot 4+\frac{49}{32}=\frac{133}{32}$. Also ist $T\left(4\,\middle|\,\frac{133}{32}\right)$, und die

gesuchte Höhe von T über H erhält man zu $h=\frac{133}{32}-4=\frac{5}{32}$.

**Lösungsweg II**

**1. Überlegungen zum Verlauf eines Lichtstrahls**

Man sieht vom Punkt $T(4\,|\,t)$ über $H(4\,|\,4)$ dann noch den Punkt R, wenn die Gerade durch R und T das Schaubild K in einem Punkt $S(s\,|\,f(s))$ mit $0<s<4$ berührt.

**2. Bestimmung des Berührpunktes S der Tangente an K durch R**

Für die Tangente an K in $S(s\,|\,f(s))$ gilt nach der Punkt-Steigungs-Form $\dfrac{y-f(s)}{x-s}=f'(s)$. Dann ist

$$y-f(s)=f'(s)\cdot(x-s).$$

Da die Tangente durch den Punkt $R\left(-1\,\middle|\,\frac{7}{8}\right)$ geht, gilt

$$\frac{7}{8}-f(s)=f'(s)\cdot(-1-s).$$

Mit den Termen für f und f' ergibt sich

$$\frac{7}{8}+\frac{1}{8}s^3-\frac{3}{4}s^2=\left(-\frac{3}{8}s^2+\frac{3}{2}s\right)\cdot(-1-s).$$

Durch Umformen erhält man hieraus

$$2s^3-3s^2-12s-7=0.$$

Durch Probieren findet man $-1$ als eine Lösung dieser Gleichung. Die Polynomdivision $(2s^3-3s^2-12s-7):(s+1)$ ergibt

$$2s^3-3s^2-12s-7=(2s^2-5s-7)\cdot(s+1).$$

Aus der Gleichung $2s^2-5s-7=0$ folgt $s=-1$ oder $s=\frac{7}{2}$. Wegen $s>-1$

ist dann $s=\frac{7}{2}$. Mit $f\left(\frac{7}{2}\right)=-\frac{1}{8}\cdot\left(\frac{7}{2}\right)^3+\frac{3}{4}\cdot\left(\frac{7}{2}\right)^2=\frac{245}{64}$ erhält man $S\left(\frac{7}{2}\,\middle|\,\frac{245}{64}\right)$.

Mit der Zwei-Punkte-Form $\dfrac{y-\frac{7}{8}}{x+1}=\dfrac{\frac{245}{64}-\frac{7}{8}}{\frac{7}{2}+1}$ kommt man dann zu

$$y=\frac{21}{32}x+\frac{49}{32}.$$

Wie beim Lösungsweg I erhält man damit $h=\frac{5}{32}$.

Ergänzung:

Die Tangente an K durch R kann auch entsprechend zu der Ergänzung beim Lösungsweg II von Teilaufgabe b) ermittelt werden.

Die Geraden durch $R\left(-1 \middle| \frac{7}{8}\right)$ mit der Steigung n sind

$$y = nx + n + \frac{7}{8}.$$

Für die Abszisse s gemeinsamer Punkte S dieser Geraden und K gilt $-\frac{1}{8}s^3 + \frac{3}{4}s^2 = ns + n + \frac{7}{8}$. Umformen ergibt

$$s^3 - 6s^2 + 8ns + 8n + 7 = 0. \qquad (*)$$

Da $R\left(-1 \middle| \frac{7}{8}\right)$ ein gemeinsamer Punkt von K und der Geraden $y = nx + n + \frac{7}{8}$ ist, hat die Gleichung (*) die Lösung $-1$. Mit Polynomdivision erhält man $s^3 - 6s^2 + 8ns + 8n + 7 = (s^2 - 7s + 8n + 7)(s + 1)$.

Weitere Lösungen von (*) ergeben sich damit aus

$$s^2 - 7s + 8n + 7 = 0. \qquad (**)$$

Die Gerade $y = nx + n + \frac{7}{8}$ berührt dann K in S, wenn die Gleichung (**) nur eine Lösung besitzt. Das ist dann der Fall, wenn die Diskriminante von (**) verschwindet; dies besagt

$$(-7)^2 - 4(8n + 7) = 0.$$

Hieraus folgt $n = \frac{21}{32}$. Dann ist $y = \frac{21}{32}x + \frac{49}{32}$ die Gerade durch $R\left(-1 \middle| \frac{7}{8}\right)$ mit der Steigung $\frac{21}{32}$. Wie bei Lösungsweg I ergibt sich damit $h = \frac{5}{32}$.

Aufgabe 98/2

A

Gegen ist eine Funktion f durch

$f(x)=\frac{1}{4}\cdot\frac{x^4+2x^2-3}{x^2}$; $x \neq 0$.

Ihr Schaubild sei K.

a) Untersuchen Sie K auf gemeinsame Punkte mit den Koordinatenachsen, Symmetrie und Asymptoten.
Weisen Sie nach, dass die Funktion f keine Extremstellen, aber zwei Wendestellen besitzt, und geben Sie die Wendepunkte von K an.
Zeichnen Sie K für $-5 \leqq x \leqq 5$. (LE 1 cm)

b) Es gibt ein t mit $1 \leqq t \leqq 2$, für das gilt: $f'(t)=1{,}5$.
Berechnen Sie einen Näherungswert für t mit dem Newton-Verfahren. (Das Verfahren ist abzubrechen, wenn sich die zweite Stelle hinter dem Komma erstmals nicht mehr ändert.)

c) Für $|x| \rightarrow \infty$ lässt sich die Funktion f durch eine ganzrationale Funktion g zweiten Grades annähern.
Geben Sie einen Funktionsterm von g an.
Beschreiben Sie die gegenseitige Lage der Schaubilder von f und g, und begründen Sie Ihre Aussage.
Für welche Werte von u mit $u \neq 0$ ist der Abstand der Punkte $P(u \mid f(u))$ und $Q(u \mid g(u))$ kleiner als 1?
Begründen Sie, weshalb dieser Abstand jeden vorgegebenen Wert überschreiten kann.

d) Das Schaubild der Funktion f, das Schaubild der Funktion h mit

$h(x)=\frac{1}{4}x^2+\frac{1}{2}$; $x \in \mathbb{R}$, die Geraden $x=5$ und $x=-5$ sowie die Parallele zur x-Achse durch den Kurvenpunkt $R(0{,}5 \mid f(0{,}5))$ begrenzen eine Fläche, deren Form dem Querschnitt eines Weinglases ohne Fuß gleicht.
Bestimmen Sie den Inhalt dieser Querschnittsfläche.
Um das Fassungsvermögen dieses Weinglases grob abzuschätzen, wird ihm ein Kegel einbeschrieben.
Legen Sie den Kegel geeignet fest, und bestimmen Sie sein Volumen.

## Lösungshinweise:

a) Die angegebene Darstellung des Funktionsterms als Quotient hat Vorteile bei der Untersuchung von K auf gemeinsame Punkte mit der x-Achse. Beim Ableiten ist aber die Darstellung von f(x) als Summe wohl einfacher.

Beim Nachweis, dass f keine Extremstellen hat, genügt es zu zeigen, dass die notwendige Bedingung für Extremstellen nicht erfüllbar ist. Bei der Bestimmung der Anzahl von Wendestellen darf jedoch die hinreichende Bedingung nicht vergessen werden. Man muss für die möglichen Wendestellen zeigen, dass die hinreichende Bedingung auch erfüllt ist.

b) Mit dem Newton-Verfahren werden Nullstellen von Funktionen näherungsweise bestimmt. Deshalb ist $f'(t) = 1,5$ so umzuformen, dass die gesuchte Zahl t eine Nullstelle einer Funktion ist. Hieraus ergibt sich dann die Iterationsvorschrift. Durch geeignete Wahl des Startwertes kann die Zahl der Iterationsschritte verringert werden.

c) Schreibt man f(x) als eine geeignete Summe, so erkennt man leicht, welcher Summand vernachlässigt werden kann, wenn $|x|$ sehr groß ist. Dies führt unmittelbar zum Funktionsterm von g.

Untersucht man die Differenz $g(x) - f(x)$, so erhält man eine Aussage über die Lage der Schaubilder von f und g.

Die weiteren Abstandsprobleme führen zum einen auf eine quadratische Ungleichung. Hier darf man negative Lösungen nicht vergessen. Zum anderen ist der Abstandsterm für $x \to 0$ zu untersuchen.

d) Symmetrieüberlegungen vereinfachen die Berechnung der Querschnittsfläche des Weinglases, da man sich auf die Fläche rechts von der y-Achse beschränken kann. Diese Fläche lässt sich dann noch durch eine Parallele zur y-Achse in zwei Teilflächen zerlegen. Die Schaubilder welcher Funktionen bilden dann jeweils den oberen, bzw. den unteren Rand der beiden Teilflächen? Welche Integrale liefern damit die gesuchten Flächeninhalte?

Beim Kegel ist zu überlegen, welche der beiden Funktionen f und h den Grundkreisradius $r_K$ und welche die Höhe $h_K$ des Kegels ergibt. Dann ist die Volumenbestimmung problemlos.

**A**

**Lösung:**

a) Kurvenuntersuchung

### 1. Ableitungen

$$f(x) = \frac{1}{4} \cdot \frac{x^4 + 2x^2 - 3}{x^2} = \frac{1}{4}x^2 + \frac{1}{2} - \frac{3}{4x^2}$$

$$f'(x) = \frac{1}{2}x + \frac{3}{2x^3} \qquad = \frac{x^4 + 3}{2x^3}$$

$$f''(x) = \frac{1}{2} - \frac{9}{2x^4} \qquad = \frac{x^4 - 9}{2x^4}$$

$$f'''(x) = \frac{18}{x^5}$$

### 2. Gemeinsame Punkte mit den Koordinatenachsen

Die x-Werte der gemeinsamen Punkte von K und der x-Achse sind die Lösungen der Gleichung $f(x) = 0$. Dies ergibt

$$\frac{1}{4} \cdot \frac{x^4 + 2x^2 - 3}{x^2} = 0$$

$$x^4 + 2x^2 - 3 = 0.$$

Setzt man $x^2 = u$, so erhält man

$$u^2 + 2u - 3 = 0$$

$$u = \frac{-2 \pm \sqrt{4 + 4 \cdot 3}}{2}$$

$$u = 1 \quad \text{oder} \quad u = -3.$$

Wegen $u = x^2 \geqq 0$ ist dann $u = x^2 = 1$ und folglich $x = 1$ oder $x = -1$. Die gemeinsamen Punkte von K und der x-Achse sind damit $N_1(1|0)$ und $N_2(-1|0)$. Wegen $x \neq 0$ hat K **keinen gemeinsamen Punkt** mit der y-Achse.

### 3. Symmetrie

Man vergleicht $f(-x)$ mit $f(x)$ und kann so eine Punktsymmetrie zu $O(0|0)$ oder eine Achsensymmetrie zur y-Achse erkennen. Hier gilt

$$f(-x) = \frac{1}{4} \cdot \frac{(-x)^4 + 2(-x)^2 - 3}{(-x)^2} = \frac{1}{4} \cdot \frac{x^4 + 2x^2 - 3}{x^2} = f(x),$$

und folglich ist K **achsensymmetrisch zur y-Achse.**

**4. Asymptoten**

K muss auf zwei Arten von Asymptoten untersucht werden.

(1) Für $x \to \pm\infty$ besitzt K **keine waagrechte oder schiefe Asymptote**, denn der Grad 4 des Polynoms $x^4 + 2x^2 - 3$ im Zähler des Funktionsterms von f ist um 2 größer als der Grad 2 des Polynoms $4x^2$ im Nenner. Damit hat K für $x \to \pm\infty$ eine ganzrationale Näherungsfunktion vom Grad 2. Dies wird in Teilaufgabe c) weiter untersucht.

(2) Die Funktion f ist für alle $x \in \mathbb{R} \setminus \{0\}$ definiert. Für $x \to 0$ strebt der Nenner $4x^2$ des Funktionsterms von f gegen 0, der Zähler $x^4 + 2x^2 - 3$ jedoch gegen $-3$. Also ist die **y-Achse die senkrechte Asymptote** von K.

**5. Nachweis, dass f keine Extremstellen hat**

Als Extremstellen von f kommen nur die Lösungen der Gleichung $f'(x) = 0$ in Frage. Diese Gleichung $\dfrac{x^4 + 3}{2x^3} = 0$ ist jedoch unlösbar, denn für alle $x \in \mathbb{R}$ ist $x^4 + 3 > 0$. Also hat f **keine Extremstelle**.

**6. Wendestellen und Wendepunkte**

Notwendige Bedingung:

Wenn $x_W$ eine Wendestelle von f ist, so ist $x_W$ eine Lösung der Gleichung $f''(x) = 0$. Diese Gleichung lautet hier

$$\frac{x^4 - 9}{2x^4} = 0.$$

Dann ist $x^4 - 9 = 0$.

Setzt man $x^2 = v$, so erhält man $v^2 = 9$ und damit $v = 3$ oder $v = -3$. Wegen $v = x^2 \geq 0$ gilt dann $x^2 = 3$ und folglich $x = \sqrt{3}$ oder $x = -\sqrt{3}$.

Hinreichende Bedingung:

Es ist $f''(\sqrt{3}) = f''(-\sqrt{3}) = 0$ und $f'''(\sqrt{3}) = \dfrac{18}{(\sqrt{3})^5} = \dfrac{2}{3}\sqrt{3} \neq 0$ sowie

$f'''(-\sqrt{3}) = \dfrac{18}{(-\sqrt{3})^5} = -\dfrac{2}{3}\sqrt{3} \neq 0$.

Damit sind $\sqrt{3}$ und $-\sqrt{3}$ stets Wendestellen von f. Also hat f stets **zwei Wendestellen**.

Wegen $y_W = f(\pm\sqrt{3}) = \dfrac{1}{4} \cdot \dfrac{(\pm\sqrt{3})^4 + 2(\pm\sqrt{3})^2 - 3}{(\pm\sqrt{3})^2} = \dfrac{1}{4} \cdot \dfrac{9 + 2 \cdot 3 - 3}{3} = 1$ hat K die Wendepunkte $W_1(\sqrt{3} \mid 1)$ und $W_2(-\sqrt{3} \mid 1)$.

**A**

7. Schaubild K

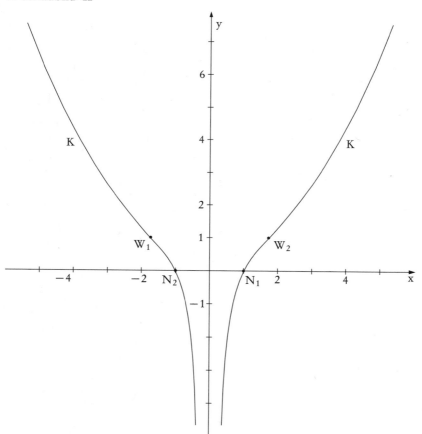

**b) Berechnung eines Näherungswertes**

Bei Anwendung des Newton-Verfahrens ist die Gleichung, für die näherungsweise eine Lösung bestimmt werden soll, so umzuformen, dass man die gesuchte Lösung der Gleichung als Nullstelle einer Funktion erhält:

$$f'(t) = 1{,}5 \text{ ergibt}$$

$$\frac{t^4 + 3}{2t^3} = 1{,}5$$

$$t^4 + 3 = 3t^3$$

$$t^4 - 3t^3 + 3 = 0.$$

Die gesuchte Näherungslösung t mit $1 \leq t \leq 2$ ist also eine in diesem Bereich liegende Nullstelle der Funktion n mit $n(t) = t^4 - 3t^3 + 3$.
Dann ist $n'(t) = 4t^3 - 9t^2$, und man erhält die Iterationsvorschrift

$$t_{n+1} = t_n - \frac{n(t_n)}{n'(t_n)}$$

des Newton-Verfahrens zu

$$t_{n+1} = t_n - \frac{t_n^4 - 3t_n^3 + 3}{4t_n^3 - 9t_n^2}.$$

Da $n(1) = 1$ und $n(2) = -5$ gilt, ist zu erwarten, dass die gesuchte Lösung t näher bei 1 als bei 2 liegt. Mit dem Startwert $x_0 = 1,3$ erhält man (Die Näherungswerte sind hier auf 4 Dezimalen gerundet, aber es wurde mit der vollen Genauigkeit des Taschenrechners weitergerechnet.):

$$x_0 = 1,3$$
$$x_1 = 1,1856$$
$$x_2 = 1,1816.$$

Der gesuchte Näherungswert ist $t \approx 1,18$.

## c) Untersuchung einer Näherungsfunktion g von f

### 1. Bestimmung von g

Es ist $f(x) = \frac{1}{4}x^2 + \frac{1}{2} - \frac{3}{4x^2}$, und für $x \to \pm\infty$ strebt $\frac{3}{4x^2} \to 0$. Für die Funktion

g mit $g(x) = \frac{1}{4}x^2 + \frac{1}{2}$ gilt damit $g(x) - f(x) = \frac{3}{4x^2} \to 0$ für $x \to \pm\infty$.

Also ist g mit

$$g(x) = \frac{1}{4}x^2 + \frac{1}{2}$$

die gesuchte ganzrationale Näherungsfunktion zweiten Grades für f.

### 2. Lage der Schaubilder von f und g

Aus $g(x) - f(x) = \frac{3}{4x^2} > 0$ für alle $x \in \mathbb{R} \setminus \{0\}$ folgt, dass das Schaubild von g **stets oberhalb** vom Schaubild K von f verläuft.

### 3. Abstand der Schaubilder von f und g

Für den Abstand d(u) der Punkte $P(u \,|\, f(u))$ und $Q(u \,|\, g(u))$, die auf der Parallelen $x = u$ zur y-Achse liegen, gilt

$$d(u) = g(u) - f(u) = \frac{3}{4u^2}.$$

**A**

Der Abstand der Punkte P und Q ist damit kleiner als 1, wenn $d(u) < 1$

gilt. Dies ergibt $\frac{3}{4u^2} < 1$. Wegen $u^2 > 0$ erhält man hieraus $\frac{3}{4} < u^2$. Dann ist

$u > \sqrt{\frac{3}{4}}$ oder $u < -\sqrt{\frac{3}{4}}$. Da $\sqrt{\frac{3}{4}} = \frac{1}{2}\sqrt{3}$ ist, ergibt sich: Der Abstand der

Punkte P und Q ist kleiner als 1 für $u > \frac{1}{2}\sqrt{3}$ oder $u < -\frac{1}{2}\sqrt{3}$.

Für $u \to 0$ strebt $d(u) = \frac{3}{4u^2} \to \infty$, also kann $d(u)$ jeden vorgegebenen Wert überschreiten.

### d) Berechnung einer Querschnittsfläche und eines Kegelvolumens

Die Funktion h und die Funktion g von Teilaufgabe c) sind gleich.

**1. Bestimmung eines Terms für die Querschnittsfläche**

Da die Schaubilder von f und h symmetrisch zur y-Achse sind, genügt es, die Querschnittsfläche rechts der y-Achse zu bestimmen. Es ist

$f(0,5) = \frac{1}{4} \cdot \frac{(0,5)^4 + 2 \cdot (0,5)^2 - 3}{(0,5)^2}$

$= -\frac{39}{16}$ und somit $R\left(\frac{1}{2} \Big| -\frac{39}{16}\right)$.

Die Parallele $x = \frac{1}{2}$ zur y-Achse

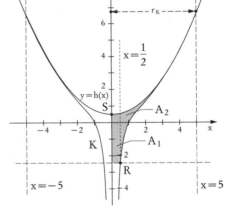

zerlegt die Querschnittsfläche rechts der y-Achse in zwei Teilflächen.

Die linke Teilfläche wird begrenzt durch das Schaubild von h, die

y-Achse und die Geraden $y = -\frac{39}{16}$ und $x = \frac{1}{2}$.

Für ihren Inhalt $A_1$ gilt

$A_1 = \int\limits_0^{\frac{1}{2}} \left(h(x) - \left(-\frac{39}{16}\right)\right) dx = \int\limits_0^{\frac{1}{2}} \left(\frac{1}{4}x^2 + \frac{1}{2} + \frac{39}{16}\right) dx = \int\limits_0^{\frac{1}{2}} \left(\frac{1}{4}x^2 + \frac{47}{16}\right) dx.$

Die rechte Teilfläche wird begrenzt durch die Schaubilder von f und h sowie

die Geraden $x = \frac{1}{2}$ und $x = 5$. Für ihren Inhalt $A_2$ gilt

$A_2 = \int\limits_{\frac{1}{2}}^5 (h(x) - f(x)) \, dx = \int\limits_{\frac{1}{2}}^5 \left(\left(\frac{1}{4}x^2 + \frac{1}{2}\right) - \left(\frac{1}{4}x^2 + \frac{1}{2} - \frac{3}{4x^2}\right)\right) dx = \int\limits_{\frac{1}{2}}^5 \frac{3}{4x^2} \, dx.$

Die gesamte Querschnittsfläche ist dann $A = 2(A_1 + A_2)$.

## 2. Berechnung der Querschnittsfläche

Man erhält nun

$$A_1 = \int\limits_0^{\frac{1}{2}} \left(\frac{1}{4}x^2 + \frac{47}{16}\right)dx = \left[\frac{1}{12}x^3 + \frac{47}{16}x\right]_0^{\frac{1}{2}} = \frac{1}{12}\cdot\left(\frac{1}{2}\right)^3 + \frac{47}{16}\cdot\frac{1}{2} - 0 = \frac{71}{48}$$

$$A_2 = \int\limits_{\frac{1}{2}}^{5} \frac{3}{4x^2}dx = \left[\frac{-3}{4x}\right]_{\frac{1}{2}}^{5} = \frac{-3}{4\cdot 5} - \frac{-3}{4\cdot\frac{1}{2}} = \frac{27}{20}.$$

Dann ist die gesamte Querschnittsfläche $A = 2\left(\frac{71}{48} + \frac{27}{20}\right) = \frac{679}{120} \approx 5{,}658$.

## 3. Berechnung des Kegelvolumens

Der einbeschriebene Kegel hat die Spitze $S\left(0\left|\frac{1}{2}\right.\right)$. Sein Grundkreisradius ist $r_K = 5$, und seine Höhe beträgt

$$h_K = h(5) - h(0) = \frac{1}{4}\cdot 5^2 + \frac{1}{2} - \frac{1}{2} = \frac{25}{4}.$$

Also ist sein Volumen

$$V_K = \frac{1}{3}\pi \cdot r_K^2 \cdot h_K = \frac{1}{3}\pi \cdot 5^2 \cdot \frac{25}{4} = \frac{625}{12}\pi \approx 163{,}6.$$

**A**

Gegeben sind die Funktionen f und g durch
$f(x) = 4 - 3e^{-0,5x}$ und $g(x) = e^{0,5x}$ mit $x \in \mathbb{R}$.
Ihre Schaubilder seien K und C.

a) Untersuchen Sie K und C auf gemeinsame Punkte mit den Koordinaten-achsen und auf Asymptoten.
Zeichnen Sie K und C in ein gemeinsames Achsenkreuz ein.

b) Berechnen Sie die Koordinaten der Schnittpunkte von K und C und in einem Schnittpunkt den Schnittwinkel von K und C.
Für welche reelle Zahl a mit $0 < a < \ln 9$ schneiden die Kurven K und C aus der Geraden $x = a$ eine Strecke mit möglichst großer Länge aus?

c) Die Schaubilder K und C, die Gerade $y = 4$ und die Gerade $x = z$ mit $z > \ln 16$ begrenzen eine Fläche mit Inhalt $A(z)$.
Bestimmen Sie $A(z)$ und $\lim\limits_{z \to \infty} A(z)$.

d) Beim radioaktiven Zerfall einer Substanz $S_1$ ist $h_1(t)$ die Masse der noch nicht zerfallenen Substanz zum Zeitpunkt t ($h_1(t)$ in mg und t in Stunden nach Beobachtungsbeginn).
Dabei gilt: $h_1(t) = 100e^{-kt}$.
Berechnen Sie k, wenn die Halbwertszeit für diesen Zerfall 4,5 Stunden beträgt.
Welche Masse ist nach 18 Stunden bereits zerfallen?
Eine zweite Substanz $S_2$ entsteht erst als Zerfallsprodukt einer anderen Substanz. Für die Masse $h_2(t)$ von $S_2$ gilt entsprechend
$h_2(t) = 100e^{-ct}(1 - e^{-t})$.
Bestimmen Sie den Bestand für $t = 0$.
Bestimmen Sie c, wenn die Masse von $S_2$ nach zwei Stunden 31,81 mg beträgt.
Zu welchem Zeitpunkt wird für $c = 0,5$ die größte Masse gemessen?

**Lösungshinweise:**

a) Die Bearbeitung dieser Teilaufgabe erfordert die Lösung einer einfachen Exponentialgleichung. Wie geht man dabei vor? Was ist über die Funktionen $x \to e^x$ und $x \to e^{-x}$ bekannt? Denken Sie an die Wertemenge und das Verhalten für $x \to \infty$ und $x \to -\infty$.

b) Die Berechnung der Schnittpunkte führt auf eine Exponentialgleichung, die nicht unmittelbar gelöst werden kann. Vereinfachen Sie diese Gleichung, indem Sie beide Seiten mit einer geeigneten Potenz von e multiplizieren. Denken Sie dann an eine geeignete Substitution.

Kennen Sie eine Formel für den Schnittwinkel von zwei Geraden? Wie kann man sonst den Winkel zwischen einer Geraden und der x-Achse aus der Steigung dieser Geraden bestimmen?

Welche Lage hat die Gerade $x = a$? Welchen Term für die Länge der von K und C aus der Geraden $x = a$ ausgeschnittenen Strecke erhalten Sie? Welche Funktion müssen Sie folglich auf Extremwerte untersuchen? Vergessen Sie nicht, die Ränder des Definitionsbereichs zu untersuchen.

c) Zerlegen Sie die Fläche, deren Inhalt bestimmt werden soll, durch eine geeignete Parallele zur y-Achse in zwei Teilflächen. Die Schaubilder welcher Funktionen bilden den oberen bzw. unteren Rand dieser Teilflächen?

Bei der Integration ist die Bildung einer Stammfunktion bei linearer Substitutionen anzuwenden. Eine Probe durch Ableiten ist sehr empfehlenswert. Die Vorzeichen führen leicht zu Fehlern, deshalb sollten Sie die Flächeninhalte auch durch eine Überschlagsrechnung abschätzen.

d) Wie ist der Begriff der Halbwertszeit erklärt? Geben Sie damit eine Gleichung an, aus der Sie k bestimmen können.

Achten Sie darauf, dass $h_1(t)$ die zur Zeit noch nicht zerfallene Masse angibt, während in der Aufgabe nach der nach 18 h bereits zerfallenen Masse gefragt wird.

Den ursprünglichen Bestand von $S_2$ erhält man aus $h_2(t)$ durch Einsetzen. Welche Gleichung ergibt c, wie löst man diese Gleichung?

Die Funktion $h_2$ muss auf Extremstellen untersucht werden. Welche Umformungen des Funktionsterms erleichtern das Ableiten?

**Lösung:**

a) **Untersuchung der beiden Schaubilder auf gemeinsame Punkte mit den Koordinatenachsen und Asymptoten**

Es sei K das Schaubild von f und C das Schaubild von g.

**1. Gemeinsame Punkte mit den Koordinatenachsen**

Untersuchung von K

Die x-Werte der gemeinsamen Punkte von K und der x-Achse sind die Lösungen der Gleichung $f(x)=0$. Dies ergibt

$$4-3e^{-0,5x}=0.$$

$$e^{-0,5x}=\frac{4}{3}$$

$$-0,5x=\ln\frac{4}{3}$$

$$x=-2\cdot\ln\frac{4}{3}.$$

Da $\ln\frac{4}{3}=\ln 4-\ln 3$ ist, erhält man

$$x=-2\cdot\ln\frac{4}{3}=-2\cdot(\ln 4-\ln 3)=2\cdot(\ln 3-\ln 4)=2\cdot\ln\frac{3}{4}.$$

Der gemeinsame Punkt von K und der x-Achse ist $X_K\left(2\cdot\ln\frac{3}{4}\Big|0\right)$.

Wegen $f(0)=4-3e^{-0,5\cdot 0}=4-3\cdot 1=1$ haben K und die y-Achse den Punkt $Y(0|1)$ gemeinsam.

Untersuchung von C

Da $g(x)=e^{0,5x}>0$ für alle $x\in\mathbb{R}$ ist, hat die Gleichung $g(x)=0$ keine Lösung. Also haben C und die x-Achse **keinen gemeinsamen Punkt**.

Es ist $g(0)=e^{0,5\cdot 0}=e^0=1$; damit haben C und die y-Achse ebenfalls den gemeinsamen Punkt $Y(0|1)$.

**2. Asymptoten**

Asymptote von K

Da $\lim\limits_{x\to\infty}f(x)=\lim\limits_{x\to\infty}(4-3e^{-0,5x})$

$$=4-3\cdot\lim\limits_{x\to\infty}e^{-0,5x}=4-3\cdot 0=4$$

ist, besitzt K die Gerade $y=4$ als **waagrechte Asymptote**.

Asymptote von C

Da $\lim\limits_{x\to-\infty}g(x)=\lim\limits_{x\to-\infty}e^{0,5x}=0$ ist, besitzt C die **x-Achse** als **waagrechte Asymptote**.

Weder K noch C haben weitere Asymptoten.

3. Schaubilder K und C

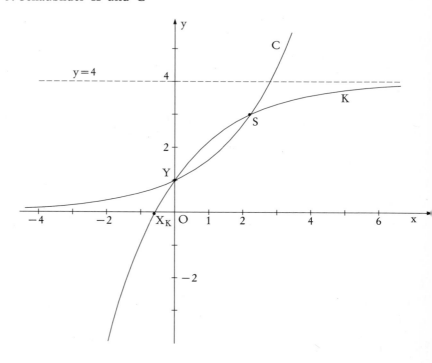

b) **Schnittpunkte und Schnittwinkel von K und C,**
   **Strecke maximaler Länge zwischen K und C für $0 < x < \ln 9$**

   **1. Bestimmung der Koordinaten der Schnittpunkte von K und C**

Ist $S(s | y_S)$ ein gemeinsamer Punkt von K und C, so gilt $f(s) = g(s)$ und
somit $4 - 3e^{-0,5s} = e^{0,5s}$.

Multipliziert man beide Seiten der Gleichung mit $e^{0,5s}$, ergibt sich

$$4 \cdot e^{0,5s} - 3 = (e^{0,5s})^2$$
$$(e^{0,5s})^2 - 4 \cdot e^{0,5s} + 3 = 0.$$

Man setzt $e^{0,5s} = t$ und erhält

$$t^2 - 4t + 3 = 0.$$

Dann ist

$$t = \frac{4 \pm \sqrt{16 - 4 \cdot 3}}{2} = 2 \pm 1 \quad \text{und somit}$$
$$t = 3 \quad \text{oder} \quad t = 1.$$

**A**

$t = e^{0,5s} = 3$ ergibt $0,5s = \ln 3$ und dann $s = 2 \cdot \ln 3 = \ln 3^2 = \ln 9$.
$t = e^{0,5s} = 1$ ergibt $0,5s = \ln 1 = 0$ und dann $s = 0$.
Da $g(\ln 9) = e^{0,5 \cdot \ln 9} = 9^{0,5} = 3$ und $g(0) = e^{0,5 \cdot 0} = 1$ ist, sind $S(\ln 9 \mid 3)$ und $Y(0 \mid 1)$ die Schnittpunkte der Schaubilder von K und C.

## 2. Schnittwinkel von K und C

Der Schnittwinkel von K und C in $Y(0 \mid 1)$ ist der Schnittwinkel der Tangenten an K und an C in Y.
Die Ableitungen von f und g sind
$$f'(x) = 1,5 \cdot e^{-0,5x} \qquad \text{und} \qquad g'(x) = 0,5 \cdot e^{0,5x}.$$
Die Steigungen der Tangenten an K und C in $Y(0 \mid 1)$ sind
$$m_K = f'(0) = 1,5 \cdot e^{-0,5 \cdot 0} = 1,5 \quad \text{und} \quad m_C = g'(0) = 0,5 \cdot e^{0,5 \cdot 0} = 0,5.$$
Die folgenden beiden Möglichkeiten sind naheliegend, um die Größe des Schnittwinkels $\delta$ der Tangenten an K und C in Y zu bestimmen.

### 1. Möglichkeit

Für den Winkel $\delta_K$, den die positive x-Achse und die Tangente mit der Steigung $m_K$ bilden, gilt
$$\tan \delta_K = m_K = 1,5$$
und somit $\delta_K \approx 56,31°$.
Für den Winkel $\delta_C$, den die positive x-Achse und die Tangente mit der Steigung $m_C$ bilden, gilt
$$\tan \delta_C = m_C = 0,5$$
und somit $\delta_C \approx 26,57°$.
Also ist der Schnittwinkel von K und C in $Y(0 \mid 1)$
$$\delta = \delta_K - \delta_C \approx 56,31° - 26,57° \approx 29,74°.$$

### 2. Möglichkeit

Für den Schnittwinkel $\delta$ der Geraden mit den Steigungen $m_1$ und $m_2$ gilt
$$\tan \delta = \left| \frac{m_2 - m_1}{1 + m_1 \cdot m_2} \right|.$$
Für $m_K$ und $m_C$ ergibt dies
$$\tan \delta = \left| \frac{m_C - m_K}{1 + m_K \cdot m_C} \right| = \left| \frac{0,5 - 1,5}{1 + 0,5 \cdot 1,5} \right| = \frac{4}{7}$$
und somit $\delta \approx 29,74°$.

Hinweis:
Für den Schnittwinkel von K und C in $S(\ln 9 \mid 3)$ erhält man denselben Wert.

**3. Länge d(a) der ausgeschnittenen Strecke**

Für a mit $0 < a < \ln 9$ ist $g(a) < f(a)$.

Die Schaubilder K und C schneiden also aus der Geraden $x = a$, die parallel zur y-Achse verläuft, eine Strecke aus, für deren Länge d(a) gilt:

$$d(a) = f(a) - g(a)$$
$$= 4 - 3 \cdot e^{-0,5a} - e^{0,5a}.$$

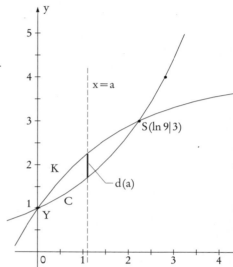

**4. Bestimmung der Zahl a, für die d(a) maximal wird**

Man untersucht die Funktion d auf Extremstellen. Dazu bildet man

$$d'(a) = 1,5 \cdot e^{-0,5a} - 0,5 \cdot e^{0,5a}$$
$$d''(a) = -0,75 \cdot e^{-0,5a} - 0,25 \cdot e^{0,5a}.$$

$d'(a) = 0$ ergibt dann

$$1,5 \cdot e^{-0,5a} - 0,5 \cdot e^{0,5a} = 0$$
$$1,5 \, e^{-0,5a} = 0,5 \cdot e^{0,5a}$$
$$3 \cdot e^{-0,5a} = e^{0,5a}.$$

Man multipliziert beide Seiten mit $e^{0,5a}$ und erhält

$$3 = e^a$$
$$a = \ln 3.$$

Da $$d''(\ln 3) = -0,75 \cdot e^{-0,5 \cdot \ln 3} - 0,25 \cdot e^{0,5 \cdot \ln 3}$$
$$= -0,75 \cdot 3^{-0,5} - 0,25 \cdot 3^{0,5} = -\frac{3}{4} \cdot \frac{1}{\sqrt{3}} - \frac{1}{4} \cdot \sqrt{3} = -\frac{1}{2} \cdot \sqrt{3} < 0$$

ist, besitzt d an der Stelle $\ln 3$ ein relatives Maximum.
Da an der Stelle $a = \ln 3$ der einzige Extremwert von d(a) für $0 < a < \ln 9$ liegt, hat d an der Stelle $a = \ln 3$ ein absolutes Maximum.
Für **$a = \ln 3$** schneiden die Kurven K und C aus der Geraden $x = a$ eine Strecke möglichst großer Länge aus.

c) **Flächeninhaltsberechnung**

**1. Schnittpunkt von C und der Geraden $y = 4$**

Für den Schnittpunkt $T(t|4)$ von C und der Geraden $y = 4$ gilt $g(t) = 4$.
Dann ist $e^{0,5t} = 4$

$$0,5t = \ln 4$$
$$t = 2 \cdot \ln 4 = \ln 4^2 = \ln 16.$$

Dies ergibt $T(\ln 16 \mid 4)$. Insbesondere verläuft die zur y-Achse parallele Gerade $x = z$ mit $z > \ln 16$ rechts von T.

**2. Zerlegung der Fläche mit Inhalt A(z) in zwei Teilflächen**

Die Fläche zwischen K, C und den Geraden $y = 4$ und $x = z$ mit $z > \ln 16$ wird durch die zur y-Achse parallele Gerade $x = \ln 16$ in zwei Teilflächen zerlegt.

Die linke Teilfläche wird begrenzt durch K, C und die Gerade $x = \ln 16$.

Für ihren Inhalt $A_1$ gilt

$$A_1 = \int_{\ln 9}^{\ln 16} (g(x) - f(x))\, dx.$$

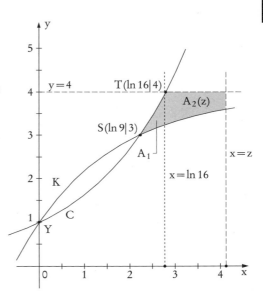

Die rechte Teilfläche wird begrenzt durch K und die Geraden $x = \ln 16$, $x = z$ und $y = 4$.

Für ihren Inhalt $A_2(z)$ gilt

$$A_2(z) = \int_{\ln 16}^{z} (4 - f(x))\, dx.$$

Der gesuchte Flächeninhalt $A(z)$ ist dann $A(z) = A_1 + A_2(z)$.

**3. Berechnung von A(z)**

Für die Integrationen ist folgender Satz wichtig.

Die Funktion h mit $\quad h(x) = e^{px + q} \quad$ und $p \neq 0$

hat die Funktion H mit $\quad H(x) = \dfrac{1}{p} \cdot e^{px + q}$ als eine Stammfunktion.

Damit erhält man

$$A_1 = \int_{\ln 9}^{\ln 16} (g(x) - f(x))\, dx = \int_{\ln 9}^{\ln 16} (e^{0,5x} - 4 + 3 \cdot e^{-0,5x})\, dx$$

$$= [2 \cdot e^{0,5x} - 4x - 6 \cdot e^{-0,5x}]_{\ln 9}^{\ln 16}$$

$$= (2 \cdot e^{0,5 \cdot \ln 16} - 4 \cdot \ln 16 - 6 \cdot e^{-0,5 \cdot \ln 16}) - (2 \cdot e^{0,5 \cdot \ln 9} - 4 \cdot \ln 9 - 6 \cdot e^{-0,5 \cdot \ln 9})$$

$$= (2 \cdot 16^{0,5} - 4 \cdot \ln 16 - 6 \cdot 16^{-0,5}) - (2 \cdot 9^{0,5} - 4 \cdot \ln 9 - 6 \cdot 9^{-0,5})$$

$$= \left(2 \cdot 4 - 4 \cdot \ln 16 - 6 \cdot \frac{1}{4}\right) - \left(2 \cdot 3 - 4 \cdot \ln 9 - 6 \cdot \frac{1}{3}\right)$$

$$= \frac{5}{2} + 4 \cdot \ln \frac{9}{16} = \frac{5}{2} + 4 \cdot \ln \left(\frac{3}{4}\right)^2 = \frac{5}{2} + 8 \cdot \ln \frac{3}{4}.$$

$$A_2(z) = \int_{\ln 16}^{z} (4 - f(x))\, dx = \int_{\ln 16}^{z} (4 - 4 + 3 \cdot e^{-0,5})\, dx = \int_{\ln 16}^{z} 3 \cdot e^{-0,5x}\, dx$$

$$= [-6 \cdot e^{-0,5x}]_{\ln 16}^{z} = -6 \cdot e^{-0,5z} + 6 \cdot e^{-0,5 \cdot \ln 16}$$

$$= -6 \cdot e^{-0,5z} + 6 \cdot 16^{-0,5} = \frac{3}{2} - 6 \cdot e^{-0,5z}$$

$$A(z) = A_1 + A_2(z)$$

$$= \frac{5}{2} + 8 \cdot \ln \frac{3}{4} + \frac{3}{2} - 6 \cdot e^{-0,5z} = 4 + 8 \cdot \ln \frac{3}{4} - 6 \cdot e^{-0,5z}.$$

Der Flächeninhalt $A(z)$ ergibt sich zu $A(z) = 4 + 8 \cdot \ln \frac{3}{4} - 6 \cdot e^{-0,5z}$.

**4. Grenzwert von $A(z)$ für $z \to \infty$**

Für $z \to \infty$ strebt $6 \cdot e^{-0,5z} \to 0$ und somit gilt $\lim\limits_{z \to \infty} A(z) = 4 + 8 \cdot \ln \frac{3}{4}$.

## d) Untersuchung eines radioaktiven Zerfalls

### 1. Bestimmung der Konstanten k für $S_1$

Die Halbwertszeit einer radioaktiven Substanz $S_1$ ist die Zeit T, nach der noch die Hälfte der ursprünglichen Substanz vorhanden ist.

Da $h_1(0) = 100 \cdot e^{-k \cdot 0} = 100$ ist, sind zu Beginn 100 mg und nach 4,5 h noch 50 mg von $S_1$ vorhanden. Also gilt

$$100 \cdot e^{-4,5k} = 50$$

$$e^{-4,5k} = \frac{1}{2}$$

$$-4,5k = \ln \frac{1}{2}$$

$$-\frac{9}{2}k = -\ln 2$$

$$k = \frac{2}{9} \cdot \ln 2$$

Man erhält also $k = \frac{2}{9} \cdot \ln 2 \approx 0,154$.

### 2. Bestimmung der nach 18 h zerfallenen Masse von $S_1$

Für die nach 18 h noch vorhandene Masse m von $S_1$ gilt

$$m = 100 \cdot e^{-0,154 \cdot 18} \approx 6,25.$$

Von den ursprünglich vorhandenen 100 mg sind nach 18 h bereits **93,75 mg** zerfallen.

Ergänzung:
18 h sind das 4fache der Halbwertszeit $T = 4,5$ h. Also sind nach 18 h noch $\left(\frac{1}{2}\right)^4 = \frac{1}{16}$ der ursprünglichen Masse von 100 mg vorhanden. Nach 18 h sind damit noch $\frac{1}{16} \cdot 100$ mg $= 6,25$ mg vorhanden.

**A**

**3. Bestimmung der ursprünglich vorhandenen Masse von $S_2$**

Aus $h_2(t) = 100 \cdot e^{-ct}(1 - e^{-t})$ ergibt sich die ursprünglich vorhandene Masse zu $h_2(0) = 100 \cdot e^{-c \cdot 0}(1 - e^0) = 0$.

Der Bestand zur Zeit $t = 0$ bei $S_2$ beträgt $0 \, \text{mg}$.

**4. Bestimmung der Konstanten c für $S_2$**

Für $c$ gilt $\quad h_2(2) = 31{,}81$ und somit

$$100 \cdot e^{-c \cdot 2}(1 - e^{-2}) = 31{,}81$$
$$e^{-c \cdot 2}(1 - e^{-2}) = 0{,}3181$$
$$e^{-c \cdot 2} = \frac{0{,}3181}{1 - e^{-2}}$$
$$-2c = \ln \frac{0{,}3181}{1 - e^{-2}}$$
$$c = \frac{-1}{2} \cdot \ln \frac{0{,}3181}{1 - e^{-2}} \approx 0{,}500.$$

Für die Konstante $c$ gilt $c \approx 0{,}500$.

**5. Bestimmung des Zeitpunktes t, an dem $h_2(t)$ am größten ist**

Für $c = 0{,}5$ gilt

$$h_2(t) = 100 \cdot e^{-0{,}5t}(1 - e^{-t}) = 100 \cdot (e^{-0{,}5t} - e^{-1{,}5t}).$$

Dann ist $h_2'(t) = 100 \cdot (-0{,}5 \cdot e^{-0{,}5t} + 1{,}5 \cdot e^{-1{,}5t})$

$$h_2''(t) = 100 \cdot (0{,}25 \cdot e^{-0{,}5t} - 2{,}25 \cdot e^{-1{,}5t}).$$

$h_2'(t) = 0$ ergibt damit

$$100 \cdot (-0{,}5 \cdot e^{-0{,}5t} + 1{,}5 \cdot e^{-1{,}5t}) = 0$$
$$1{,}5 \cdot e^{-1{,}5t} = 0{,}5 \cdot e^{-0{,}5t}$$
$$3 \cdot e^{-1{,}5t} = e^{-0{,}5t}$$
$$3 = e^t$$
$$t = \ln 3 \approx 1{,}097.$$

Da $\quad h_2''(\ln 3) = 100 \cdot (0{,}25 \cdot e^{-0{,}5 \cdot \ln 3} - 2{,}25 \cdot e^{-1{,}5 \cdot \ln 3})$

$$= 25 \cdot 3^{-0{,}5} - 225 \cdot 3^{-1{,}5} = 25 \cdot \frac{1}{\sqrt{3}} - 225 \cdot \frac{1}{3 \cdot \sqrt{3}} = -\frac{50}{3} \cdot \sqrt{3} < 0$$

gilt, hat $h_2(t)$ an der Stelle $\ln 3$ ein relatives Maximum.

Da $h_2'(t) = 0$ nur eine Lösung hat, ergibt sich an der Stelle $\ln 3$ auch ein absolutes Maximum von $h_2(t)$.

Die größte Masse von $S_2$ wird nach **1,097 s** gemessen.

Ergänzung:

Wegen $h_2(\ln 3) = 100 \cdot (e^{-0{,}5 \cdot \ln 3} - e^{-1{,}5 \cdot \ln 3}) = 100 \cdot (3^{-0{,}5} - 3^{-1{,}5})$

$$= 100 \cdot \left( \frac{1}{\sqrt{3}} - \frac{1}{3 \cdot \sqrt{3}} \right) = \frac{200}{9} \cdot \sqrt{3} \approx 38{,}5$$

ist die größte gemessene Masse etwa $38{,}5 \, \text{mg}$.

Zu jedem $t > 0$ ist eine Funktion $f_t$ gegeben durch

$$f_t(x) = \frac{1}{3t} x(x - 3t)^2 \, ; \quad x \in \mathbb{R}.$$

Ihr Schaubild sei $K_t$.

**A**

a) Untersuchen Sie $K_2$ auf gemeinsame Punkte mit der x-Achse, Hoch-, Tief- und Wendepunkte.
   Zeichnen Sie $K_2$ für $-0{,}5 \leqq x \leqq 8$ (LE 1 cm).
   Berechnen Sie den Inhalt der von $K_2$ und der x-Achse eingeschlossenen Fläche.

b) Die Gerade $y = -2$ und $K_2$ schneiden sich in einem Punkt S.
   Bestimmen Sie mit dem newtonschen Näherungsverfahren einen Näherungs-wert für die x-Koordinate von S. (Das Verfahren ist abzubrechen, wenn sich die ersten drei Stellen hinter dem Komma erstmals nicht mehr ändern.)

c) Die Ursprungsgerade $g_t$ geht durch den Wendepunkt $W_t$ von $K_t$.
   Untersuchen Sie, ob es ein $t$ gibt, für das $g_t$ die Normale von $K_t$ in $W_t$ ist.

d) Es sei $h$ eine beliebige ganzrationale Funktion 3. Grades mit dem Schau-bild C.
   Welche Bedingung müssen die Koeffizienten des Funktionsterms von $h$ erfüllen, damit C keine Extrempunkte hat?
   Wie viele gemeinsame Punkte mit der x-Achse hat C in diesem Fall?
   Begründen Sie Ihre Antwort.

## Lösungshinweise:

a) Die Nullstellen von $f_2$ erkennt man sofort an dem Funktionsterm $\frac{1}{6} x (x-6)^2$ von f. Auch das Berechnen von Funktionswerten ist mit diesem Term besonders einfach. Dagegen gelingt die Bestimmung der Ableitungsfunktionen $f_2'$, $f_2''$ und $f_2'''$ viel einfacher, wenn man den Term $\frac{1}{6} x (x-6)^2$ zuvor ausmultipliziert. Bei den Extrem- und Wendepunkten darf eine hinreichende Bedingung nicht vergessen werden. Im Hinblick auf die Teilaufgabe c) ist es überlegenswert, ob hier nicht bereits die Funktion $f_t$ statt der Funktion $f_2$ untersucht wird.

Die Flächeninhaltsbestimmung erfolgt durch Integration, die erforderliche Stammfunktion und die Integrationsgrenzen ergeben sich fast unmittelbar.

b) Das Verfahren von NEWTON bestimmt näherungsweise eine Nullstelle einer Funktion. Die durch die Aufgabe gegebene Bedingung muss deshalb so umgeschrieben werden, dass sie auf die Bestimmung einer Nullstelle führt.

Die Iterationsvorschrift sollte man geeignet vereinfachen, um den Aufwand mit dem Taschenrechner gering zu halten. Die erforderliche Genauigkeit erhält man besonders rasch, wenn man den Startwert möglichst nahe an dem gesuchten Näherungswert wählt. Diesen Startwert kann man dem Schaubild von $f_2$ in a) entnehmen.

c) Zuerst muss der Wendepunkt des Schaubildes $K_t$ der Funktion $f_t$ bestimmt werden. Dann genügt es, die Steigung der Geraden $g_t$ durch O und $W_t$ mit der Steigung der Normalen in $W_t$ zu vergleichen. Dadurch kann das aufwendigere Aufstellen der entsprechenden Geradengleichungen vermieden werden. Möglich aber aufwendiger ist es, wenn man eine Gleichung der Normalen in $W_t$ bestimmt und dann untersucht, für welches t diese Normale durch den Ursprung $O(0|0)$ geht.

d) Man überlegt sich, wie der Funktionsterm einer beliebigen ganzrationalen Funktion vom Grad 3 aussieht. Die naheliegende Bedingung, dass das Schaubild C von h keine Punkte mit waagrechter Tangente hat, ist zu stark. Dies zeigt das Beispiel der Funktion h mit $h(x) = x^3$. Wenn man sich aber überlegt, wie viele Punkte mit waagrechter Tangente das Schaubild C höchstens haben kann, ergibt sich eine Bedingung, die sich als Ungleichung zwischen den Koeffizienten des Funktionsterms von h angeben lässt.

Wenn C keine Extrempunkte hat, so lässt sich etwas über die Monotonie von h aussagen. Damit kann man die Anzahl der Nullstellen von h genau angeben.

**Lösung:**

a) Kurvenuntersuchung und Flächeninhaltsberechnung

**1. Ableitungen**

$$f_2(x) = \frac{1}{6}x(x-6)^2 = \frac{1}{6}x^3 - 2x^2 + 6x$$

$$f_2'(x) = \frac{1}{2}x^2 - 4x + 6$$

$$f_2''(x) = x - 4$$
$$f_2'''(x) = 1$$

**2. Gemeinsame Punkte mit der x-Achse**

Die x-Werte der gemeinsamen Punkte von $K_2$ und der x-Achse sind die Lösungen der Gleichung $f_2(x) = 0$. Mit $f_2(x) = \frac{1}{6}x(x-6)^2$ ergibt sich die Gleichung $\frac{1}{6}x(x-6)^2 = 0$.

Da ein Produkt von Zahlen genau dann 0 ist, wenn mindestens ein Faktor 0 ist, erhält man $x = 0$ oder $x - 6 = 0$. Also ist $f_2(x) = 0$ für $x = 0$ oder $x = 6$. Die gemeinsamen Punkte von $K_2$ und der x-Achse sind damit $O(0|0)$ und $X_2(6|0)$.

**3. Hoch- und Tiefpunkte**

Notwendige Bedingung:
$K_2$ hat nur an den Stellen Hoch- oder Tiefpunkte, an denen $f_2'(x) = 0$ ist.

Mit $f_2'(x) = \frac{1}{2}x^2 - 4x + 6$ ergibt dies $x^2 - 8x + 12 = 0$.

Dann ist $x_{1,2} = \dfrac{8 \pm \sqrt{(-8)^2 - 4 \cdot 12}}{2} = \dfrac{8 \pm 4}{2} = 4 \pm 2$. Also können nur an den Stellen $x_1 = 6$ oder $x_2 = 2$ Hoch- oder Tiefpunkte vorliegen.

Hinreichende Bedingung:
Es ist $f_2'(6) = 0$ und $f_2''(6) = 6 - 4 = 2 > 0$ sowie $f_2(6) = 0$.
Ebenso ist $f_2'(2) = 0$ und $f_2''(2) = 2 - 4 = -2 < 0$ sowie

$$f_2(2) = \frac{1}{6} \cdot 2 \cdot (2-6)^2 = \frac{16}{3}.$$

Also hat $K_2$ den Hochpunkt $H_2\left(2 \left| \dfrac{16}{3} \right.\right)$ und den Tiefpunkt $T_2(6|0) = X_2$.

## 4. Wendepunkte

Notwendige Bedingung:

$K_2$ hat nur an den Stellen Wendepunkte, an denen $f_2''(x) = 0$ ist. Mit $f_2''(x) = x - 4$ erhält man $x - 4 = 0$. Dann ist $x = 4$.

Hinreichende Bedingung:

Es ist $f_2''(4) = 0$ und $f_2'''(4) = 1 \neq 0$. Da $f_2(4) = \frac{1}{6} \cdot 4 \cdot (4-6)^2 = \frac{8}{3}$ gilt, hat $K_2$ den Wendepunkt $W_2\left(4 \left| \frac{8}{3}\right.\right)$.

## 5. Schaubild $K_2$

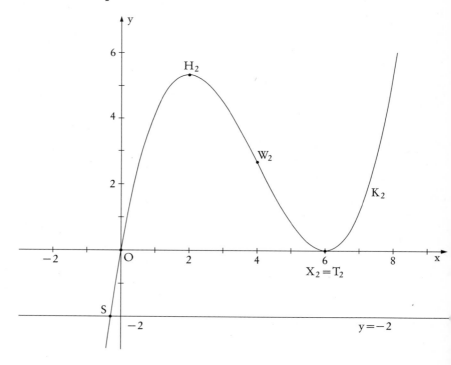

### 6. Flächeninhaltsberechnung

Für den Inhalt A der Fläche zwischen $K_2$ und der x-Achse gilt

$$A = \int_0^6 f_2(x)\,dx = \int_0^6 \left(\frac{1}{6}x^3 - 2x^2 + 6x\right)dx$$

$$= \left[\frac{1}{24}x^4 - \frac{2}{3}x^3 + 3x^2\right]_0^6$$

$$= \frac{1}{24}\cdot 6^4 - \frac{2}{3}\cdot 6^3 + 3\cdot 6^2 - 0 = 18.$$

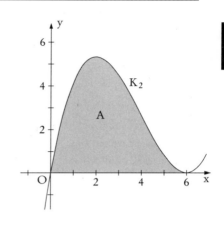

### b) Schnittpunkt S von $K_2$ und der Geraden mit der Gleichung $y = -2$

### 1. Bestimmung der Iterationsvorschrift

Für den x-Wert $x_S$ des Schnittpunktes $S(x_S \mid -2)$ von $K_2$ und der Geraden mit der Gleichung $y = -2$ gilt $\frac{1}{6}x_S^3 - 2x_S^2 + 6x_S = -2$. Hieraus folgt $x_S^3 - 12x_S^2 + 36x_S + 12 = 0$. Damit ist $x_S$ eine Nullstelle der Funktion g mit $g(x) = x^3 - 12x^2 + 36x + 12$. Wegen $g'(x) = 3x^2 - 24x + 36$ erhält man die Iterationsvorschrift des Verfahrens von NEWTON zu:

$$x_{n+1} = x_n - \frac{g(x_n)}{g'(x_n)} = x_n - \frac{x_n^3 - 12x_n^2 + 36x_n + 12}{3x_n^2 - 24x_n + 36}.$$

### 2. Bestimmung des Näherungswertes

Der Zeichnung in a) entnimmt man den Startwert $x_0 = -0{,}3$. Gibt man die Zahlen $x_1, x_2, \ldots$ auf 6 Dezimalen gerundet an, so erhält man
$x_1 = 0{,}302\,139$
$x_2 = 0{,}302\,138$.
Damit kann das Verfahren bereits abgebrochen werden. Man erhält für den x-Wert des Punktes S den Näherungswert $\overline{x} = 0{,}30214$.

Ergänzung:
Aus der Aufgabenstellung ist nicht zu entnehmen, wie genau der Näherungswert $\overline{x}$ für $x_S$ angegeben werden soll. Hier ist die größtmögliche Genauigkeit für $\overline{x}$ angegeben, die beim Abbruch des Verfahrens unmittelbar erkennbar ist. Bei einem anderen Startwert $x_0$ erhält man natürlich andere Zwischenergebnisse $x_1, x_2, \ldots$ und bei der angegebenen Abbruchbedingung eine andere Genauigkeit des Näherungswertes $\overline{x}$. Man erhält beim

Startwert $x_0 = 0$: $\quad x_1 = -0,333\,333$; $x_2 = -0,302\,423$; $x_3 = -0,302\,138$
$\qquad\qquad\qquad\qquad$ Näherungswert $\bar{x} = -0,302$
Startwert $x_0 = -0,25$: $\quad x_1 = -0,302\,963$; $x_2 = -0,302\,138$
$\qquad\qquad\qquad\qquad$ Näherungswert $\bar{x} = -0,302$
Startwert $x_0 = -0,5$: $\quad x_1 = -0,312\,821$; $x_2 = -0,302\,172$; $x_3 = -0,302\,138$
$\qquad\qquad\qquad\qquad$ Näherungswert $\bar{x} = -0,3021$.

## c) Vergleich der Geraden $g_t$ durch O und $W_t$ mit der Normalen in $W_t$

### 1. Bestimmung des Wendepunktes $W_t$ von $K_t$

Man bestimmt zuerst folgende Ableitungsfunktionen:

$$f_t(x) = \frac{1}{3t}x(x-3t)^2 = \frac{1}{3t}x^3 - 2x^2 + 3tx$$

$$f_t'(x) = \frac{1}{t}x^2 - 4x + 3t$$

$$f_t''(x) = \frac{2}{t}x - 4$$

$$f_t'''(x) = \frac{2}{t}$$

Notwendige Bedingung:
Aus $f_t''(x) = 0$ folgt $f_2''(x) = \frac{2}{t}x - 4$ und somit $\frac{2}{t}x - 4 = 0$. Dann ist $x = 2t$.
Hinreichende Bedingung:
Es ist $f_t''(2t) = 0$ und $f_t'''(2t) = \frac{2}{t} \neq 0$. Da $f_t(2t) = \frac{1}{3t} \cdot 2t \cdot (2t - 3t)^2 = \frac{2}{3}t^2$ gilt,

hat $K_t$ den Wendepunkt $W_t\left(2t \left|\frac{2}{3}t^2\right.\right)$.

### 2. Steigung $m_t$ der Geraden $g_t$ durch O und $W_t$

Die Gerade $g_t$ durch den Ursprung $O(0|0)$

und den Wendepunkt $W_t\left(2t \left|\frac{2}{3}t^2\right.\right)$ hat die

Steigung $m_t = \dfrac{\frac{2}{3}t^2}{2t} = \frac{1}{3}t$.

### 3. Steigung $n_t$ der Normalen in $W_t$

Die Tangente im Wendepunkt $W_t\left(2t \left|\frac{2}{3}t^2\right.\right)$
hat die Steigung

$$f_t'(2t) = \frac{1}{t} \cdot (2t)^2 - 4 \cdot 2t + 3t = -t.$$

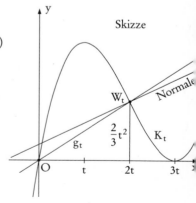

Skizze

**A**

Folglich gilt für die Steigung $n_t$ der Normalen in $W_t$:

$$n_t = \frac{-1}{f'_t(2t)} = \frac{-1}{-t} = \frac{1}{t}.$$

### 4. Vergleich der Steigungen $m_t$ und $n_t$

Die Normale in $W_t$ und die Gerade $g_t$ durch O und $W_t$ stimmen überein, wenn $m_t = n_t$ ist. Dies ergibt $\frac{1}{3} t = \frac{1}{t}$ und somit $t^2 = 3$. Wegen $t > 0$ ist dann $t = \sqrt{3}$. Also stimmen für $t = \sqrt{3}$ die Ursprungsgerade $g_t$ durch $W_t$ und die Normale in $W_t$ überein.

Ergänzung:

Nach 3. hat die Normale in $W_t \left( 2t \left| \frac{2}{3} t^2 \right. \right)$ die Steigung $n_t = \frac{1}{t}$. Damit ist $y - \frac{2}{3} t^2 = \frac{1}{t} (x - 2t)$ eine Gleichung dieser Normalen. Sie verläuft durch den Ursprung $O(0|0)$, wenn $0 - \frac{2}{3} t^2 = \frac{1}{t} (0 - 2t)$ gilt. Dies ergibt ebenfalls $t^2 = 3$ und dann $t = \sqrt{3}$.

## d) Extrempunkte und gemeinsame Punkte mit der x-Achse bei Schaubildern ganzrationaler Funktionen dritten Grades

### 1. Schaubilder ohne Extrempunkte

Es sei $h$ mit $h(x) = ax^3 + bx^2 + cx + d$ mit $a, b, c, d \in \mathbb{R}$ und $a \neq 0$ eine beliebige ganzrationale Funktion vom Grad 3.

Dann ist $h'(x) = 3ax^2 + 2bx + c$.

Da die quadratische Gleichung $3ax^2 + 2bx + c = 0$ mit der Variablen $x$ höchstens 2 Lösungen hat, besitzt das Schaubild C von $h$ höchstens 2 Punkte mit waagrechter Tangente. Hieraus folgt, dass das Schaubild C von $h$ genau dann keine Extrempunkte hat, wenn C höchstens einen Punkt mit waagrechter Tangente besitzt. Dies ist dann der Fall, wenn die quadratische Gleichung $3ax^2 + 2bx + c = 0$ höchstens eine Lösung hat. Für ihre Diskriminante besagt dies $(2b)^2 - 4 \cdot 3a \cdot c \leq 0$. Hieraus folgt $4b^2 \leq 12ac$. Also hat C keine Extrempunkte, wenn $b^2 \leq 3ac$ gilt.

### 2. Anzahl der gemeinsamen Punkte mit der x-Achse

Weil C keine Extrempunkte hat, ist die Funktion $h$ entweder streng monoton zunehmend oder streng monoton abnehmend. Da ferner $h$ als ganzrationale Funktion dritten Grades die Wertemenge $\mathbb{R}$ hat, besitzt $h$ genau eine Nullstelle. Folglich hat C **genau einen** gemeinsamen Punkt mit der x-Achse.

Die Funktion $f$ ist gegeben durch

$$f(x) = \frac{-x^3 + 5x^2 - 4}{2x^2}; \quad x \neq 0.$$

Ihr Schaubild sei $K$.

a) Untersuchen Sie $K$ auf Asymptoten, Hoch-, Tief- und Wendepunkte.
Zeigen Sie, dass $x_0 = 1$ eine Nullstelle von $f$ ist, und bestimmen Sie die
weiteren Nullstellen.
Zeichnen Sie $K$ samt Asymptoten im Bereich $-3 \leq x \leq 6$.

b) Die Kurve $K$ und die drei Geraden $y = -\frac{1}{2}x + \frac{5}{2}$, $x = 1$ sowie $x = t$ mit
$t > 1$ begrenzen eine Fläche mit dem Inhalt $A(t)$.
Berechnen Sie $A(t)$.
Für welches $t$ beträgt der Flächeninhalt 1 Flächeneinheit?
Berechnen Sie $\lim_{t \to \infty} A(t)$.

c) Vom Punkt $S\left(0 \mid -\frac{7}{2}\right)$ lassen sich zwei Tangenten an die Kurve $K$ legen.
$S$ und die beiden Berührpunkte sind die Eckpunkte eines Dreiecks.
Berechnen Sie seinen Flächeninhalt.

d) Für jedes $r < \frac{5}{2}$ ist durch $y = -\frac{1}{2}x + r$ eine Gerade $g_r$ gegeben. Die Gerade
$g_r$ schneidet $K$ in den Punkten $A_r$ und $B_r$.
Zeigen Sie: Die y-Achse halbiert die Strecke $A_r B_r$.

**Lösungshinweise:**

a) Das Schaubild K besitzt zwei Arten von Asymptoten. Das Verhalten von K für $x \to \pm\infty$ wird deutlich, wenn man den Grad des Polynoms im Zähler von $f(x)$ mit dem Grad des Polynoms im Nenner vergleicht. Zerlegt man den Funktionsterm von f in eine geeignete Summe, so kann man eine Gleichung einer Asymptoten bereits ablesen. Diese Darstellung des Funktionsterms bietet auch beim Ableiten Vorteile, da so eine Anwendung der Quotientenregel vermieden wird. Die Bestimmung der Nullstellen von f führt auf das Lösen einer kubischen Gleichung, was ohne weitere Angaben meist nicht möglich ist. Da jedoch eine Nullstelle von f durch die Aufgabenstellung bekannt ist, hilft Polynomdivision weiter, und das Problem wird auf das Lösen einer quadratischen Gleichung reduziert.

b) Bei der Bestimmung des Inhaltes $A(t)$ wird der Flächeninhalt zwischen zwei Schaubildern berechnet. Der Zeichnung in a) entnimmt man, wie die beiden Schaubilder zueinander liegen.

c) Entscheidend ist die Bestimmung der Berührpunkte $P_1$ und $P_2$ der Geraden durch S. Zwei Wege sind hierbei möglich.

Man stellt eine Gleichung der Geraden durch S mit der Steigung m auf und überlegt sich, welche Zusammenhänge zwischen m und $f(x_P)$ sowie zwischen m und $f'(x_P)$ bestehen.

Man kann auch eine Gleichung der Tangente an K mit Berührpunkt $P(x_P | f(x_P))$ mit der Punktsteigungsform aufstellen, da $f'(x_P)$ die Steigung dieser Tangente angibt. Dann prüft man nach, für welche $x_P$ diese Tangente durch den Punkt S verläuft.

Der Flächeninhalt des Dreiecks $P_1 P_2 S$ wird am einfachsten bestimmt, indem man dieses Dreieck in zwei geeignete Teildreiecke zerlegt.

d) Die x-Werte der Schnittpunkte $A_r$ und $B_r$ lassen sich problemlos bestimmen. Man sollte sich überlegen, wo der Mittelpunkt der Strecke $A_r B_r$ liegen muss, wenn die y-Achse diese Strecke halbiert.

**A**

## Lösung:

### a) Kurvenuntersuchung

#### 1. Ableitungen

$$f(x) = \frac{-x^3 + 5x^2 - 4}{2x^2} = -\frac{1}{2}x + \frac{5}{2} - \frac{2}{x^2}$$

$$f'(x) = -\frac{1}{2} + \frac{4}{x^3} = \frac{8 - x^3}{2x^3}$$

$$f''(x) = -\frac{12}{x^4}$$

#### 2. Asymptoten

K muss auf zwei Arten von Asymptoten untersucht werden.

(1) Das Polynom $-x^3 + 5x^2 - 4$ im Zähler des Funktionsterms von f hat den Grad 3 und das Polynom $2x^2$ im Nenner den Grad 2. Also hat K eine schiefe Asymptote für $x \to \pm\infty$. Aus $f(x) = -\frac{1}{2}x + \frac{5}{2} - \frac{2}{x^2}$ folgt

$f(x) - \left(-\frac{1}{2}x + \frac{5}{2}\right) = \frac{-2}{x^2}$. Damit gilt $f(x) - \left(-\frac{1}{2}x + \frac{5}{2}\right) \to 0$ für $x \to \pm\infty$.

Also ist die Gerade mit der Gleichung $y = -\frac{1}{2}x + \frac{5}{2}$ die **schiefe Asymptote** von K für $x \to \pm\infty$.

(2) Die Funktion f ist für alle $x \in \mathbb{R} \setminus \{0\}$ definiert. Für $x \to 0$ strebt der Nenner $2x^2$ des Funktionsterms von f gegen 0, der Zähler $-x^3 + 5x^2 - 4$ jedoch gegen $-4$. Also ist die **y-Achse die senkrechte Asymptote** von K.

#### 3. Hoch- und Tiefpunkte

Notwendige Bedingung:

K hat nur an den Stellen Hoch- oder Tiefpunkte, für die $f'(x) = 0$ ist. Mit $f'(x) = \frac{8 - x^3}{2x^3}$ erhält man $8 - x^3 = 0$ und somit $x = \sqrt[3]{8} = 2$.

Hinreichende Bedingung:

Es ist $f'(2) = 0$ und $f''(2) = -\frac{12}{2^4} = -\frac{3}{4} < 0$. Da $f(2) = \frac{-2^3 + 5 \cdot 2^2 - 4}{2 \cdot 2^2} = 1$ ist, hat K den Hochpunkt $H(2|1)$ als einzigen Extrempunkt.

#### 4. Wendepunkte

Es ist $f''(x) = -\frac{12}{x^4} \neq 0$ für alle $x \neq 0$. Also hat K **keinen Wendepunkt**.

**5. Nachweis der Nullstelle 1**

Es ist $f(1) = \dfrac{-1^3 + 5 \cdot 1^2 - 4}{2 \cdot 1^2} = \dfrac{0}{2} = 0$. Also ist **1 eine Nullstelle** von f.

**6. Bestimmung der weiteren Nullstellen**

Da 1 eine Lösung der Gleichung $-x^3 + 5x^2 - 4 = 0$ ist, lässt sich der Term $-x^3 + 5x^2 - 4$ als ein Produkt darstellen, in dem ein Faktor $x - 1$ ist. Die Polynomdivision $(-x^3 + 5x^2 - 4) : (x - 1)$ ergibt $-x^3 + 5x^2 - 4 = (-x^2 + 4x + 4)(x - 1)$.

Damit ist $f(x) = \dfrac{(-x^2 + 4x + 4)(x - 1)}{2x^2}$. Aus $f(x) = 0$ und $x \neq 1$ folgt dann

$-x^2 + 4x + 4 = 0$ und damit $x_{1,2} = \dfrac{-4 \pm \sqrt{4^2 - 4 \cdot (-1) \cdot 4}}{-2} = \dfrac{-4 \pm 4\sqrt{2}}{-2}$.

Folglich hat f die weiteren Nullstellen $x_1 = 2 - 2\sqrt{2} \approx -0{,}828$ und $x_2 = 2 + 2\sqrt{2} \approx 4{,}828$.

**7. Schaubild K**

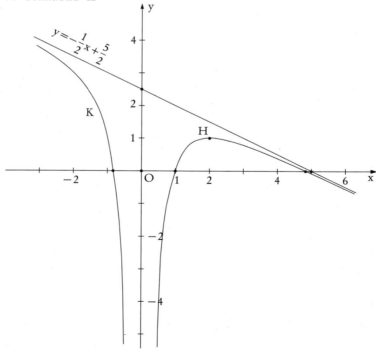

b) **Flächeninhaltsberechnung**

1. Berechnung von A(t)

Für den Inhalt A(t) der
Fläche zwischen K und
den Geraden mit den Glei-
chungen $y = -\frac{1}{2}x + \frac{5}{2}$, $x = 1$
und $x = t$ mit $t > 1$ gilt

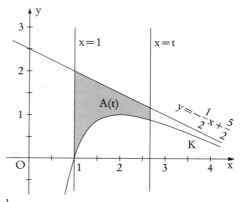

$$A(t) = \int_1^t \left[\left(-\frac{1}{2}x + \frac{5}{2}\right) - f(x)\right] dx$$

$$= \int_1^t \left[\left(-\frac{1}{2}x + \frac{5}{2}\right) - \left(-\frac{1}{2}x + \frac{5}{2} - \frac{2}{x^2}\right)\right] dx$$

$$= \int_1^t \frac{2}{x^2} dx = \left[\frac{-2}{x}\right]_1^t = 2 - \frac{2}{t}.$$

2. **Weitere Untersuchung von A(t)**

Aus $A(t) = 1$ folgt $2 - \frac{2}{t} = 1$. Also ist $1 = \frac{2}{t}$ und folglich **$t = 2$**.

Es ist $\lim\limits_{t \to \infty} A(t) = \lim\limits_{t \to \infty}\left(2 - \frac{2}{t}\right) = 2$, denn für $t \to \infty$ gilt $\frac{2}{t} \to 0$.

c) **Berechnung des Flächeninhaltes eines Berührdreiecks**

1. **Bestimmung der Berührpunkte $P_1$ und $P_2$**
   **Erster Lösungsweg:**

Die Gerade durch $S\left(0 \Big| -\frac{7}{2}\right)$ mit der Gleichung $y = mx - \frac{7}{2}$ berührt das
Schaubild K in einem Punkt $P(x_P | y_P)$, wenn gilt:

$$f(x_P) = mx_P - \frac{7}{2} \qquad \text{und} \qquad f'(x_P) = m.$$

Mit $\qquad f(x) = -\frac{1}{2}x + \frac{5}{2} - \frac{2}{x^2} \qquad$ und $\qquad f'(x) = -\frac{1}{2} + \frac{4}{x^3} \qquad$ ergibt dies

$$-\frac{1}{2}x_P + \frac{5}{2} - \frac{2}{x_P^2} = mx_P - \frac{7}{2} \qquad \text{und} \qquad -\frac{1}{2} + \frac{4}{x_P^3} = m.$$

Durch Einsetzen von m ergibt sich $-\frac{1}{2}x_P + \frac{5}{2} - \frac{2}{x_P^2} = \left(-\frac{1}{2} + \frac{4}{x_P^3}\right)x_P - \frac{7}{2}$, und

hieraus folgt $6 - \frac{2}{x_P^2} = \frac{4}{x_P^2}$. Dann ist $x_P^2 = 1$ und damit $x_P = \pm 1$. Da $f(1) = 0$

und $f(-1) = \frac{-(-1)^3 + 5 \cdot (-1)^2 - 4}{2 \cdot (-1)^2} = 1$ ist, sind die Berührpunkte $P_1(1 \mid 0)$ und

$P_2(-1 \mid 1)$.

**Zweiter Lösungsweg:**

Die Tangente an K im Punkt $P(x_P \mid y_P)$ hat die Steigung $f'(x_P)$ und somit nach der Punktsteigungsform die Gleichung $y - y_P = f'(x_P) \cdot (x - x_P)$. Diese

Tangente enthält den Punkt $S\left(0 \mid -\frac{7}{2}\right)$, wenn gilt $-\frac{7}{2} - y_P = f'(x_P) \cdot (0 - x_P)$.

Mit $y_P = f(x_P) = -\frac{1}{2}x_P + \frac{5}{2} - \frac{2}{x_P^2}$ und $f'(x_P) = -\frac{1}{2} + \frac{4}{x_P^3}$ erhält man

$-\frac{7}{2} - \left(-\frac{1}{2}x_P + \frac{5}{2} - \frac{2}{x_P^2}\right) = \left(-\frac{1}{2} + \frac{4}{x_P^3}\right) \cdot (-x_P)$. Dann ist $-6 + \frac{2}{x_P^2} = \frac{-4}{x_P^2}$ und damit

wiederum $x_P^2 = 1$. Dies ergibt $x_P = \pm 1$; wegen $f(1) = 0$ und $f(-1) = 1$ erhält man dann wieder die Berührpunkte $P_1(1 \mid 0)$ und $P_2(-1 \mid 1)$.

**2. Berechnung des Flächeninhaltes des Dreiecks $P_1P_2S$**

Die Strecke $P_1P_2$ hat den Mittelpunkt

$M\left(0 \mid \frac{1}{2}\right)$, und damit hat die Strecke

MS die Länge 4. Das Dreieck $MP_1S$

hat die Grundseite MS der Länge 4

und die Höhe 1. Folglich ist sein

Flächeninhalt $F = \frac{1}{2} \cdot 4 \cdot 1 = 2$.

Das Dreieck $MP_2S$ hat ebenfalls die

Grundseite MS der Länge 4 und

ebenfalls die Höhe 1. Folglich ist

sein Flächeninhalt auch $F = \frac{1}{2} \cdot 4 \cdot 1 = 2$.

Das Dreieck $P_1P_2S$ hat damit den

Flächeninhalt $2 \cdot F = 2 \cdot 2 = 4$.

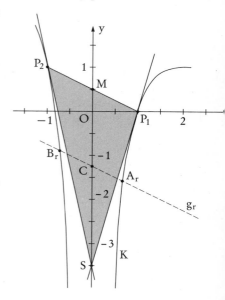

d) Nachweis, dass die y-Achse die Strecke $A_r B_r$ halbiert

**1. Berechnung der x-Werte der Schnittpunkte $A_r$ und $B_r$**

Ist $A(x_A \mid y_A)$ ein gemeinsamer Punkt von K und der Geraden $g_r$ mit der Gleichung $y = -\frac{1}{2}x + r$, so gilt $f(x_A) = -\frac{1}{2}x_A + r$. Dies besagt

$-\frac{1}{2}x_A + \frac{5}{2} - \frac{2}{x_A^2} = -\frac{1}{2}x_A + r$. Umformen ergibt

$$\frac{5}{2} - \frac{2}{x_A^2} = r$$

$$\frac{5 - 2r}{2} = \frac{2}{x_A^2}$$

$$x_A^2 = \frac{4}{5 - 2r}.$$

Dann ist $x_A = \frac{\pm 2}{\sqrt{5 - 2r}}$; also haben die Punkte $A_r$ und $B_r$ die x-Werte

$x_A = \frac{+2}{\sqrt{5 - 2r}}$ bzw. $x_B = \frac{-2}{\sqrt{5 - 2r}}$.

**2. Lage des Mittelpunktes C der Strecke $A_r B_r$**

Der Mittelpunkt $C(x_C \mid y_C)$ der Strecke $A_r B_r$ hat den x-Wert

$x_C = \frac{1}{2}(x_A + x_B) = \frac{1}{2}\left( \frac{+2}{\sqrt{5 - 2r}} + \frac{-2}{\sqrt{5 - 2r}} \right) = \frac{1}{2} \cdot 0 = 0$. Damit liegt der Mittelpunkt C auf der y-Achse, d. h. die **y-Achse halbiert die Strecke $A_r B_r$**.

Gegeben sind die Funktionen f und g durch

$f(x) = \frac{1}{4}e^x - 2e^{-x}$ und $g(x) = 2e^{-x}$; $x \in \mathbb{R}$.

Das Schaubild von f sei $K_f$, das Schaubild von g sei $K_g$.

a) Untersuchen Sie $K_f$ auf gemeinsame Punkte mit den Koordinatenachsen sowie auf Hoch-, Tief- und Wendepunkte.
   Zeichnen Sie $K_f$ und $K_g$ für $-0,5 \leq x \leq 2,5$ in ein gemeinsames Achsenkreuz ein (LE 2 cm).

b) $K_f$ schließt mit den Koordinatenachsen und der Geraden $x = \ln 2$ eine Fläche ein.
   Berechnen Sie einen Näherungswert für ihren Inhalt mit der keplerschen Fassregel.
   Um wie viel Prozent weicht dieser Näherungswert vom exakten Wert ab?

c) Der Punkt $P(u|v)$ mit $u > 0$ auf dem Schaubild von g bestimmt zusammen mit den Punkten $O(0|0)$, $Q(u|0)$ und $R(0|v)$ ein Viereck OQPR. Durch Rotation dieses Vierecks um die x-Achse entsteht ein Drehkörper.
   Für welchen Wert von u wird das Volumen dieses Körpers extremal?
   Bestimmen Sie die Art des Extremums sowie seinen Wert.

d) Eine Population besteht heute aus 30 150 Individuen. Vor zwei Jahren waren es noch 44 980. Man geht davon aus, dass der Bestand exponentiell abnimmt.
   Wann werden vom heutigen Bestand nur noch 10 % übrig sein?
   Wann wird die Abnahme innerhalb eines Jahres erstmals weniger als 1500 Individuen betragen?

## Lösungshinweise:

a) Die Bestimmung des Schnittpunktes von $K_f$ und der x-Achse erfordert die Lösung einer Exponentialgleichung. Dabei ist es sinnvoll die Gleichung zuerst so umzuformen, dass nur noch ein „Exponentialterm" vorkommt. Die Untersuchung auf Hoch-, Tief- und Wendepunkte wird vereinfacht, wenn man Zusammenhänge zwischen den Funktionen f, f', f'' und f''' sieht. Auch die Wertemenge der Exponentialfunktion ist bei den Überlegungen nützlich.

b) Der Flächeninhalt kann natürlich näherungsweise mit der Fassregel von KEPLER berechnet werden. Darüber hinaus ist hier auch eine exakte Bestimmung des Inhaltes möglich. Der Unterschied zwischen Näherungswert und exaktem Wert ist meist nicht groß. Was versteht man unter der absoluten Abweichung, unter der relativen Abweichung und was unter der prozentualen Abweichung eines Näherungswertes vom exakten Wert?

c) Man überlegt sich, welche Form der Drehkörper hat und wie man somit sein Volumen ohne Integration bestimmen kann. Für das Volumen V muss ein Term gefunden werden, der nur noch eine der möglichen Variablen u oder v enthält. Dabei bedenkt man, durch welche Elimination man einen möglichst einfachen Term erhält. Die Untersuchung auf relative Extrema geschieht über V' und eine hinreichende Bedingung. Weitere Überlegungen führen dann zum absoluten Extremum.

d) Es ist zuerst ein Term n(t) zu bestimmen, der für jede Zeit t die Anzahl der Individuen zu dieser Zeit t angibt. Dabei ist zu beachten, dass die zweite Angabe über die Anzahl vor der Startzeit liegt. Es wird nun in der Aufgabe nach zwei Zeitpunkten gefragt. Wie viel sind dabei 10 % der ursprünglichen Anzahl? Dieser Ansatz führt auf eine leicht lösbare Exponentialgleichung. Beim zweiten gefragten Zeitpunkt ist die Differenz von zwei Anzahlen zu unterschiedlichen Zeitpunkten gegeben. Auch dies führt auf eine Exponentialgleichung, die mit mehr Aufwand zu lösen ist. Dabei ist das Potenzgesetz $e^{a+b} = e^a \cdot e^b$ zu beachten.

**Lösung:**

a) Untersuchung des Schaubildes $K_f$

**A**

**1. Ableitungen**

$$f(x) = \frac{1}{4}e^x - 2e^{-x}$$

$$f'(x) = \frac{1}{4}e^x + 2e^{-x}$$

$$f''(x) = \frac{1}{4}e^x - 2e^{-x}$$

$$f'''(x) = \frac{1}{4}e^x + 2e^{-x}$$

Man erkennt, dass $f(x) = f''(x)$ und $f'(x) = f'''(x)$ für alle $x \in \mathbb{R}$ ist.

**2. Gemeinsame Punkte mit den Koordinatenachsen**

(1) Gemeinsame Punkte mit der x-Achse
Die x-Werte der gemeinsamen Punkte von $K_f$ und der x-Achse sind die Lösungen der Gleichung $f(x) = 0$. Man erhält

$$\frac{1}{4}e^x - 2e^{-x} = 0$$

$$\frac{1}{4}e^x = 2e^{-x}.$$

Multiplikation mit $4 \cdot e^x$ ergibt $\quad e^{2x} = 8$.
Logarithmieren liefert $\quad\quad 2x = \ln 8$

$$x = \frac{1}{2} \cdot \ln 8.$$

Da $\ln 8 = \ln 2^3 = 3 \cdot \ln 2$ ist, gilt $\quad x = \frac{3}{2} \cdot \ln 2 \approx 1{,}040$.

Der gemeinsame Punkt von $K_f$ und der x-Achse ist $X\left(\frac{3}{2} \cdot \ln 2 \middle| 0\right)$.

(2) Gemeinsame Punkte mit der y-Achse

Wegen $f(0) = \frac{1}{4}e^0 - 2e^0 = -\frac{7}{4}$ haben $K$ und die y-Achse den gemeinsamen

Punkt $Y\left(0 \middle| -\frac{7}{4}\right)$.

**3. Hoch- und Tiefpunkte**

Da $e^x > 0$ und $e^{-x} > 0$ für alle $x \in \mathbb{R}$ ist, gilt $f'(x) = \frac{1}{4}e^x + 2e^{-x} > 0$ für alle
$x \in \mathbb{R}$. Also hat $K_f$ **weder Hoch- noch Tiefpunkte.**

## 4. Wendepunkte

Notwendige Bedingung:

$K_f$ hat nur an den Stellen Wendepunkte, an denen $f''(x)=0$ ist. Mit

$f''(x)=\dfrac{1}{4}e^x-2e^{-x}$ ergibt dies $\dfrac{1}{4}e^x-2e^{-x}=0$. Hieraus folgt nach 2. (1) dann

$x=\dfrac{3}{2}\cdot\ln 2$.

Hinreichende Bedingung:

Es ist $f''\left(\dfrac{3}{2}\cdot\ln 2\right)=0$ und $f'''\left(\dfrac{3}{2}\cdot\ln 2\right)>0$, da nach 1. und 3. für alle $x\in\mathbb{R}$ stets $f'''(x)=f'(x)>0$ gilt. Folglich hat $K_f$ den Wendepunkt $W\left(\dfrac{3}{2}\cdot\ln 2\,\middle|\,0\right)=X$.

Ergänzung:

Man erhält übrigens

$$f'''\left(\dfrac{3}{2}\cdot\ln 2\right)=\dfrac{1}{4}\cdot e^{\frac{3}{2}\cdot\ln 2}+2\cdot e^{-\frac{3}{2}\cdot\ln 2}=\dfrac{1}{4}\cdot 2^{\frac{3}{2}}+2\cdot 2^{-\frac{3}{2}}=\dfrac{1}{2}\sqrt 2+\dfrac{1}{2}\sqrt 2=\sqrt 2.$$

## 5. Schaubilder
$K_f$ und $K_g$

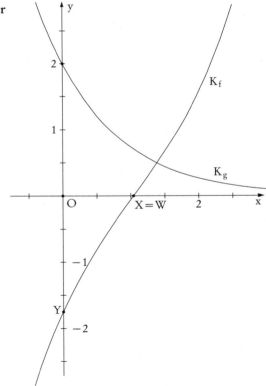

b) **Näherungsweise und exakte Flächeninhaltsberechnung**

**1. Aufstellen eines Integrals zur Flächen-
inhaltsberechnung**

Die Fläche zwischen $K_f$, den Koordinatenachsen und der Geraden mit der Gleichung
$x = \ln 2$ liegt unterhalb der x-Achse.
Also gilt für ihren Inhalt

$$A = \int_0^{\ln 2} (0 - f(x))\,dx = -\int_0^{\ln 2} f(x)\,dx.$$

**2. Näherungsweise Berechnung des
Flächeninhaltes**

Nach der Fassregel von KEPLER gilt

$$\int_0^{\ln 2} f(x)\,dx \approx \frac{1}{6} \cdot (\ln 2 - 0) \cdot \left[ f(0) + 4 \cdot f\left(\frac{1}{2} \cdot \ln 2\right) + f(\ln 2) \right].$$

Nun ist

$$f(0) = -\frac{7}{4} \quad \text{nach a)},$$

$$f\left(\frac{1}{2} \cdot \ln 2\right) = \frac{1}{4} \cdot e^{\frac{1}{2} \cdot \ln 2} - 2 \cdot e^{-\frac{1}{2} \cdot \ln 2} = \frac{1}{4}\sqrt{2} - \sqrt{2} = -\frac{3}{4}\sqrt{2} \quad \text{und}$$

$$f(\ln 2) = \frac{1}{4} \cdot e^{\ln 2} - 2 \cdot e^{-\ln 2} = \frac{1}{2} - 1 = -\frac{1}{2}.$$

Damit erhält man für den Flächeninhalt $A = -\int_0^{\ln 2} f(x)\,dx$ den Näherungswert

$$\overline{A} = -\frac{1}{6} \cdot \ln 2 \cdot \left[ f(0) + 4 \cdot f\left(\frac{1}{2} \cdot \ln 2\right) + f(\ln 2) \right]$$

$$= -\frac{1}{6} \cdot \ln 2 \cdot \left[ \left(-\frac{7}{4}\right) + 4 \cdot \left(-\frac{3}{4}\sqrt{2}\right) + \left(-\frac{1}{2}\right) \right] = \frac{1}{6} \cdot \ln 2 \cdot \left(\frac{9}{4} + 3\sqrt{2}\right)$$

$$= \frac{1}{8} \cdot (3 + 4\sqrt{2}) \cdot \ln 2 \approx 0{,}750059.$$

**3. Exakte Berechnung des Flächeninhaltes**

Durch Integration erhält man

$$A = -\int_0^{\ln 2} f(x)\,dx = -\int_0^{\ln 2} \left(\frac{1}{4} \cdot e^x - 2 \cdot e^{-x}\right) dx = -\left[\frac{1}{4} \cdot e^x + 2 \cdot e^{-x}\right]_0^{\ln 2}$$

$$= -\left[\left(\frac{1}{4} \cdot e^{\ln 2} + 2 \cdot e^{-\ln 2}\right) - \left(\frac{1}{4} \cdot e^0 + 2 \cdot e^0\right)\right] = -\frac{3}{2} + \frac{9}{4} = \frac{3}{4} = 0{,}75.$$

**4. Prozentualer Fehler des Näherungswertes**

Für den prozentualen Fehler p des Näherungswertes gilt

$$p = \frac{\overline{A} - A}{A} \cdot 100\,\% \approx \frac{0{,}750059 - 0{,}75}{0{,}75} \cdot 100\,\% \approx 0{,}0079\,\%.$$

Also ist der Näherungswert nur **um etwa 0,008 % zu groß.**

## c) Drehkörper mit extremalem Volumen

**1. Volumen des Drehkörpers in Abhängigkeit von u**

Das Viereck OQPR ist ein Rechteck mit den Seitenlängen u und v. Also entsteht bei Rotation dieses Vierecks um die x-Achse ein Zylinder mit dem Grundkreisradius v und der Höhe u.

Für das Volumen V dieses Zylinders gilt dann

$$V = \pi v^2 \cdot u.$$

Da $v = g(u) = 2 \cdot e^{-u}$ ist, ergibt sich

$$\begin{aligned}V(u) &= \pi (2 \cdot e^{-u})^2 \cdot u \\ &= 4\pi u \cdot e^{-2u}.\end{aligned}$$

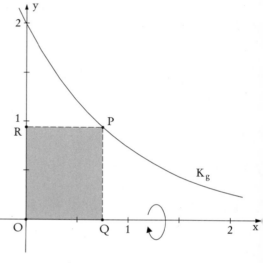

**2. Untersuchung von V auf Extrema**

Die Funktion V mit $V(u) = 4\pi u \cdot e^{-2u}$ muss auf Extremwerte untersucht werden. Mit Produkt- und Kettenregel erhält man

$$\begin{aligned}V'(u) &= 4\pi (1 \cdot e^{-2u} + u \cdot e^{-2u} \cdot (-2)) \\ &= 4\pi (1 - 2u) \cdot e^{-2u} \\ V''(u) &= 4\pi ((-2) \cdot e^{-2u} + (1 - 2u) \cdot e^{-2u} \cdot (-2)) \\ &= 16\pi (u - 1) \cdot e^{-2u}.\end{aligned}$$

Die notwendige Bedingung $V'(u) = 0$ ergibt dann $4\pi (1 - 2u) \cdot e^{-2u} = 0$.

Wegen $e^{-2u} > 0$ ist dann $1 - 2u = 0$ und somit $u = \frac{1}{2}$.

Da $V''\left(\frac{1}{2}\right) = 16\pi \left(\frac{1}{2} - 1\right) \cdot e^{-2 \cdot 0{,}5} = -8\pi \cdot e^{-1} < 0$ ist, hat V an der Stelle $\frac{1}{2}$ ein **relatives Minimum.**

Ergänzung:

Statt $V''\left(\dfrac{1}{2}\right) < 0$ könnte man als hinreichende Bedingung für das relative Maximum auch zeigen, dass $V'(u)$ an der Stelle $\dfrac{1}{2}$ einen Vorzeichenwechsel von „+" nach „−" hat. Wegen $4\pi \cdot e^{-2u} > 0$ ergibt sich dies unmittelbar aus $1 - 2u > 0$ für $u < \dfrac{1}{2}$ und $1 - 2u < 0$ für $u > \dfrac{1}{2}$.

### 3. Bestimmung von Art und Wert des Extremums

Die differenzierbare Funktion $V$ besitzt das relative Maximum $V\left(\dfrac{1}{2}\right)$ als einzigen Extremwert; damit muss $V\left(\dfrac{1}{2}\right)$ das **absolute Maximum** von $V$ sein.

Das größte Volumen des Zylinders ist $V\left(\dfrac{1}{2}\right) = 4\pi \cdot \dfrac{1}{2} \cdot e^{-2 \cdot 0{,}5} = \dfrac{2\pi}{e} \approx 2{,}311$.

## d) Untersuchung einer exponentiellen Abnahme

### 1. Bestimmung der Anzahl n(t) zur Zeit t

Es sei $n(t)$ die Anzahl der Individuen nach $t$ Jahren ab heute. Da es sich um eine exponentielle Abnahme handelt, gilt

$n(t) = a \cdot e^{-k \cdot t}$ mit $k > 0$.

Laut Aufgabe ist $n(0) = 30\,150$ und $n(-2) = 44\,980$. Damit gilt dann $a \cdot e^{-k \cdot 0} = 30\,150$ und $a \cdot e^{-k \cdot (-2)} = 44\,980$.

Hieraus folgt $a = 30\,150$ und somit $30\,150 \cdot e^{2k} = 44\,980$.

Umformen ergibt
$$e^{2k} = \frac{44\,980}{30\,150}$$
$$2k = \ln \frac{4498}{3015}$$
$$k = \frac{1}{2} \cdot \ln \frac{4498}{3015} \approx 0{,}2000.$$

Folglich erhält man $n(t) = 30\,150 \cdot e^{-0{,}2t}$.

Hinweis: Der Unterschied zwischen $\dfrac{1}{2} \cdot \ln \dfrac{4498}{3015}$ und $0{,}2$ ist so gering, dass bei weiteren Rechnungen ohne Bedenken mit $k = 0{,}2$ gearbeitet werden kann.

### 2. Zeitpunkt t₁, an dem noch 10% der Individuen vorhanden sind

Sind zum Zeitpunkt $t_1$ noch 10% der Individuen vorhanden, so gilt $n(t_1) = 0{,}1 \cdot 30\,150$.

Dann ist $\qquad 30\,150 \cdot e^{-0,2t_1} = 0,1 \cdot 30\,150.$

Umformen liefert $\qquad e^{-0,2t_1} = 0,1$

$$-0,2t_1 = \ln\frac{1}{10}$$

$$t_1 = 5 \cdot \ln 10 \approx 11,5.$$

Nach etwa 11,5 Jahren sind noch 10 % des heutigen Bestandes vorhanden.

**3. Zeitpunkt $t_2$ mit einer Abnahme um 1500 Individuen im folgenden Jahr**

Nimmt zwischen den Zeitpunkten $t_2$ und $t_2 + 1$ die Anzahl der Individuen um 1500 ab, so gilt $n(t_2) - n(t_2 + 1) = 1500$. Dies ergibt dann

$$30\,150 \cdot e^{-0,2t_2} - 30\,150 \cdot e^{-0,2\,(t_2+1)} = 1500$$

Umformen ergibt $\qquad e^{-0,2t_2} - e^{-0,2\,(t_2+1)} = \dfrac{1500}{30\,150}.$

$$e^{-0,2t_2} \cdot (1 - e^{-0,2}) = \frac{10}{201}$$

$$e^{-0,2t_2} = \frac{10}{201 \cdot (1 - e^{-0,2})}$$

$$-0,2 \cdot t_2 = \ln\frac{10}{201 \cdot (1 - e^{-0,2})}$$

$$t_2 = -5 \cdot \ln\frac{10}{201 \cdot (1 - e^{-0,2})} \approx 6,465.$$

Also nimmt etwa in dem Zeitraum von **6,5 Jahren bis 7,5 Jahren** ab heute die Anzahl der Individuen erstmals um weniger als 1500 ab.

Ergänzung:

Betrachtet man die Anzahl der Individuen nur jährlich, so lautet das Ergebnis, dass **im 8. Jahr** ab heute die Anzahl der Individuen erstmals um weniger als 1500 abnimmt.

A

Für jedes $t > 0$ ist eine Funktion $f_t$ gegeben durch

$f_t(x) = \frac{1}{t}(x^3 - 9x)$; $x \in \mathbb{R}$.

Ihr Schaubild sei $K_t$.

a) Untersuchen Sie $K_t$ auf Symmetrie, gemeinsame Punkte mit der x-Achse, Hoch-, Tief- und Wendepunkte.
   Zeichnen Sie $K_6$ für $-4 \leq x \leq 4$. (LE 1 cm)
   Jede Kurve $K_t$ umschließt mit der positiven x-Achse eine Fläche.
   Berechnen Sie deren Inhalt.

b) Die Gerade n schneidet das Schaubild $K_6$ im Punkt $N(3|0)$ rechtwinklig.
   Bestimmen Sie die weiteren Schnittpunkte von n und $K_6$.

c) Die Gerade $x = 1$ schneidet das Schaubild $K_t$ im Punkt $R_t$ und sie schneidet die Gerade $y = tx$ im Punkt $S_t$.
   Berechnen Sie die Länge der Strecke $R_t S_t$.
   Wie lang ist diese Strecke mindestens?

d) Bei jedem Schaubild $K_t$ legen die beiden Schnittpunkte mit der x-Achse $N_1(3|0)$, $N_2(-3|0)$ und seine Extrempunkte an den Stellen $x_1 = \sqrt{3}$ und $x_2 = -\sqrt{3}$ ein Parallelogramm $P_t$ fest.
   Zeigen Sie: Für $t = 3\sqrt{2}$ ist $P_t$ ein Rechteck.
   Untersuchen Sie, ob $P_t$ eine Raute sein kann.

## Lösungshinweise:

a) An dem Funktionsterm $f_t(x) = \frac{1}{t} \cdot (x^3 - 9x)$ erkennt man, dass $f_t(x) = \frac{1}{t} \cdot f_1(x)$

für alle $x \in \mathbb{R}$ gilt. Dies besagt, dass für jeden Punkt $P_1(x \mid y)$ auf $K_1$ der

Punkt $P_t\left(x \mid \frac{1}{t}y\right)$ auf $K_t$ liegt. Dementsprechend haben die gemeinsamen

Punkte mit der x-Achse, aber auch die Extrem- und Wendepunkte jeweils

x-Koordinaten, die unabhängig von t sind.

Bei den Extremstellen wie den Wendestellen darf eine hinreichende Bedingung

nicht vergessen werden. Dabei sind die Bedingungen mit $f_t''(x) > 0$ oder

$f_t''(x) < 0$ und $f_t'''(x) \neq 0$ den Bedingungen mit einem Vorzeichenwechsel von

$f_t'(x)$ bzw. $f_t''(x)$ vorzuziehen. Auch die Symmetrie kann bei diesen Über-

legungen zur Verkürzung der Rechnung eingesetzt werden.

Bei der Flächeninhaltsberechnung muss beim Ansatz des Integrals überlegt

werden, wie die Fläche zur x-Achse liegt.

b) Die Steigung der Tangente an $K_6$ in $N(3 \mid 0)$ erhält man über die Ableitung $f_6'$.

Die Gerade n ist die Normale von $K_6$ in $N(3 \mid 0)$ und steht somit senkrecht

auf der Tangente. Hieraus erhält man die Steigung von n und dann eine Glei-

chung von n über die Punktsteigungsform der Geradengleichung. Bestimmt

man die gemeinsamen Punkte von n und $K_6$, so wird man auf eine Gleichung

dritten Grades geführt. Da aber über $N(3 \mid 0)$ eine Lösung dieser Gleichung be-

kannt ist, kann sie mit Polynomdivision in eine quadratische Gleichung über-

führt werden. Diese Gleichung ist dann unmittelbar lösbar und führt zu den

weiteren gemeinsamen Punkten von n und $K_6$.

c) Man bestimmt zuerst die Koordinaten von $R_t$ und $S_t$. An diesen erkennt man

wegen $t > 0$, wie $R_t$ und $S_t$ zur x-Achse liegen. Damit kann die Länge $d(t)$

der Strecke $R_t S_t$ in Abhängigkeit von t angegeben werden.

Nun ist die Funktion d auf Extremstellen zu untersuchen. Über $d'$ und $d''$

findet man ein relatives Minimum von d. Dann überlegt man sich, dass dies

sogar ein absolutes Minimum von d sein muss.

d) Aus der Symmetrie von $K_t$ ergibt sich, dass das Viereck $P_t$ ein Parallelo-

gramm ist. Dies muss aber in der Lösung nicht gezeigt werden.

Um zu zeigen, dass $P_t$ für $t = 3\sqrt{2}$ sogar ein Rechteck ist, genügt der Nach-

weis, dass ein Paar benachbarter Seiten orthogonal ist. Der Nachweis der

Orthogonalität kann durch Berechnung von Steigungen oder über den Satz

des Thales und eine Abstandsberechnung erfolgen.

Bei der Untersuchung, ob $P_t$ eine Raute ist, genügt es, die Längen benachbar-

ter Seiten zu vergleichen. Man kann aber auch untersuchen, ob die Diagonalen

von $P_t$ orthogonal sein können, denn jede Raute hat orthogonale Diagonalen.

## Lösung:

### a) Kurvenuntersuchung und Flächeninhaltsberechnung

**A**

#### 1. Ableitungen

$$f_t(x) = \frac{1}{t}(x^3 - 9x) = \frac{1}{t} \cdot x(x^2 - 9)$$

$$f_t'(x) = \frac{1}{t}(3x^2 - 9) = \frac{3}{t}(x^2 - 3)$$

$$f_t''(x) = \frac{6}{t}x$$

$$f_t'''(x) = \frac{6}{t}$$

#### 2. Symmetrie

Es gilt $f_t(-x) = \frac{1}{t}((-x)^3 - 9(-x)) = \frac{1}{t}(-x^3 + 9x) = -\frac{1}{t}(x^3 - 9x) = -f_t(x)$ für

alle $x \in \mathbb{R}$, und folglich ist $K_t$ **punktsymmetrisch zu $O(0|0)$**.

#### 3. Gemeinsame Punkte mit der x-Achse

Die x-Koordinaten der gemeinsamen Punkte von $K_t$ und der x-Achse sind
die Lösungen der Gleichung $f_t(x) = 0$. Mit $f_t(x) = \frac{1}{t} \cdot x(x^2 - 9)$ ergibt sich die

Gleichung $\frac{1}{t} \cdot x(x^2 - 9) = 0$.

Da ein Produkt von Zahlen genau dann 0 ist, wenn mindestens ein Faktor 0
ist, erhält man $\frac{1}{t} \cdot x = 0$ oder $x^2 - 9 = 0$. Also ist $f_t(x) = 0$ für $x = 0$ oder

$x = -3$ oder $x = 3$. Die gemeinsamen Punkte von $K_t$ und der x-Achse sind
damit $O(0|0)$, $M(-3|0)$ und $N(3|0)$.

#### 4. Hoch- und Tiefpunkte

Notwendige Bedingung:

$K_t$ hat nur an den Stellen Hoch- oder Tiefpunkte, an denen $f_t'(x) = 0$ ist. Mit

$f_t'(x) = \frac{3}{t}(x^2 - 3)$ ergibt dies $x^2 - 3 = 0$. Also können nur an den Stellen

$x_1 = \sqrt{3}$ und $x_2 = -\sqrt{3}$ Hoch- oder Tiefpunkte vorliegen.

Hinreichende Bedingung:

Es ist $\quad f_t'(x_1) = 0 \quad$ und $\quad f_t''(x_1) = \frac{6}{t}\sqrt{3} > 0 \quad$ wegen $t > 0$

sowie $\quad f_t'(x_2) = 0 \quad$ und $\quad f_t''(x_2) = -\frac{6}{t}\sqrt{3} < 0 \quad$ wegen $t > 0$.

Da $\qquad f_t(x_1) = \frac{1}{t}((\sqrt{3})^3 - 9\sqrt{3}) = \frac{1}{t}(3\sqrt{3} - 9\sqrt{3}) = -\frac{6}{t}\sqrt{3}$

und $\qquad f_t(x_2) = \frac{1}{t}((-\sqrt{3})^3 - 9(-\sqrt{3})) = \frac{1}{t}(-3\sqrt{3} + 9\sqrt{3}) = \frac{6}{t}\sqrt{3}$ ist, hat $K_t$

den Tiefpunkt $T_t\left(\sqrt{3} \mid -\frac{6}{t}\sqrt{3}\right)$ und den Hochpunkt $H_t\left(-\sqrt{3} \mid \frac{6}{t}\sqrt{3}\right)$.

**5. Wendepunkte**

Notwendige Bedingung:

$K_t$ hat nur an den Stellen Wendepunkte, an denen $f_t''(x) = 0$ ist. Mit

$f_t''(x) = \frac{6}{t}x$ ergibt dies $x = 0$. Also kann nur an der Stelle $x_3 = 0$ ein Wende-

punkt vorliegen.

Hinreichende Bedingung:

Es ist $f_t''(x_3) = 0$ und $f_t'''(x_3) = \frac{6}{t} \neq 0$.

Da $f_t(x_3) = 0$ ist, hat $K_t$ den Wendepunkt $O(0|0)$.

Hinweis:

Bei 4. und 5. kann auch mit der Punktsymmetrie von $K_t$ argumentiert
werden.

**6. Schaubild $K_6$**

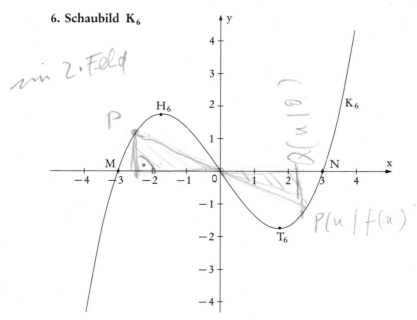

in 2. Feld

$P$

$P(u \mid f(\cdot u))$

A

## 7. Flächeninhaltsberechnung

Die Fläche, die von der Kurve $K_t$ und der positiven x-Achse umschlossen wird, liegt unterhalb der x-Achse. Also gilt für den Inhalt $A_t$ dieser Fläche:

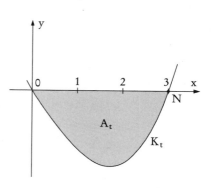

$$A_t = \int_0^3 (-f_t(x))\,dx = \int_0^3 \left(-\frac{1}{t}(x^3 - 9x)\right)dx$$

$$= -\frac{1}{t}\int_0^3 (x^3 - 9x)\,dx = -\frac{1}{t}\left[\frac{1}{4}x^4 - \frac{9}{2}x^2\right]_0^3$$

$$= -\frac{1}{t}\left(\frac{1}{4}\cdot 3^4 - \frac{9}{2}\cdot 3^2 - 0\right) = -\frac{1}{t}\left(\frac{81}{4} - \frac{81}{2}\right)$$

$$= \frac{81}{4t}.$$

## b) Schnittpunkte der Normalen n von $K_6$ in $N(3|0)$ und $K_6$

### 1. Gleichung der Normalen von $K_6$ in $N(3|0)$

Die Tangente an $K_6$ in $N(3|0)$ hat die

Steigung $f_6'(3) = \frac{3}{6}(3^2 - 3) = 3$.

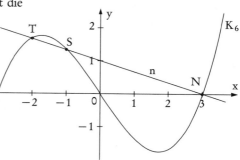

Also ist $m_n = -\frac{1}{3}$ die Steigung der

Normalen von $K_6$ in $N(3|0)$.
Damit hat nach der Punktsteigungsform die Gerade n die Gleichung

$y - 0 = -\frac{1}{3}(x - 3)$, und folglich gilt

n: $y = -\frac{1}{3}x + 1$.

### 2. Schnittpunkte von n und $K_6$

Ist $S(x_S|y_S)$ ein gemeinsamer Punkt von n und $K_6$, so gilt $-\frac{1}{3}x_S + 1 = f_6(x_S)$.

Dies ergibt $-\frac{1}{3}x_S + 1 = \frac{1}{6}(x_S^3 - 9x_S)$.

Durch Umformen erhält man

$$\frac{1}{6}x_S^3 - \frac{7}{6}x_S - 1 = 0$$

$$x_S^3 - 7x_S - 6 = 0.$$

Da $N(3 \mid 0)$ ein gemeinsamer Punkt von $n$ und $K_6$ ist, besitzt die Gleichung $x_S^3 - 7x_S - 6 = 0$ die Lösung 3.
Durch Polynomdivision erhält man dann
$(x_S^3 - 7x_S - 6) : (x_S - 3) = x_S^2 + 3x_S + 2$.
Somit gilt
$x_S^3 - 7x_S - 6 = (x_S - 3)(x_S^2 + 3x_S + 2)$.
Aus $x_S^3 - 7x_S - 6 = 0$ und $x_S \neq 3$ folgt damit $x_S^2 + 3x_S + 2 = 0$.
Diese quadratische Gleichung hat die Lösungen $-1$ und $-2$.
Mithilfe der Gleichung von $n$ ergeben sich die weiteren Schnittpunkte von $n$ und $K_6$ zu $S\left(-1 \mid \dfrac{4}{3}\right)$ und $T\left(-2 \mid \dfrac{5}{3}\right)$.

c) **Länge und minimale Länge einer Strecke $R_t S_t$**

**1. Koordinaten der Punkte $R_t$ und $S_t$**

Wegen $f_t(1) = \dfrac{1}{t}(1^3 - 9 \cdot 1) = -\dfrac{8}{t}$ gilt

$R_t\left(1 \mid -\dfrac{8}{t}\right)$.

Der Punkt $S_t$ als Schnittpunkt der Geraden mit den Gleichungen $x = 1$ und $y = tx$ lautet $S_t(1 \mid t)$.

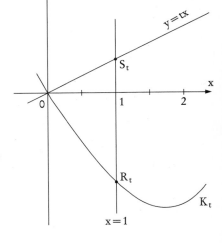

**2. Länge der Strecke $R_t S_t$**

Wegen $t > 0$ ist stets $-\dfrac{8}{t} < 0$. Also

liegt der Punkt $R_t\left(1 \mid -\dfrac{8}{t}\right)$ immer

unterhalb der x-Achse und der Punkt $S_t(1 \mid t)$ immer oberhalb der x-Achse. Damit gilt für die Länge $d(t)$ der Strecke $R_t S_t$:

$d(t) = t - \left(-\dfrac{8}{t}\right) = t + \dfrac{8}{t}$.

**3. Minimale Länge der Strecke $R_t S_t$**

Um zu untersuchen wie lang die Strecke $R_t S_t$ mindestens ist, wird das absolute Minimum von $d$ mit $d(t) = t + \dfrac{8}{t}$ für $t > 0$ bestimmt. Man bildet dazu

$d'(t) = 1 - \dfrac{8}{t^2}$ und $d''(t) = \dfrac{16}{t^3}$.

Die Bedingung $d'(t)=0$ ergibt

$1-\dfrac{8}{t^2}=0$ und damit $t^2=8$.

Wegen $t>0$ ist dann $t=\sqrt{8}=2\sqrt{2}$.

Da $d''(2\sqrt{2})=\dfrac{16}{(2\sqrt{2})^3}=\dfrac{1}{\sqrt{2}}=\dfrac{1}{2}\sqrt{2}>0$

ist, hat d an der Stelle $2\sqrt{2}$ ein relatives Minimum. Weil die Funktion d für $t>0$ nur ein relatives Minimum besitzt, ist dieses auch ihr absolutes Minimum.

Für die minimale Länge der Strecke $R_tS_t$ gilt

$d(2\sqrt{2})=2\sqrt{2}+\dfrac{8}{2\sqrt{2}}=4\sqrt{2}$.

Also hat die Strecke $R_tS_t$ mindestens die Länge $4\sqrt{2}$.

## d) Untersuchung des Parallelogramms $MT_tNH_t$

**1. Nachweis, dass das Parallelogramm $MT_tNH_t$ ein Rechteck ist für $t=3\sqrt{2}$.**

**Erster Lösungsweg:**

Für $t=3\sqrt{2}$ und $x_1=\sqrt{3}$ ist

$f_t(x_1)=-\dfrac{6}{3\sqrt{2}}\cdot\sqrt{3}=-\sqrt{6}$.

Dies ergibt den Tiefpunkt $T_{3\sqrt{2}}(\sqrt{3}\,|-\sqrt{6})$.

Für $t=3\sqrt{2}$ und $x_2=-\sqrt{3}$ ist $f_t(x_2)=\dfrac{6}{3\sqrt{2}}\cdot\sqrt{3}=\sqrt{6}$.

Dies ergibt den Hochpunkt $H_{3\sqrt{2}}(-\sqrt{3}\,|\sqrt{6})$.

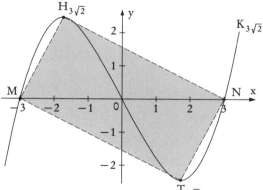

Die Gerade durch $N(3|0)$ und $T_{3\sqrt{2}}(\sqrt{3}\,|-\sqrt{6})$ hat damit die Steigung

$m_{NT}=\dfrac{-\sqrt{6}-0}{\sqrt{3}-3}=\dfrac{\sqrt{6}}{3-\sqrt{3}}$ und die Gerade durch $H_{3\sqrt{2}}(-\sqrt{3}\,|\sqrt{6})$ und $N(3|0)$

hat entsprechend die Steigung $m_{HN}=\dfrac{0-\sqrt{6}}{3-(-\sqrt{3})}=\dfrac{-\sqrt{6}}{3+\sqrt{3}}$.

Dann ist $m_{NT} \cdot m_{HN} = \dfrac{\sqrt{6}}{3-\sqrt{3}} \cdot \dfrac{-\sqrt{6}}{3+\sqrt{3}} = \dfrac{-6}{6} = -1$. Also ist die Gerade durch

$N(3 \mid 0)$ und $T_{3\sqrt{2}}$ zur Geraden durch $H_{3\sqrt{2}}$ und $N(3 \mid 0)$ orthogonal.

Da das Parallelogramm $MT_tNH_t$ punktsymmetrisch zu $O(0 \mid 0)$ ist, muss dieses Parallelogramm $P_t$ **ein Rechteck** sein für $t = 3\sqrt{2}$.

**Zweiter Lösungsweg:**

Man bestimmt wie beim ersten Lösungsweg den Tiefpunkt $T_{3\sqrt{2}}(\sqrt{3} \mid -\sqrt{6})$. Der Punkt $T_{3\sqrt{2}}$ hat von $O(0 \mid 0)$ den Abstand

$$d_{OT} = \sqrt{(\sqrt{3}-0)^2 + (-\sqrt{6}-0)^2} = \sqrt{3+6} = 3.$$

Da auch die Punkte $M(-3 \mid 0)$ und $N(3 \mid 0)$ von $O(0 \mid 0)$ die Abstände $d_{MO} = d_{NO} = 3$ haben, liegt der Punkt $T_{3\sqrt{2}}$ auf dem Kreis um $O(0 \mid 0)$ durch M und N. Nach der Umkehrung des Satzes von Thales sind damit die Geraden durch M und $T_{3\sqrt{2}}$ sowie durch N und $T_{3\sqrt{2}}$ orthogonal. Wiederum wegen der Punktsymmetrie des Parallelogramms $MT_tNH_t$ zu O ist damit das Parallelogramm $P_t$ **ein Rechteck** für $t = 3\sqrt{2}$.

**2. Begründung, dass $MT_tNH_t$ niemals eine Raute ist.**

**Erster Lösungsweg:**

Für den Abstand $d_{NT}$ der Punkte $N(3 \mid 0)$ und $T_t\left(\sqrt{3} \mid -\dfrac{6}{t}\sqrt{3}\right)$ gilt:

$$d_{NT}^2 = (\sqrt{3}-3)^2 + \left(-\dfrac{6}{t}\sqrt{3}-0\right)^2 = 12 - 6\sqrt{3} + \dfrac{108}{t^2}.$$

Für den Abstand $d_{HN}$ der Punkte $H_t\left(-\sqrt{3} \mid \dfrac{6}{t}\sqrt{3}\right)$ und $N(3 \mid 0)$ gilt:

$$d_{HN}^2 = (3-(-\sqrt{3}))^2 + \left(0 - \dfrac{6}{t}\sqrt{3}\right)^2 = 12 + 6\sqrt{3} + \dfrac{108}{t^2}.$$

Damit ist $d_{NT}^2 < 12 + \dfrac{108}{t^2} < d_{HN}^2$, und folglich gilt insbesondere stets $d_{NT}^2 \neq d_{HN}^2$. Damit ist das Parallelogramm $P_t$ **niemals eine Raute**.

**Zweiter Lösungsweg:**

Das Parallelogramm $MT_tNH_t$ ist genau dann eine Raute, wenn die Diagonalen MN und $H_tT_t$ orthogonal sind. Da die Strecke MN auf der x-Achse liegt, müsste dann die Strecke $H_tT_t$ auf der y-Achse liegen. Da $T_t$ die x-Koordinate $\sqrt{3}$ und $H_t$ die x-Koordinate $-\sqrt{3}$ hat, ist dies unmöglich. Also ist das Parallelogramm $P_t$ **niemals eine Raute**.

Gegeben ist eine Funktion f durch

$$f(x) = \frac{x^2 + x + 1}{x + 1}; \quad x \in D.$$

Ihr Schaubild sei K.

a) Geben Sie die maximale Definitionsmenge D der Funktion f an.
Untersuchen Sie das Schaubild K auf gemeinsame Punke mit den Koordinatenachsen, Asymptoten sowie Hoch-, Tief- und Wendepunkte.
Zeichnen Sie K samt Asymptoten für $-5 \leqq x \leqq 3$. (LE 1 cm)

b) Zeichnen Sie die Parabel C mit der Gleichung $y = -x^2$ für $-2 \leqq x \leqq 2$ in das vorhandene Koordinatensystem ein.
Diese Parabel und K schneiden sich in einem Punkt P.
Berechnen Sie mit dem newtonschen Näherungsverfahren einen Näherungswert für die x-Koordinate von P. (Das Verfahren ist abzubrechen, wenn sich die zweite Dezimale erstmals nicht mehr ändert.)

c) Eine Firma wirbt für die Wärmedämmung von Häusern mit der Verringerung der Heizkosten. Sie behauptet, dass bei einer Dämmschicht der Dicke d für die jährlichen Heizkosten H(d) pro m² Außenwand gilt:

$$H(d) = \frac{13}{d + 3} \qquad \text{(d in cm; H(d) in DM).}$$

Bei welcher Dicke der Dämmschicht betragen die Heizkosten noch ein Drittel der Heizkosten ohne Dämmschicht?
Für das Anbringen einer Dämmschicht der Dicke d berechnet die Firma pro m² einen Betrag

$$B(d) = 64 + 4,5d \qquad \text{(d in cm; B(d) in DM).}$$

Welche Bedeutung haben dabei die Zahlen 64 und 4,5 in der Praxis?
Bei einer Betriebszeit von 20 Jahren setzen sich die Gesamtkosten G(d) pro m² zusammen aus den Kosten für das Anbringen der Dämmschicht und den Heizkosten während der folgenden 20 Jahre.
Bei welcher Dicke der Dämmschicht sind die Gesamtkosten am kleinsten?

### Lösungshinweise:

a) Am Nenner $x+1$ des Funktionsterms $f(x) = \dfrac{x^2+x+1}{x+1}$ erkennt man die maximale Definitionsmenge $D$ von $f$.

Die Quotientenregel lässt sich bei der Bestimmung von $f'$, $f''$ und $f'''$ vermeiden, wenn man $\dfrac{x^2+x+1}{x+1}$ mittels Polynomdivision umformt.

Bei gemeinsamen Punkten mit den Koordinatenachsen wird nicht selten die y-Achse vergessen. Auch bei den Asymptoten sind zwei verschiedene Arten von Asymptoten zu untersuchen.

Bei den Extremstellen wie den Wendestellen darf eine hinreichende Bedingung nicht vergessen werden. Dabei ist bei den Extremstellen die Bedingung mit $f''(x) > 0$ oder $f''(x) < 0$ der Bedingungen mit einem Vorzeichenwechsel von $f'(x)$ vorzuziehen.

b) Die Bestimmung der x-Koordinate des Schnittpunktes $P$ von $K$ und $C$ führt auf eine Gleichung dritten Grades, die aus geometrischen Gründen keine weitere Lösung in $\mathbb{R}$ besitzt. Deshalb kann die reelle Lösung dieser Gleichung hier nur näherungsweise bestimmt werden. Man formuliert dazu das Problem um in die näherungsweise Nullstellenbestimmung eines Polynoms vom Grad 3. Dann wird die Iterationsvorschrift des Näherungsverfahrens von Newton aufgestellt. Es ist dann zweckmäßig, den Startwert möglichst nahe bei dem vermuteten Näherungswert zu wählen, da dann meist weniger Iterationsschritte notwendig sind.

c) Bei anwendungsorientierten Fragestellungen ist stets zu prüfen, ob ein erhaltenes Ergebnis realistisch ist.

Die Frage nach der Dicke $d$ einer Dämmschicht, bei der die Heizkosten auf ein Drittel zurückgehen, führt auf eine leicht lösbare Gleichung zwischen $H(d)$ und $H(0)$.

Bei der Frage nach der Bedeutung der Zahlen 64 und 4,5 überlegt man sich, wie sich verschiedene Dicken $d$ auf die Kosten $B(d)$ auswirken.

Zur Bestimmung der Dicke $d$ mit den kleinsten Gesamtkosten $G(d)$ stellt man zuerst einen Term für $G(d)$ in Abhängigkeit von $d$ auf. Dann wird die Funktion $G$ mit $G'$ und $G''$ auf relative Minima untersucht. Dabei muss dann aber gezeigt werden, dass ein gefundenes relatives Minimum auch das absolute Minimum von $G$ ist.

**Lösung:**

## a) Kurvenuntersuchung

### 1. Umformung des Funktionsterms

Durch die Polynomdivision $(x^2 + x + 1):(x + 1)$ erhält man
$$f(x) = \frac{x^2 + x + 1}{x + 1} = x + \frac{1}{x + 1}.$$

### 2. Ableitungen

$$f(x) = x + \frac{1}{x + 1}$$

$$f'(x) = 1 - \frac{1}{(x + 1)^2} = \frac{x^2 + 2x}{(x + 1)^2}$$

$$f''(x) = \frac{2}{(x + 1)^3}$$

### 3. Maximale Definitionsmenge D von f

Da der Nenner $x + 1$ des gegebenen Funktionsterms von f stets von 0 verschieden sein muss, ergibt sich die maximale Definitionsmenge von f zu
$D = \mathbb{R} \setminus \{-1\}$.

### 4. Gemeinsame Punkte mit der x-Achse

Die gemeinsamen Punkte von K und der x-Achse haben als x-Koordinate die Lösungen der Gleichung $f(x) = 0$. Dies ergibt $x^2 + x + 1 = 0$. Diese quadratische Gleichung hat die Diskriminante $(-1)^2 - 4 \cdot 1 \cdot 1 = -3 < 0$ und ist folglich unlösbar. Also haben K und die **x-Achse keine gemeinsamen Punkte.**

### 5. Gemeinsame Punkte mit der y-Achse

Da $f(0) = \frac{0^2 + 0 + 1}{0 + 1} = 1$ ist, haben K und die y-Achse den gemeinsamen Punkt $Y(0|1)$.

### 6. Asymptoten

K muss auf zwei Arten von Asymptoten untersucht werden.

Für $x \to \pm\infty$ gilt $\frac{1}{x + 1} \to 0$. Damit erkennt man an $f(x) = x + \frac{1}{x + 1}$, dass K die **schiefe Asymptote mit der Gleichung** $y = x$ hat.

Für $x \to -1$ gilt $x^2 + x + 1 \to 1$ und $x + 1 \to 0$.
Damit hat K die **senkrechte Asymptote mit der Gleichung** $x = -1$.

## 7. Hoch- und Tiefpunkte

Notwendige Bedingung:

K hat nur an den Stellen Hoch- oder Tiefpunkte, an denen $f''(x)=0$ ist.

Wegen $f''(x)=\dfrac{x^2+2x}{(x+1)^2}$ ergibt dies $x^2+2x=0$ und damit $x(x+2)=0$.

Also können nur an den Stellen $0$ und $-2$ Hoch- oder Tiefpunkte vorliegen.

Hinreichende Bedingung:

Es ist $\quad f'(0)=0 \quad$ und $\qquad f''(0)=\dfrac{2}{(0+1)^3}=2>0$

sowie $\quad f'(-2)=0 \quad$ und $\qquad f''(-2)=\dfrac{2}{(-2+1)^3}=-2<0.$

Da $f(0)=1$ und $f(-2)=\dfrac{(-2)^2+(-2)+1}{(-2)+1}=-3$ ist, hat K den Tiefpunkt

$T(0|1)=Y(0|1)$ und den Hochpunkt $H(-2|-3)$.

## 8. Wendepunkte

Da $f''(x)\neq 0$ für alle $x\in D$ ist, besitzt K **keinen Wendepunkt.**

## 9. Schaubild K samt Asymptoten

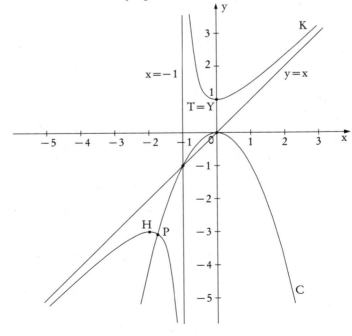

## b) Schnittpunkt von K und der Parabel C

### 1. Schaubild C

Das Schaubild C ist in das Koordinatensystem von Teilaufgabe a) eingezeichnet.

### 2. Iterationsvorschrift für das Näherungsverfahren von Newton

Für die x-Koordinate x des Punktes P gilt $-x^2 = f(x)$ und somit

$-x^2 = \dfrac{x^2 + x + 1}{x + 1}$. Dann ist $x^3 + 2x^2 + x + 1 = 0$.

Die Zahl x ist also eine Nullstelle der Funktion h mit $h(x) = x^3 + 2x^2 + x + 1$.
Mit dem Näherungsverfahren von Newton wird ein Näherungswert $\bar{x}$ für
eine Lösung der Gleichung $h(x) = 0$ bestimmt.
Ausgehend von einem Startwert $x_0$ ergibt sich $x_{n+1}$ aus $x_n$ durch

$x_{n+1} = x_n - \dfrac{h(x_n)}{h'(x_n)}$.

Mit $h'(x) = 3x^2 + 4x + 1$ erhält man die Iterationsvorschrift zu

$x_{n+1} = x_n - \dfrac{x_n^3 + 2x_n^2 + x_n + 1}{3x_n^2 + 4x_n + 1}$.

### 3. Durchführung des Näherungsverfahrens von Newton

Einen Startwert $x_0$ erhält man, indem man im Schaubild von Teilaufgabe a)
die x-Koordinate des Punktes P näherungsweise abliest. Dabei ist es zweckmäßig, den Startwert $x_0$ möglichst nahe an dem vermuteten Näherungswert
$\bar{x}$ zu wählen. Je nach Startwert $x_0$ erhält man auf 4 Dezimalen gerundet:

| | | | |
|---|---|---|---|
| $x_0 = -2$ | $x_0 = -1{,}8$ | $x_0 = -1{,}7$ | $x_0 = -1{,}5$ |
| $x_1 = -1{,}8000$ | $x_1 = -1{,}7568$ | $x_1 = -1{,}7582$ | $x_1 = -1{,}8571$ |
| $x_2 = -1{,}7568$ | $x_2 = -1{,}7549$ | $x_2 = -1{,}7549$ | $x_2 = -1{,}7641$ |
| $x_3 = -1{,}7549$ | | | $x_3 = -1{,}7550$ |
| | | | $x_4 = -1{,}7549$ |

Also hat P näherungsweise die x-Koordinate $\bar{x} \approx -1{,}75$.

## c) Untersuchung der Wärmedämmung eines Hauses

### 1. Dicke einer Dämmschicht

Für die Dicke d, bei der die Heizkosten $H(d)$ noch ein Drittel der Heizkosten $H(0)$ ohne Dämmschicht betragen, gilt

$H(d) = \dfrac{1}{3} H(0)$.

Mit $H(d) = \dfrac{13}{d+3}$ ergibt dies $\dfrac{13}{d+3} = \dfrac{1}{3} \cdot \dfrac{13}{0+3}$.

Dann ist $9 \cdot 13 = 13(d+3)$ und somit $d = 6$.

Bei einer Dämmschicht der **Dicke 6 cm** sinken die Heizkosten auf ein Drittel der Heizkosten ohne Dämmschicht.

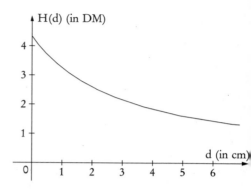

### 2. Praktische Bedeutung von Zahlen in einem Term

Die Zahl 64 besagt, dass **je m²** Dämmschicht fixe Kosten von 64 DM entstehen, unabhängig von der Dicke der Dämmschicht. Solche Kosten fallen an z. B. für die Anbringung eines Baugerüstes, für die Reinigung der zu dämmenden Fläche, für Schutzanstriche auf der zu bearbeitenden Fläche, …

Die Zahl 4,5 besagt, dass je m² Dämmschicht und **je 1 cm Dicke der Dämmschicht Kosten von 4,5 DM entstehen**. Solche Kosten sind etwa die Kosten des Dämmmaterials, die Lohnkosten für die Anbringung des Dämmmaterials, …

### 3. Bestimmung der Gesamtkosten

Wird eine Dämmschicht der Dicke $d$ (in cm) angebracht, so gilt für die Kosten $B(d)$ für das Anbringen der Dämmschicht (in DM):

$$B(d) = 64 + 4,5d.$$

Die jährlichen Heizkosten $H(d)$ bei einer Dämmdicke $d$ (in cm) betragen (in DM):

$$H(d) = \frac{13}{d+3}.$$

Damit sind die Gesamtkosten $G(d)$ während der folgenden 20 Jahre:

$$G(d) = B(d) + 20 \cdot H(d) = 64 + 4,5d + \frac{260}{d+3}.$$

### 4. Dicke der Dämmschicht mit minimalen Gesamtkosten

Die optimale Dicke $d$ der Dämmschicht wird bestimmt, indem man das absolute Minimum der Funktion $G$ mit $G(d) = 64 + 4,5d + \frac{260}{d+3}$ bestimmt.

Dazu bildet man $G'(d) = 4,5 - \frac{260}{(d+3)^2}$ und $G''(d) = \frac{520}{(d+3)^3}$.

Die Bedingung $G'(d) = 0$ liefert $4,5 - \frac{260}{(d+3)^2} = 0$.

Umformen ergibt

$$(d+3)^2 = \frac{520}{9};$$

$$d+3 = +\frac{1}{3}\sqrt{520} \text{ oder}$$

$$d+3 = -\frac{1}{3}\sqrt{520};$$

$$d = +\frac{1}{3}\sqrt{520} - 3 \text{ oder}$$

$$d = -\frac{1}{3}\sqrt{520} - 3.$$

Wegen $d \geqq 0$ ist dann

$$d = +\frac{1}{3}\sqrt{520} - 3 \approx 4{,}6.$$

G(d) (in DM)

d (in cm)

**A**

Da $d''\left(\frac{1}{3}\sqrt{520} - 3\right) = \frac{520}{(\frac{1}{3}\sqrt{520})^3} = \frac{27}{\sqrt{520}} > 0$ ist, hat G etwa an der Stelle 4,6 ein

relatives Minimum. Weil G für $d > 0$ nur ein relatives Minimum besitzt, ist dies auch das absolute Minimum von G. Die Gesamtkosten sind folglich bei einer Dämmschicht mit einer **Dicke von etwa 4,6 cm** am kleinsten.

Für jedes $t \in \mathbb{R}$ ist eine Funktion $f_t$ gegeben durch
$f_t(x) = e^{2x} - 2te^x + t^2$ ; $x \in \mathbb{R}$.
Ihr Schaubild sei $G_t$.

**A**

a) Untersuchen Sie $G_2$ auf Extrempunkte, Wendepunkte und Asymptoten.
   Zeichnen Sie $G_2$ für $-4 \leq x \leq 1,5$. (LE 1 cm)

b) Das Schaubild $G_2$ schließt mit den Geraden $y = 4$, $x = u$ $(u < 0)$ und der
   y-Achse eine Fläche mit dem Inhalt $A(u)$ ein.
   Berechnen Sie $A(u)$.
   Bestimmen Sie $\lim\limits_{u \to -\infty} A(u)$.

c) Durch $k(x) = e^{2x}$ ; $x \in \mathbb{R}$ ist eine Funktion $k$ gegeben. Ihr Schaubild
   sei K.
   Bestimmen Sie $t > 0$ so, dass sich K und $G_t$ orthogonal schneiden.

d) Zeigen Sie:
   Jede Funktion $f_t$ hat genau eine Wendestelle oder ist streng monoton wachsend.
   Bestimmen Sie eine Gleichung der Kurve, auf der alle Wendepunkte von $G_t$
   liegen.

## Lösungshinweise:

a) Der Funktionsterm von $f_2$ lässt sich mit einer binomischen Formel umformen. Damit kann $f_2'$ auf zwei wesentlich verschiedene, aber naheliegende Arten bestimmt werden. Die Kettenregel wird dabei bei beiden Möglichkeiten benötigt. Man kann zwar $f_2'(x)$ als Produkt mit dem Faktor $e^x$ schreiben, doch ist beim Bestimmen von $f_2''$ dann die Produktregel erforderlich. Schreibt man aber $f_2'(x)$ als eine Summe, benötigt man beim Berechnen von $f_2''$ „nur" die Kettenregel. Entsprechende Möglichkeiten gibt es bei der Ermittlung von $f_2'''$ aus $f_2''$.

Als hinreichende Bedingung bietet sich bei den Extremstellen die Bedingung mit $f_2''(x) > 0$ oder $f_2''(x) < 0$ und bei den Wendestellen die Bedingung mit $f_2'''(x) \neq 0$ an.

Bei den Asymptoten ist das Verhalten von $e^x$ für $x \to -\infty$ entscheidend.

b) Bei der Flächeninhaltsberechnung handelt es sich um eine Fläche zwischen zwei Schaubildern. Deshalb ist es wichtig, wie die beiden Schaubilder zueinander liegen. Bei den Integrationsgrenzen ist zu beachten, dass $u < 0$ ist. Bereitet die Bestimmung einer Stammfunktion Probleme, kann lineare Substitution hilfreich sein.

Beim Grenzwert von $A(u)$ für $u \to -\infty$ muss entsprechend zu a) nun $e^u$ für $u \to -\infty$ untersucht werden.

c) Man bestimmt zuerst die x-Koordinate $x_S$ des Schnittpunktes S von $G_t$ und K. Die Steigungen der Tangenten an $G_t$ und K in S und damit die Steigungen von $G_t$ und K in S ergeben sich durch $f_t'(x_S)$ und $k'(x_S)$. Eine Bedingung für die Steigungen orthogonaler Geraden führt dann zu einer Gleichung mit der Variablen t, die wegen $t > 0$ eindeutig lösbar ist.

d) Die notwendige Bedingung $f_t''(x) = 0$ für Wendestellen hat nicht für alle $t \in \mathbb{R}$ eine Lösung. Hat aber die Gleichung $f_t''(x) = 0$ eine Lösung, so kann man mit $f_t'''(x)$ zeigen, dass sich dann stets genau ein Wendepunkt von $G_t$ ergibt und in diesem Fall $f_t$ auch nicht monoton ist. Für diejenigen $t \in \mathbb{R}$, für die $f_t''(x) = 0$ unlösbar ist, kann man beweisen, dass $f_t'(x) > 0$ und somit $f_t$ streng monoton zunehmend ist.

Eine Gleichung der Kurve, auf welcher die Wendepunkte von $G_t$ liegen, erhält man durch Bestimmung der Koordinaten des Wendepunktes $W_t$ von $G_t$. Dann wird der Parameter t aus der x- und y-Koordinate von $W_t$ eliminiert.

**Lösung:**

a) Untersuchung des Schaubildes $G_2$

### 1. Ableitungen

$$f_2(x) = e^{2x} - 4e^x + 4 = (e^x - 2)^2$$
$$f_2'(x) = 2e^{2x} - 4e^x = 2e^x(e^x - 2)$$
$$f_2''(x) = 4e^{2x} - 4e^x = 4e^x(e^x - 1)$$
$$f_2'''(x) = 8e^{2x} - 4e^x$$

### 2. Hoch- und Tiefpunkte

Notwendige Bedingung:
Jede Extremstelle der Funktion $f_2$ ist eine Lösung der Gleichung $f_2'(x) = 0$.
Dies ergibt $2e^x(e^x - 2) = 0$. Wegen $e^x > 0$ für alle $x \in \mathbb{R}$ gilt dann
$$e^x - 2 = 0;$$
$$e^x = 2,$$
$$x = \ln 2.$$
Damit kann nur an der Stelle $\ln 2$ eine Extremstelle von $f_2$ liegen.
Hinreichende Bedingung:
Es ist $f_2'(\ln 2) = 0$ und $f_2''(\ln 2) = 4 \cdot 2 \cdot (2 - 1) = 8 > 0$.
Da $f_2(\ln 2) = (2 - 2)^2 = 0$ ist, besitzt $G_2$ als einzigen Extrempunkt den Tiefpunkt $T_2(\ln 2 \mid 0)$.

### 3. Wendepunkte

Notwendige Bedingung:
Jede Wendestelle der Funktion $f_2$ ist eine Lösung der Gleichung $f_2''(x) = 0$.
Dies ergibt $4e^x(e^x - 1) = 0$. Wegen $e^x > 0$ für alle $x \in \mathbb{R}$ gilt dann
$$e^x - 1 = 0;$$
$$e^x = 1,$$
$$x = 0.$$
Damit kann nur an der Stelle $0$ eine Wendestelle von $f_2$ liegen.
Hinreichende Bedingung:
Es ist $f_2''(0) = 0$ und $f_2'''(0) = 8 \cdot 1^2 - 4 \cdot 1 = 4 \neq 0$.
Da $f_2(0) = (1 - 2)^2 = 1$ ist, besitzt $G_2$ nur den Wendepunkt $W_2(0 \mid 1)$.

### 4. Asymptoten

$f_2$ besitzt keine Definitionslücken. Deshalb ist $G_2$ nur auf Asymptoten für $x \to \pm\infty$ zu untersuchen.

Für $x \to +\infty$ wird $e^x$ beliebig groß, und damit hat $G_2$ keine Asymptote für $x \to +\infty$.

Für $x \to -\infty$ gilt $e^x \to 0$ und somit $\lim\limits_{x \to -\infty} f_2(x) = \lim\limits_{x \to -\infty} (e^x - 2)^2 = (0 - 2)^2 = 4$.

Also hat $G_2$ für $x \to -\infty$ die Gerade mit der Gleichung $y = 4$ als **waagrechte Asymptote**.

### 5. Schaubild $G_2$

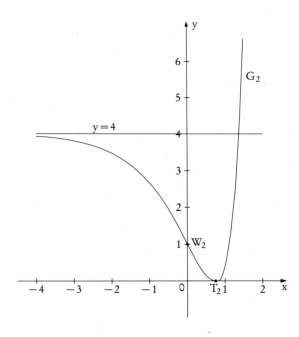

**b) Flächeninhaltsberechnung**

Die Fläche, die vom Schaubild $G_2$, der y-Achse sowie den Geraden mit den Gleichungen $y = 4$ und $x = u$ mit $u < 0$ begrenzt wird, hat den Inhalt

$$A(u) = \int_{u}^{0} (4 - f_2(x))\,dx$$

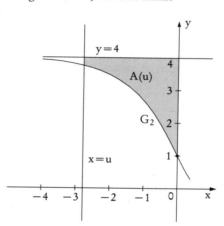

$$= \int_{u}^{0} (4 - (e^{2x} - 4e^x + 4))\,dx$$

$$= \int_{u}^{0} (4e^x - e^{2x})\,dx$$

$$= \left[ 4e^x - \frac{1}{2}e^{2x} \right]_{u}^{0}$$

$$= \left( 4e^0 - \frac{1}{2}e^{2 \cdot 0} \right) - \left( 4e^u - \frac{1}{2}e^{2u} \right)$$

$$= \frac{7}{2} - 4e^u + \frac{1}{2}e^{2u}.$$

Es ist $\lim\limits_{u \to -\infty} e^u = 0$ und folglich

$$\lim_{u \to -\infty} A(u) = \lim_{x \to -\infty} \left( \frac{7}{2} - 4e^u + \frac{1}{2}e^{2u} \right) = \frac{7}{2}.$$

**c) Orthogonales Schneiden der Schaubilder $G_t$ und $K$.**

**1. x-Koordinate des Schnittpunktes S von $G_t$ und $K$**

Das Schaubild $K$ der Funktion $k$ mit $k(x) = e^{2x}$ und das Schaubild $G_t$ von $f_t$ schneiden sich im Punkt $S(x_S \,|\, y_S)$, wenn gilt: $k(x_S) = f_t(x_S)$.

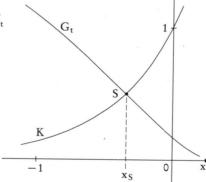

Dies ergibt für $t > 0$

$$e^{2x_S} = e^{2x_S} - 2te^{x_S} + t^2,$$

$$2te^{x_S} = t^2,$$

$$e^{x_S} = \frac{t}{2},$$

$$x_S = \ln \frac{t}{2}.$$

**2. Steigung von $G_t$ und $K$ im Schnittpunkt S**

Es ist $f_t'(x) = 2e^{2x} - 2te^x$ und $k'(x) = 2e^{2x}$.

Die Steigung eines Schaubildes in einem Punkt ist definiert als Steigung der Tangente an das Schaubild in diesem Punkt. Somit ergibt sich:

Steigung von $G_t$ in S: $\quad m_G = f'_t(x_S) = f'_t\left(\ln\dfrac{t}{2}\right) = 2\cdot\left(\dfrac{t}{2}\right)^2 - 2t\cdot\dfrac{t}{2} = -\dfrac{1}{2}t^2$ ;

Steigung von K in S: $\quad m_K = k'(x_S) = k'\left(\ln\dfrac{t}{2}\right) = 2\cdot\left(\dfrac{t}{2}\right)^2 = \dfrac{1}{2}t^2$ .

**3. Bestimmung von t**
Die Schaubilder $G_t$ und K schneiden sich in S orthogonal, wenn gilt
$m_G \cdot m_K = -1$.
Dies ergibt wegen $t > 0$

$$-\dfrac{1}{2}t^2 \cdot \dfrac{1}{2}t^2 = -1,$$
$$t^4 = 4,$$
$$t^2 = 2,$$
$$t = \sqrt{2}.$$

Also schneiden sich $G_t$ und K orthogonal für $t = \sqrt{2}$.

**d) Existenz von Wendepunkten und Ortskurve der Wendepunkte**

**1. Existenz von Wendestellen**
Man bestimmt die Wendepunkte von $G_t$; dabei achtet man insbesondere
darauf, wann diese Wendepunkte überhaupt existieren. Dazu bildet man die
Ableitungen

$f'_t(x) = 2e^{2x} - 2te^x$ ;

$f''_t(x) = 4e^{2x} - 2te^x$ ;

$f'''_t(x) = 8e^{2x} - 2te^x$ .

Mögliche Wendestellen sind Lösungen der Gleichung $f''_t(x) = 0$.
Dies ergibt
$4e^{2x} - 2te^x = 0$ ;
$2e^x(2e^x - t) = 0$ .
Da $e^x > 0$ für alle $x \in \mathbb{R}$ gilt,
ergibt sich
$2e^x - t = 0$ ;

$$e^x = \dfrac{t}{2}.$$

Wiederum wegen $e^x > 0$

ist die Gleichung $e^x = \dfrac{t}{2}$ nur

lösbar für $t > 0$, und diese

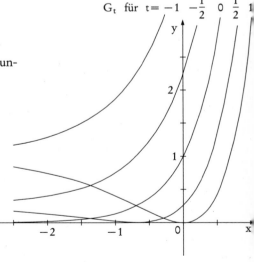

$G_t$ für $t = -1 \quad -\dfrac{1}{2} \quad 0 \quad \dfrac{1}{2} \quad 1$

Lösung ist $\ln\dfrac{t}{2}$. Also kann $f_t$ nur für $t > 0$ eine Wendestelle besitzen.

**A**

Ferner gilt $f_t'''\left(\ln\frac{t}{2}\right)=8\cdot\left(\frac{t}{2}\right)^2-2t\cdot\frac{t}{2}=t^2\ne0$ für $t>0$.

Damit ist gezeigt, dass $f_t$ für $t>0$ genau eine Wendestelle besitzt, nämlich $\ln\frac{t}{2}$.

## 2. Monotonie von $f_t$

Um nachzuweisen, dass $f_t$ streng monoton wachsend ist für $t\le0$, wird gezeigt, dass in diesem Fall $f_t'(x)>0$ für alle $x\in\mathbb{R}$ gilt.

Dieser Nachweis kann so geführt werden:

Es ist $f_t'(x)=2e^{2x}-2te^x=2e^x(e^x-t)$.

Wegen $e^x>0$ ist $e^x-t>0$ für $t\le0$. Dann ist auch $2e^x(e^x-t)>0$ und folglich gilt $f_t'(x)>0$ für alle $x\in\mathbb{R}$.

Nach dem Monotoniesatz ist damit die Funktion $f_t$ streng monoton wachsend für $t\le0$.

Für $t>0$ ist die Funktion $f_t$ nicht monoton.

Für $x<\ln t$ ist nämlich $e^x<t$ und somit $e^x-t<0$.

Dagegen ist für $x>\ln t$ auch $e^x>t$ und somit $e^x-t>0$.

Wegen $e^x>0$ für alle $x\in\mathbb{R}$ ist dann $f_t'(x)=2e^x(e^x-t)$ $\begin{cases}<0 & \text{für } x<\ln t \\ >0 & \text{für } x>\ln t\end{cases}$.

Insbesondere ist dann $f_t$ nicht monoton für $t>0$.

## 3. Zusammenfassung von 1. und 2.

Nach 1. hat $f_t$ **genau eine Wendestelle für $t>0$ und keine Wendestelle für $t\le0$**; nach 2. ist $f_t$ **streng monoton wachsend für $t\le0$ und nicht monoton für $t>0$**. Damit ist die Behauptung von Teilaufgabe d) bewiesen.

## 4. Ortskurve der Wendepunkte

Für $t>0$ hat $f_t$ nur die Wendestelle $\ln\frac{t}{2}$.

Wegen $f_t\left(\ln\frac{t}{2}\right)=\left(\frac{t}{2}\right)^2-2t\cdot\frac{t}{2}+t^2=\frac{1}{4}t^2$ hat $G_t$ den Wendepunkt $W_t\left(\ln\frac{t}{2}\left|\frac{1}{4}t^2\right.\right)$.

Um die Ortskurve der Wendepunkte zu bestimmen, wird der Parameter $t$ aus

$x=\ln\frac{t}{2}$ und $y=\frac{1}{4}t^2$

eliminiert.

Aus $x=\ln\frac{t}{2}$ folgt $t=2e^x$. Dann ist $y=\frac{1}{4}t^2=\frac{1}{4}(2e^x)^2=e^{2x}$.

Also liegen die Wendepunkte von $G_t$ auf der Kurve mit der Gleichung $y=e^{2x}$.

Gegeben ist eine Funktion f durch

$$f(x) = \frac{1}{12}(x^3 - 12x^2 + 36x); \quad x \in \mathbb{R}.$$

Ihr Schaubild sei K.

**A**

a) Untersuchen Sie K auf gemeinsame Punkte mit der x-Achse, Hoch-, Tief- und Wendepunkte.
Zeichnen Sie K für $-1 \leq x \leq 7$. (LE 1 cm)

b) Die Parallelen zu den Koordinatenachsen durch den Hochpunkt $H\left(2 \left| \frac{8}{3}\right.\right)$ bilden mit den Koordinatenachsen ein Rechteck.
In welchem Verhältnis teilt K die Rechteckfläche?

c) An K wird im Punkt $P(u \,|\, (f(u)))$ mit $2 < u < 6$ die Tangente $t_P$ gelegt; $t_P$ schneidet die y-Achse in Q.
Der Ursprung O bildet mit den Punkten P und Q ein Dreieck.
Für welchen Wert von u wird der Flächeninhalt dieses Dreiecks maximal?

d) Beim Kugelstoßen wird eine Kugel im Punkt R aus einer Höhe von 1,95 m unter einem Winkel von $\alpha = 42°$ bezüglich der Horizontalen abgestoßen und landet im Punkt S auf dem Boden.
Als Weite werden 11,0 m gemessen.
Die Flugbahn der Kugel (siehe Skizze) kann näherungsweise durch eine ganzrationale Funktion zweiten Grades beschrieben werden.
Bestimmen Sie eine Gleichung der Flugbahn (Koeffizienten sinnvoll runden).
Unter welchem Winkel trifft die Kugel auf dem Boden auf?

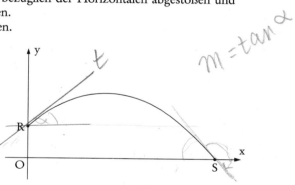

**Lösungshinweise:**

a) Klammert man im Term $f(x) = \frac{1}{12}(x^3 - 12x^2 + 36x)$ den Faktor x aus, so kann f(x) mit der zweiten binomischen Formel umgeformt werden. Damit vereinfacht sich das Berechnen von Funktionswerten und der Nullstellen erheblich. Beim Berechnen der Ableitungsfunktionen f′, f″ und f‴ sollte man allerdings von der obigen Form des Funktionsterms ausgehen, da man dann ohne Produkt- und Kettenregel auskommt.

Bei den Hoch- und Tiefpunkten wie bei den Wendepunkten darf eine hinreichende Bedingung nicht vergessen werden. Dabei sind die Bedingungen mit $f''(x) > 0$ oder $f''(x) < 0$ und $f'''(x) \neq 0$ den Bedingungen mit einem Vorzeichenwechsel von f′(x) bzw. f″(x) vorzuziehen.

b) Es ist zweckmäßig, das beschriebene Rechteck in das Koordinatensystem einzuzeichnen. Der Inhalt des Rechtecks kann sofort bestimmt werden. Den Inhalt der Teilfläche zwischen K, der x-Achse und der Geraden mit der Gleichung $x = 2$ bestimmt man durch eine Integration, die keine besonderen Schwierigkeiten oder Tücken birgt. Damit kann dann auch der Inhalt der Teilfläche zwischen K, der y-Achse und der Geraden mit der Gleichung $y = \frac{8}{3}$ durch Differenzbildung ermittelt werden. Hieraus erhält man durch Quotientenbildung sofort ein Verhältnis für die Flächeninhalte der Teilflächen.

c) Die Steigung der Tangente $t_P$ an K im Punkt $P(u \mid f(u))$ erhält man durch den Term f′(u). Damit kann dann eine Gleichung von $t_P$ angegeben werden mit der Punktsteigungsform einer Geradengleichung. Durch Schneiden der Tangente $t_P$ mit der y-Achse ergibt sich der Punkt Q.

Es ist nun der Flächeninhalt D(u) des Dreiecks OPQ in Abhängigkeit von u zu bestimmen. Dazu sollte man die Grundseite und die Höhe des Dreiecks geeignet so wählen, dass sich die Längen dieser Strecken sofort ablesen lassen. Danach ist die Funktion D mit Hilfe ihrer Ableitungen D′ und D″ auf relative Extrema zu untersuchen. Anschließend überlegt man sich noch, warum das erhaltene relative Maximum sogar ein absolutes Maximum sein muss.

d) Die Flugbahn ist das Schaubild einer ganzrationalen Funktion p vom Grad 2. Ein Funktionsterm p(x) dieser Funktion ist aus den Angaben der Flugbahn zu bestimmen, d. h. bei einem Ansatz wie $p(x) = ax^2 + bx + c$ sind die Koeffizienten a, b und c zu berechnen. Dabei muss bei der Angabe über den Abwurfwinkel überlegt werden, was dies für die Richtung der Tangente im Abwurfpunkt besagt. Dabei ist ein Zusammenhang zwischen dem Winkel α und der Steigung m dieser Tangente entscheidend.

Dieser Zusammenhang zwischen Winkel und Steigung ist auch bei der Frage nach dem Auftreffwinkel von Bedeutung. Hier kommt zusätzlich das Problem hinzu, wie eine negative Geradensteigung zu deuten ist.

**A**

## Lösung:

### a) Kurvenuntersuchung

#### 1. Ableitungen

$$f(x)=\frac{1}{12}(x^3-12x^2+36x)=\frac{1}{12}x\cdot(x^2-12x+36)=\frac{1}{12}x\cdot(x-6)^2$$

$$f'(x)=\frac{1}{12}(3x^2-24x+36)=\frac{1}{4}(x^2-8x+12)$$

$$f''(x)=\frac{1}{4}(2x-8)=\frac{1}{2}(x-4)$$

$$f'''(x)=\frac{1}{2}$$

#### 2. Gemeinsame Punkte mit der x-Achse

Die x-Koordinaten der gemeinsamen Punkte von K und der x-Achse sind die Lösungen der Gleichung $f(x)=0$. Wegen $f(x)=\frac{1}{12}x\cdot(x^2-12x+36)$ erhält man die Gleichung $\frac{1}{12}x\cdot(x^2-12x+36)=0$. Nun ist ein Produkt von Zahlen genau dann 0, wenn mindestens ein Faktor 0 ist. Also gilt $\frac{1}{12}x=0$ oder $x^2-12x+36=0$. Die letztgenannte Gleichung liefert mit der zweiten binomischen Formel $(x-6)^2=0$ und damit $x=6$. Also ist $f(x)=0$ für $x=0$ oder $x=6$. Die gemeinsamen Punkte von K und der x-Achse sind damit $O(0|0)$ und $X(6|0)$.

#### 3. Hoch- und Tiefpunkte

Notwendige Bedingung:
K hat nur an den Stellen Hoch- oder Tiefpunkte, an denen $f'(x)=0$ ist. Mit $f'(x)=\frac{1}{4}(x^2-8x+12)$ ergibt dies $x^2-8x+12=0$. Diese Gleichung hat die beiden Lösungen $x_{1,2}=\frac{8\pm\sqrt{(-8)^2-4\cdot1\cdot12}}{2\cdot1}=\frac{8\pm4}{2}$. Also können nur an den Stellen $x_1=6$ und $x_2=2$ Hoch- oder Tiefpunkte vorliegen.

Hinreichende Bedingung:

Es ist $f'(x_1) = 0$ und $f''(x_1) = \frac{1}{2}(6-4) = 1 > 0$

sowie $f'(x_2) = 0$ und $f''(x_2) = \frac{1}{2}(2-4) = -1 < 0$.

Da $f(x_1) = 0$ nach 2. und $f(x_2) = \frac{1}{12} \cdot 2 \cdot (2-6)^2 = \frac{8}{3}$ ist, hat K den Tiefpunkt

$T(6 \mid 0)$ und den Hochpunkt $H\left(2 \mid \frac{8}{3}\right)$.

### 4. Wendepunkte

Notwendige Bedingung:

K hat nur an den Stellen Wendepunkte, an denen $f''(x) = 0$ ist. Mit

$f''(x) = \frac{1}{2}(x-4)$ ergibt dies $x-4 = 0$. Also kann nur an der Stelle $x_3 = 4$ ein

Wendepunkt vorliegen.

Hinreichende Bedingung:

Es ist $f''(x_3) = 0$ und $f'''(x_3) = \frac{1}{2} \neq 0$.

Da $f(x_3) = \frac{1}{12} \cdot 4 \cdot (4-6)^2 = \frac{4}{3}$ ist, hat K den Wendepunkt $W\left(4 \mid \frac{4}{3}\right)$.

### 5. Schaubild K

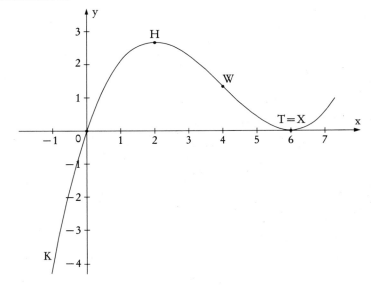

läche durch K

schen K, der

en mit der

K, der x-Achse und

leichung x = 2 begrenzt

$$(x^3 - 12x^2 + 36x)\, dx$$

$$x^2 \Big]_0^2$$

$$\frac{3}{2} \cdot 2^2 - 0 = \frac{11}{3}.$$

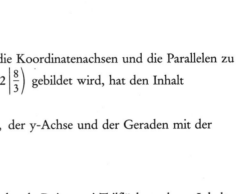

:ilflächen

elches durch die Koordinatenachsen und die Parallelen zu

;en durch $H\left(2 \,\middle|\, \frac{8}{3}\right)$ gebildet wird, hat den Inhalt

e zwischen K, der y-Achse und der Geraden mit der

n Inhalt

$$\frac{11}{3} = \frac{5}{3}.$$

ubild K das Rechteck R in zwei Teilflächen, deren Inhalte

erhältnis

$$\frac{1}{5}$$ besitzen.

.eninhalt

Q der Tan-

$P(u \,|\, f(u))$

**mit der y-Achse**

Die Tangente an K in
$P(u \,|\, f(u))$ hat die Steigung $f'(u)$
und folglich nach der Punktsteigungsform die Gleichung
$$y - f(u) = f'(u)\,(x - u).$$

Für den Schnittpunkt $Q(0|y_Q)$ dieser Tangente mit der y-Achse gilt dann $y_Q - f(u) = f'(u)(0 - u)$.

Mit $f(u) = \frac{1}{12}u \cdot (u^2 - 12u + 36)$ und $f'(u) = \frac{1}{4}(u^2 - 8u + 12)$ ergibt sich

$$y_Q = f(u) + f'(u)(-u) = \frac{1}{12}u \cdot (u^2 - 12u + 36) + \frac{1}{4}(u^2 - 8u + 12)(-u)$$

$$= -\frac{1}{6}u^3 + u^2.$$

Damit ergibt sich der Punkt $Q$ zu $Q\left(0\left|-\frac{1}{6}u^3 + u^2\right.\right)$.

## 2. Flächeninhalt $D(u)$ des Dreiecks OPQ

Wählt man für das Dreieck OPQ die Strecke OQ mit der Länge $y_Q$ als Grundseite, dann ist u die Höhe des Dreiecks. Seinen Flächeninhalt $D(u)$ erhält man damit zu

$$D(u) = \frac{1}{2} \cdot y_Q \cdot u = \frac{1}{2} \cdot \left(-\frac{1}{6}u^3 + u^2\right) \cdot u = -\frac{1}{12}u^4 + \frac{1}{2}u^3.$$

## 3. Bestimmung der Zahl $u$, für die der Flächeninhalt $D(u)$ maximal wird

Es wird die Funktion $D$ mit

$$D(u) = -\frac{1}{12}u^4 + \frac{1}{2}u^3 \text{ und } 2 < u < 6$$

auf Extremstellen untersucht.

Dazu bildet man

$$D'(u) = -\frac{1}{3}u^3 + \frac{3}{2}u^2 = -\frac{1}{6}u^2 \cdot (2u - 9),$$

$$D''(u) = -u^2 + 3u.$$

$D'(u) = 0$ ergibt dann $-\frac{1}{6}u^2 \cdot (2u - 9) = 0$

und wegen $2 < u < 6$ sogar $2u - 9 = 0$.

Dann ist $u = \frac{9}{2}$. Da

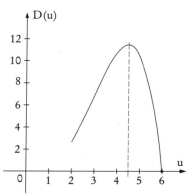

$$D''\left(\frac{9}{2}\right) = -\left(\frac{9}{2}\right)^2 + 3 \cdot \frac{9}{2} = -\frac{27}{4} < 0 \text{ gilt, hat } D \text{ an der Stelle } \frac{9}{2} \text{ ein relatives}$$

Maximum.

Weil die Funktion $D$ für $2 < u < 6$ nur ein relatives Maximum besitzt, ist dies auch ihr absolutes Maximum. Damit ist der Flächeninhalt $D(u)$ des Dreiecks OPQ maximal für $u = \frac{9}{2}$.

**d) Untersuchungen zur Flugbahn beim Kugelstoßen**

**1. Bestimmung einer Gleichung der Flugbahn**

Beschreibt die ganzrationale Funktion p zweiten Grades die Flugbahn, so gilt $p(x) = ax^2 + bx + c$.

Dabei sollen die x- und y-Koordinaten von Punkten der Flugbahn in Meter gemessen werden; dann sind x sowie p(x) die Maßzahlen der Koordinaten dieser Punkte.

Ist m die Steigung der Tangente im Abwurfpunkt R, so gilt $m = \tan 42°$.
Die gegebenen Daten der Flugbahn besagen:

Abwurfpunkt $R(0 \mid 1,95)$: $\quad p(0) = 1,95$.

Auftreffpunkt $S(11 \mid 0)$: $\quad p(11) = 0$.

Abwurfwinkel $\alpha = 42°$: $\quad p'(0) = m$.

Mit $p(x) = ax^2 + bx + c$ und $p'(x) = 2ax + b$ ergibt sich

aus $p(0) = 1,95$: $\qquad c = 1,95$;

aus $p(11) = 0$: $\qquad 121a + 11b + c = 0$;

aus $p'(0) = m$: $\qquad b = m$.

Hieraus folgt $\qquad b = m = \tan 42° \approx 0,900$

und dann $\qquad a = \dfrac{1}{121} \cdot (-11b - c) \approx \dfrac{1}{121} \cdot (-11 \cdot 0,900 - 1,95) \approx -0,0980$.

Damit ergibt sich eine Gleichung der Flugbahn zu
$y = -0,0980x^2 + 0,900x + 1,95$.

Bemerkung:

Die Frage, welche Rundung der Koeffizienten a und b sinnvoll ist, lässt sich kaum abschließend beantworten. Bei obiger Rundung lag folgende Überlegung zu Grunde:

Wegen $c = 1,95$ kann angenommen werden, dass die Funktionswerte höchstens auf zwei Dezimalen angegeben werden können. Mit $0 \leqq x \leqq 11$ ergibt sich dann, dass b mindestens mit 3 Dezimalen anzugeben ist und wegen $0 \leqq x^2 \leqq 121$ sollte a entsprechend mit 4 Dezimalen angegeben werden.

**2. Winkel der Flugbahn zur Horizontalen im Auftreffpunkt S**

Aus $p(x) = -0,0980x^2 + 0,900x + 1,95$ erhält man $p'(x) = -0,196x + 0,900$ und damit $p'(11) = -0,196 \cdot 11 + 0,900 \approx -1,256$.

Die Tangente an die Flugbahn in S hat also die Steigung $-1,256$ und folglich schließt diese Tangente mit der x-Achse den Winkel $\beta$ mit $\tan \beta \approx -1,256$ ein. Dies ergibt $\beta \approx -51,5°$.

Die Tangente im Punkt S ist also um einen Winkel von $51,5°$ gegen die x-Achse nach unten geneigt. Damit trifft die Kugel unter einem Winkel von **etwa $51,5°$** auf dem Boden auf.

Gegeben ist eine Funktion f durch

$$f(x) = \frac{x^2+1}{x^2-1}; \quad x \in D.$$

Ihr Schaubild sei K.

**A**

a) Geben Sie den maximalen Definitionsbereich D von f an.
Untersuchen Sie K auf Symmetrie, Asymptoten, gemeinsame Punkte mit den Koordinatenachsen und Extrempunkte.
Zeichnen Sie K samt Asymptoten für $-4 \leqq x \leqq 4$. (LE 1 cm)

b) Das Schaubild K, die x-Achse sowie die Geraden $x=2$ und $x=4$ schließen eine Fläche ein.
Berechnen Sie mit der keplerschen Fassregel einen Näherungswert für den Flächeninhalt.

c) $g_1$ und $g_2$ sind zwei Parallelen zur x-Achse, die jeweils den Abstand a mit $a > 1$ zur x-Achse haben.
Das Schaubild K schneidet aus $g_1$ und $g_2$ zwei Strecken mit den Längen $s_1$ und $s_2$ aus.
Zeigen Sie, dass das Produkt $s_1 \cdot s_2$ unabhängig von a ist.

d) Eine gebrochenrationale Funktion h hat bei $x_1 = 0$ einen Pol ohne Vorzeichenwechsel und die Nullstellen $x_2 = 3$ und $x_3 = -3$.
Ihr Schaubild C hat die waagrechte Asymptote $y = -2$.
Skizzieren Sie einen möglichen Verlauf von C.
Geben Sie einen möglichen Funktionsterm für h an.

## Lösungshinweise:

a) Bei der Berechnung von f' und f'' benötigt man die Quotientenregel und bei f'' zusätzlich die Kettenregel. Da keine Untersuchung von K auf Wendepunkte verlangt ist, kann auf die Berechnung von f'' verzichtet werden, wenn man bei der hinreichenden Bedingung für Extrempunkte mit einem Vorzeichenwechsel von f'(x) argumentiert.

Am Nenner $x^2-1$ des Funktionsterms $f(x)=\dfrac{x^2+1}{x^2-1}$ erkennt man den maximalen Definitionsbereich D von f. Die Symmetrie von K findet man durch Vergleich von $f(-x)$ und $f(x)$. Bei den Asymptoten sind zwei verschiedene Arten von Asymptoten zu untersuchen, nämlich das Verhalten von K an den Definitionslücken von f sowie das Verhalten von K für $x \to \pm\infty$.

Im letzteren Fall kann man den Term $f(x)=\dfrac{x^2+1}{x^2-1}$ geeignet umformen oder den Grad der Polynome $x^2+1$ im Zähler und $x^2-1$ im Nenner von $f(x)$ vergleichen. Bei gemeinsamen Punkten mit den Koordinatenachsen wird nicht selten die y-Achse vergessen.

b) Der Inhalt der beschriebenen Fläche wird durch ein Integral angegeben. Dabei ist eine Stammfunktion des Integranden mit üblichen Kenntnissen nicht zu erhalten. Deshalb wird das Integral nur näherungsweise berechnet mit der Fassregel von KEPLER. Die benötigte Formel findet sich auch in der Formelsammlung.

c) Man bestimmt in getrennten Rechnungen die Schnittpunkte von K und $g_1$ sowie die Schnittpunkte von K und $g_2$. Dabei garantiert die Voraussetzung $a > 1$, dass diese Schnittpunkte stets existieren. Aus den Abszissen der Schnittpunkte mit $g_1$ und mit $g_2$ erhält man unmittelbar die Streckenlängen $s_1$ und $s_2$. Berechnet man damit dann das Produkt $s_1 \cdot s_2$, ergibt sich sofort die Behauptung.

d) Es ist zweckmäßig, zuerst die gegebenen gemeinsamen Punkte mit der x-Achse, die waagrechte Asymptote sowie die durch den Pol gegebene senkrechte Asymptote in ein Koordinatensystem einzuzeichnen. Ein mögliches Schaubild C lässt sich nun skizzieren, wenn man von der waagrechten Asymptote für sehr große und für sehr kleine Werte von x über die gemeinsamen Punkte mit der x-Achse zur senkrechten Asymptote „geht".

Der Term von h muss im Zähler ein Polynom mit den Nullstellen $+3$ und $-3$ und im Nenner ein Polynom mit der Nullstelle 0 haben.

Da C eine waagrechte von der x-Achse verschiedene Asymptote hat, müssen außerdem die Polynome im Zähler und Nenner von $h(x)$ denselben Grad besitzen. Ein geeigneter Faktor beim Zähler von $h(x)$ sorgt dann dafür, dass sogar die Gerade mit der Gleichung $y=-2$ die waagrechte Asymptote von C ist.

## Lösung:

### a) Kurvenuntersuchung

#### 1. Ableitungen

$$f(x) = \frac{x^2+1}{x^2-1}$$

$$f'(x) = \frac{2x \cdot (x^2-1) - 2x \cdot (x^2+1)}{(x^2-1)^2} = \frac{-4x}{(x^2-1)^2}$$

$$f''(x) = \frac{-4 \cdot (x^2-1)^2 - (-4x) \cdot 2 \cdot (x^2-1) \cdot 2x}{(x^2-1)^4} = \frac{-4 \cdot (x^2-1) - (-4x) \cdot 2 \cdot 2x}{(x^2-1)^3}$$

$$= \frac{4 \cdot (3x^2+1)}{(x^2-1)^3}$$

#### 2. Maximaler Definitionsbereich D von f

Der Nenner $x^2-1$ des Funktionsterms von f muss stets von 0 verschieden sein. Da die Gleichung $x^2-1=0$ die beiden Lösungen $+1$ und $-1$ besitzt, ergibt sich der maximale Definitionsbereich D von f zu $D = \mathbb{R} \setminus \{+1; -1\}$.

#### 3. Symmetrie

Man vergleicht $f(-x)$ und $f(x)$ und erhält $f(-x) = \frac{(-x)^2+1}{(-x)^2-1} = \frac{x^2+1}{x^2-1} = f(x)$.

Also ist das Schaubild K **achsensymmetrisch zur y-Achse.**

#### 4. Asymptoten

K muss auf zwei Arten von Asymptoten untersucht werden.

Es ist $f(x) = \frac{x^2+1}{x^2-1} = \frac{x^2 \left(1 + \frac{1}{x^2}\right)}{x^2 \left(1 - \frac{1}{x^2}\right)} = \frac{1 + \frac{1}{x^2}}{1 - \frac{1}{x^2}}$, woran man erkennt, dass $f(x) \to 1$ gilt für $x \to \pm\infty$.

Damit hat K die **waagrechte Asymptote mit der Gleichung $y=1$.**
Für $x \to +1$ gilt $x^2+1 \to 2$ und $x^2-1 \to 0$.
Für $x \to -1$ gilt $x^2+1 \to 2$ und $x^2-1 \to 0$.
Damit hat K die **senkrechten Asymptoten mit den Gleichungen $x=+1$ und $x=-1$.**

#### 5. Gemeinsame Punkte mit der x-Achse

Die gemeinsamen Punkte von K und der x-Achse haben als x-Koordinate die Lösungen der Gleichung $f(x)=0$. Dies ergibt $x^2+1=0$. Da diese Gleichung unlösbar ist, haben K und die x-Achse **keine gemeinsamen Punkte.**

**6. Gemeinsame Punkte mit der y-Achse**

Da $f(0)=\dfrac{0^2+1}{0^2-1}=-1$ ist, haben K und die y-Achse den gemeinsamen Punkt $Y(0|-1)$.

**7. Extrempunkte**

Notwendige Bedingung:

K hat nur an den Stellen Extrempunkte, an denen $f'(x)=0$ ist. Wegen $f'(x)=\dfrac{-4x}{(x^2-1)^2}$ ergibt sich $-4x=0$ und damit $x=0$. Also kann nur an der Stelle 0 ein Extrempunkt von K vorliegen.

Hinreichende Bedingung:

Es ist $f'(0)=0$ und $f''(0)=\dfrac{4\cdot(3\cdot0^2+1)}{(0^2-1)^3}=-4<0$.

Da außerdem $f(0)=-1$ gilt, hat K den Hochpunkt $H(0|-1)=Y$.

Ergänzung:

Statt $f''(0)<0$ kann auch gezeigt werden, dass $f'(x)$ an der Stelle 0 einen Vorzeichenwechsel von „$+$" nach „$-$" hat.

Dies ergibt sich so:

Für $x<0$ ist $f'(x)=\dfrac{-4x}{(x^2-1)^2}>0$ und für $0<x<1$ ist $f'(x)=\dfrac{-4x}{(x^2-1)^2}<0$.

**8. Schaubild K samt Asymptoten**

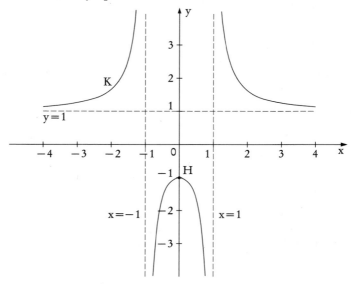

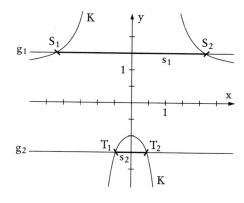

**b) Näherungsweise Berechnung eines Flächeninhaltes**

Die Fläche zwischen K, der x-Achse und den Geraden mit den Gleichungen $x=2$ und $x=4$ hat den Inhalt

$$A = \int_2^4 f(x)\,dx = \int_2^4 \frac{x^2+1}{x^2-1}\,dx.$$

Da aber eine Stammfunktion F von f nur mit großem Aufwand gefunden werden kann, wird A näherungsweise berechnet mit der Fassregel von KEPLER. Man erhält

$$A = \int_2^4 f(x)\,dx \approx \frac{1}{6}\cdot(4-2)\cdot\big(f(2)+4\cdot f(3)+f(4)\big)$$

$$= \frac{1}{3}\cdot\left(\frac{5}{3}+4\cdot\frac{5}{4}+\frac{17}{15}\right) = \frac{13}{5} = 2{,}6.$$

Folglich hat die Fläche zwischen K, der x-Achse und den Geraden mit den Gleichungen $x=2$ sowie $x=4$ näherungsweise den Inhalt **2,6**.

**c) Berechnung eines Produktes von Streckenlängen**

**1. Koordinaten der Schnittpunkte von K und $g_1$**

Ist $S(x_S\,|\,a)$ ein gemeinsamer Punkt von K und der Parallelen $g_1$ zur x-Achse mit der Gleichung $y=a$ und $a>1$, so gilt $a=f(x_S)$.
Dies ergibt

$$a = \frac{x_S^2+1}{x_S^2-1}$$

$$a\cdot(x_S^2-1) = x_S^2+1$$

$$ax_S^2 - x_S^2 = a+1$$

$$(a-1)x_S^2 = a+1$$

$$x_S^2 = \frac{a+1}{a-1}$$

$$x_S = \pm\sqrt{\frac{a+1}{a-1}}.$$

Die gemeinsamen Punkte von $g_1$ und K sind damit $S_1\left(+\sqrt{\frac{a+1}{a-1}}\,\middle|\,a\right)$ und $S_2\left(-\sqrt{\frac{a+1}{a-1}}\,\middle|\,a\right)$.

## 2. Koordinaten der Schnittpunkte von K und $g_2$

Ist $T(x_T \mid -a)$ ein gemeinsamer Punkt von K und der Parallelen $g_2$ zur x-Achse mit der Gleichung $y = -a$ und $a > 1$, so gilt $-a = f(x_T)$.
Dies ergibt

$$\frac{x_T^2 + 1}{x_T^2 - 1} = -a$$

$$x_T^2 + 1 = -a \cdot (x_T^2 - 1)$$

$$a x_T^2 + x_T^2 = a - 1$$

$$(a + 1) x_T^2 = a - 1$$

$$x_T^2 = \frac{a - 1}{a + 1}$$

$$x_T = \pm \sqrt{\frac{a - 1}{a + 1}}.$$

Die gemeinsamen Punkte von $g_2$ und K sind damit $T_1\left(+\sqrt{\frac{a-1}{a+1}} \;\middle|\; -a\right)$ und $T_2\left(-\sqrt{\frac{a-1}{a+1}} \;\middle|\; -a\right)$.

## 3. Längen $s_1$ und $s_2$ der Strecken $S_1 S_2$ und $T_1 T_2$

Für die Länge $s_1$ der Strecke $S_1 S_2$ gilt

$$s_1 = \left(+\sqrt{\frac{a+1}{a-1}}\right) - \left(-\sqrt{\frac{a+1}{a-1}}\right) = 2 \cdot \sqrt{\frac{a+1}{a-1}}.$$

Für die Länge $s_2$ der Strecke $T_1 T_2$ gilt

$$s_2 = \left(+\sqrt{\frac{a-1}{a+1}}\right) - \left(-\sqrt{\frac{a-1}{a+1}}\right) = 2 \cdot \sqrt{\frac{a-1}{a+1}}.$$

## 4. Berechnung des Produktes $s_1 \cdot s_2$

Es ist $s_1 \cdot s_2 = 2 \cdot \sqrt{\frac{a+1}{a-1}} \cdot 2 \cdot \sqrt{\frac{a-1}{a+1}} = 4 \cdot \sqrt{\frac{a+1}{a-1} \cdot \frac{a-1}{a+1}} = 4.$

Das Produkt $s_1 \cdot s_2$ ist also **unabhängig von a.**

**d) Skizze eines Schaubildes und zugehöriger Funktionsterm**

### 1. Skizze eines Schaubildes

Die nebenstehende Skizze zeigt das Schaubild C einer gebrochenrationalen Funktion, die bei 0 einen Pol ohne Vorzeichzeichenwechsel, die Nullstellen 3 und −3 sowie die waagrechte Asymptote mit der Gleichung $y = -2$ besitzt.

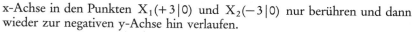

Ergänzung:
Es sind auch andere Schaubilder C denkbar.
So könnte etwa C die x-Achse in den Punkten $X_1(+3 \mid 0)$ und $X_2(-3 \mid 0)$ nur berühren und dann wieder zur negativen y-Achse hin verlaufen.

### 2. Möglicher Funktionsterm für die Funktion h mit dem Schaubild C

Es gilt $h(x) = \dfrac{u(x)}{v(x)}$, wobei u und v ganzrationale Funktionen sind. Da h die Nullstellen $\pm 3$ hat, muss $u(+3) = u(-3) = 0$ gelten. Dies führt zu dem Ansatz $u(x) = a(x^2 - 9)$. Da h den Pol 0 ohne Vorzeichenwechsel hat, kann man $v(x) = x^2$ wählen. Damit C noch die waagrechte Asymptote mit der Gleichung $y = -2$ hat, muss $a = -2$ gewählt werden. Damit erhält man einen möglichen Funktionsterm von h zu $h(x) = \dfrac{(-2)\,(x^2 - 9)}{x^2}$.

Gegeben ist die Funktion f durch

$f(x) = x + 1 + e^{1-x}; \quad x \in \mathbb{R}$.

Ihr Schaubild sei K.

**A**

a) Untersuchen Sie K auf Extrempunkte, Wendepunkte und Asymptoten.
Zeichnen Sie K samt Asymptoten für $-1 \leq x \leq 4$. (LE 1 cm)
K schneidet die y-Achse im Punkt S.
In welchem Punkt schneidet die Tangente an K in S die x-Achse?

b) K begrenzt mit den Geraden $y = x + 1$, $x = z \, (z > 0)$ und der y-Achse eine
Fläche mit dem Inhalt $A(z)$.
Berechnen Sie $A(z)$ und $A = \lim\limits_{z \to \infty} A(z)$.

Bestimmen Sie z so, dass $A(z)$ um 1 % von A abweicht.

c) Die Gerade $x = u$ mit $u > 0$ schneidet K im Punkt P und die Gerade
$y = x + 1$ im Punkt Q.
Die Punkte Q, P und $R(0 \mid 1)$ bilden ein Dreieck.
Für welches u wird der Flächeninhalt dieses Dreiecks extremal?
Bestimmen Sie Art und Wert des Extremums.
Ändert sich an den Ergebnissen dieser Extremwertaufgabe etwas, wenn der
Punkt R durch einen anderen Punkt der y-Achse ersetzt wird?
Begründen Sie Ihre Antwort.

d) Die Funktion f gehört zur Funktionenschar $f_t$ mit
$f_t(x) = tx + 1 + e^{1-x}; \quad x \in \mathbb{R}, \ t \in \mathbb{R}$.
Das Schaubild K von f besitzt eine Asymptote und einen Tiefpunkt.
Für welche t besitzt das Schaubild $K_t$ von $f_t$ ebenfalls diese beiden Eigen-
schaften?

## Lösungshinweise:

a) Bei der Bildung der Ableitungsfunktionen $f'$ und $f''$ darf die Kettenregel nicht vergessen werden. Wenn man wegen $e^x > 0$ für alle $x \in \mathbb{R}$ die Wertemenge der Funktion $f''$ erkennt, ist die Bestimmung von $f'''$ auf jeden Fall entbehrlich. Bei der hinreichenden Bedingung für die Extrempunkte bietet sich die Verwendung von $f''$ an. Für die Bestimmung der Asymptote von $K$ ist das Verhalten von $e^{1-x}$ für $x \to \infty$ entscheidend. Damit erkennt man dann unmittelbar die Gleichung der Geraden, an welche sich das Schaubild $K$ für $x \to \infty$ annähert.
Die Ordinate des Punktes $S$ ist leicht zu berechnen. Da die Steigung der Tangente im Punkt $S$ sich durch $f'(0)$ berechnen lässt, erhält man eine Gleichung der Tangente in $S$ mit der Punktsteigungsform. Diese Gerade ist dann noch mit der x-Achse zu schneiden. Bei diesen Rechnungen sollte man stets mit der Zahl $e$ rechnen und Näherungswerte für $e$ vermeiden.

b) Bei der Flächeninhaltsberechnung handelt es sich um eine Fläche zwischen einem Schaubild und seiner Asymptote. Deshalb ist es wichtig, wie die beiden Schaubilder zueinander liegen. Der gesuchte Flächeninhalt ergibt sich durch Integration, dabei ist es sinnvoll, den Integranden zu vereinfachen. Bei der Bestimmung einer Stammfunktion kann lineare Substitution hilfreich sein, wenn man die Stammfunktion nicht unmittelbar erkennt.
Bei der Grenzwertbestimmung ist das Verhalten von $e^{-z}$ für $z \to \infty$ von grundlegender Bedeutung.
Wenn $A(z)$ um $1\%$ von $A$ abweicht, kann man $A(z)$ als Bruchteil von $A$ angeben. Dies führt auf eine Gleichung, die man mit dem natürlichen Logarithmus lösen kann. Dabei sollte man Logarithmengesetze wie $\ln(a \cdot b) = \ln a + \ln b$ beachten.

c) Hier ist eine Skizze zur Veranschaulichung des Dreiecks PQR angebracht. An dieser Skizze kann man sich überlegen, wie man die Grundseite und die Höhe des Dreiecks zu wählen hat, um den Flächeninhalt $D(u)$ des Dreiecks PQR möglichst einfach zu bestimmen. Danach untersucht man die Funktion $D$ auf relative Extrema mit Hilfe der Ableitungen $D'$ und $D''$. Beim Bilden dieser Ableitungen benötigt man neben der Kettenregel auch noch die Produktregel. Anschließend wird untersucht, ob der gefundene relative Extremwert auch ein absoluter Extremwert ist. Die Größe des extremalen Flächeninhaltes darf nicht vergessen werden.
Bei der Untersuchung der Abhängigkeit des Flächeninhaltes $D(u)$ von der Lage von R auf der y-Achse verschiebt man R auf der y-Achse und beobachtet, wie sich dabei die Grundseite und die Höhe des Dreiecks PQR verändern.

d) Diese Teilaufgabe kann leicht missverstanden werden. Es geht nicht darum, dass $K_t$ dieselbe Asymptote und denselben Tiefpunkt wie $K$ hat, sondern nur darum, dass $K_t$ einen Tiefpunkt und eine Asymptote hat. Dabei untersucht man, entsprechend zu a), wann $K_t$ eine Asymptote besitzt. Mit $f'_t$ und $f''_t$ wird dann untersucht, wann $K_t$ einen Tiefpunkt besitzt. Die notwendige Bedingung für einen Tiefpunkt führt zu einer Gleichung, die nicht für jedes $t \in \mathbb{R}$ lösbar ist. Dabei darf aber eine hinreichende Bedingung für den Tiefpunkt nicht vergessen werden.

## Lösung:

a) **Untersuchung des Schaubildes $K$;**
   **Schnittpunkte der Tangente an $K$ in $S(0|f(0))$ mit der x-Achse**

   **1. Ableitungen**

$$f(x) = x + 1 + e^{1-x}$$
$$f'(x) = 1 + e^{1-x} \cdot (-1) = 1 - e^{1-x}$$
$$f''(x) = -e^{1-x} \cdot (-1) = e^{1-x}$$

   **2. Extrempunkte**

   Notwendige Bedingung:
   Jede Extremstelle der Funktion $f$ ist eine Lösung der Gleichung $f'(x) = 0$.
   Hieraus folgt

$$1 - e^{1-x} = 0$$
$$1 = e^{1-x}$$
$$0 = 1 - x$$
$$x = 1.$$

   Damit kann höchstens die Stelle 1 eine Extremstelle von $f$ sein.

   Hinreichende Bedingung:
   Es ist $f'(1) = 0$ und $f''(1) = e^{1-1} = 1 > 0$.
   Da $f(1) = 1 + 1 + e^{1-1} = 3$ ist, besitzt $K$ als einzigen Extrempunkt den Tiefpunkt $T(1|3)$.

   **3. Wendepunkte**

   Notwendige Bedingung:
   Als Wendestellen der Funktion $f$ kommen nur die Lösungen der Gleichung $f''(x) = 0$ in Betracht. Da stets $f''(x) = e^{1-x} > 0$ gilt, besitzt $K$ **keine Wendepunkte**.

**4. Asymptoten**

Die Funktion f hat keine Definitionslücken. Deshalb ist K nur auf Asymptoten für $x \to \pm\infty$ zu untersuchen.

Für $x \to +\infty$ gilt $e^{1-x} \to 0$ und somit auch $f(x) - (x+1) \to 0$. Damit hat K die **schiefe Asymptote** mit der Gleichung $y = x + 1$ für $x \to +\infty$.

Für $x \to -\infty$ besitzt K keine Asymptote.

**5. Schaubild K**

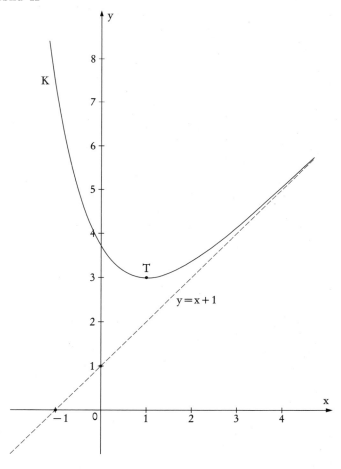

**6. Gleichung der Tangente g an K im Punkt S(0|f(0))**

Es ist $f(0) = 0 + 1 + e^{1-0} = 1 + e$.

Damit ergibt sich der Punkt S zu $S(0|1+e)$.

Die Tangente g an K in S hat die Steigung

$f'(0) = 1 - e^{1-0} = 1 - e$.

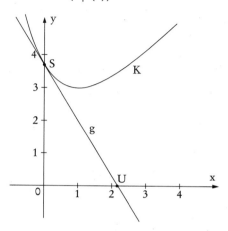

Mit der Punktsteigungsform einer Geradengleichung erhält man dann eine Gleichung von g zu

$y - (1+e) = (1-e)(x-0)$.

Umformen liefert dann noch

$y = (1-e)x + (1+e)$.

**7. Schnittpunkt U von g mit der x-Achse**

Ist $U(x_U|0)$ der Schnittpunkt von g mit der x-Achse, so erhält man

$$0 = (1-e)x_U + (1+e).$$
$$-(1-e)x_U = (1+e)$$
$$x_U = -\frac{1+e}{1-e} = \frac{e+1}{e-1}.$$

Damit schneidet die Tangente g an K im Punkt S die x-Achse im Punkt

$U\left(\frac{e+1}{e-1}\bigg|0\right)$.

**b) Flächeninhaltsberechnungen**

**1. Inhalt der Fläche zwischen K, der y-Achse und den Geraden mit den Gleichungen $y = x+1$ und $x = z$**

Für alle $x \in \mathbb{R}$ ist

$f(x) = x + 1 + e^{x-1} > x + 1$.

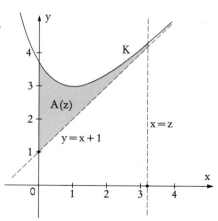

Also verläuft das Schaubild K stets oberhalb der Geraden mit der Gleichung $y = x + 1$.

Damit hat die Fläche, die vom Schaubild K, der y-Achse sowie den Geraden mit den Gleichungen $y = x + 1$ und $x = z$ mit $z > 0$ begrenzt wird, den Inhalt

$$A(z) = \int_0^z (f(x) - (x+1))\,dx$$

$$= \int_0^z ((x+1+e^{1-x}) - (x+1))\,dx$$

$$= \int_0^z e^{1-x}\,dx = [-e^{1-x}]_0^z$$

$$= (-e^{1-z}) - (-e^{1-0}) = e - e^{1-z}.$$

**2. Grenzwert von A(z) für $z \to \infty$**

Es ist $\lim\limits_{z\to\infty} e^{1-z} = 0$ und folglich $A = \lim\limits_{z\to\infty} A(z) = \lim\limits_{z\to\infty}(e - e^{1-z}) = e$.

Also gilt $A = e$.

**3. Untersuchung zur Abweichung von A(z) von A**

Für $z \in \mathbb{R}$ mit $z > 0$ ist stets $A(z) < A$. Wenn also $A(z)$ um $1\%$ von $A$ abweicht, so gilt $A(z) = 0{,}99 \cdot A$. Mit $A(z) = e - e^{1-z}$ und $A = e$ ergibt dies

$$e - e^{1-z} = 0{,}99 \cdot e$$

$$0{,}01 \cdot e = e^{1-z}$$

$$\ln \frac{e}{100} = 1 - z$$

$$\ln e - \ln 100 = 1 - z$$

$$1 - \ln 100 = 1 - z$$

$$z = \ln 100 \approx 4{,}6052.$$

Bei $z = \ln 100$ weicht also $A(z)$ um $1\%$ von $A$ ab.

**c) Bestimmung eines Dreiecks mit extremalem Flächeninhalt**

**1. Inhalt D(u) des Dreiecks PQR**

Die Gerade mit der Gleichung $x = u$ mit $u > 0$ schneidet K im Punkt P und die Asymptote von K mit der Gleichung $y = x + 1$ im Punkt Q.
Mit $R(0\,|\,1)$ erhält man so das Dreieck PQR. Nun wählt man die Strecke PQ als Grundseite des Dreiecks. Da

$$\overline{PQ} = f(u) - (u+1)$$
$$= (u + 1 + e^{1-u}) - (u+1)$$
$$= e^{1-u}$$

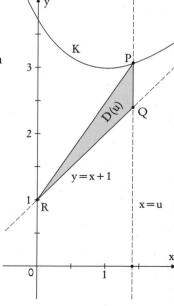

gilt und der Punkt $R(0|1)$ von der Geraden mit der Gleichung $x=u$ den Abstand $u$ hat, ergibt sich der Flächeninhalt $D(u)$ des Dreiecks PQR zu

$$D(u) = \frac{1}{2} u \cdot e^{1-u}.$$

## 2. Relative Extrema der Funktion D

Um die relativen Extremstellen der Funktion D für $u > 0$ zu ermitteln, bildet man die Ableitungen $D'$ und $D''$. Mit Produkt- und Kettenregel erhält man:

$$D'(u) = \frac{1}{2} \left( 1 \cdot e^{1-u} + u \cdot e^{1-u} \cdot (-1) \right)$$

$$= \frac{1}{2} \left( (1-u) \cdot e^{1-u} \right)$$

$$D''(u) = \frac{1}{2} \left( (-1) \cdot e^{1-u} + (1-u) \cdot e^{1-u} \cdot (-1) \right)$$

$$= \frac{1}{2} \left( (u-2) \cdot e^{1-u} \right).$$

Die notwendige Bedingung $D'(u) = 0$ ergibt dann $1 - u = 0$, da stets $e^{1-u} > 0$ gilt. Also ist $u = 1$. Da

$$D''(1) = \frac{1}{2} \left( (1-2) \cdot e^{1-1} \right) = -\frac{1}{2} < 0$$

gilt, hat die Funktion D an der Stelle 1 ein **relatives Maximum**.

## 3. Weitere Untersuchung des Maximums und größter Flächeninhalt

Die Funktion D besitzt für $u > 0$ nur eine Extremstelle und diese ist ein relatives Maximum. Also muss dieses relative Maximum an der Stelle 1 ein absolutes Maximum sein. Der maximale Flächeninhalt ist

$$D(1) = \frac{1}{2} \cdot 1 \cdot e^{1-1} = \frac{1}{2}.$$

Das Dreieck PQR hat also für $u = 1$ den **größten Flächeninhalt** und dieser Flächeninhalt ist $\frac{1}{2}$.

## 4. Abhängigkeit der Extremwertuntersuchung von der Lage des Punktes R

Verschiebt man den Punkt R auf der y-Achse, so ändert sich dadurch weder die Länge der Strecke PQ noch der Abstand des Punktes R von der Geraden mit der Gleichung $x = u$. Also ändert sich auch der Flächeninhalt $D(u)$

des Dreiecks PQR nicht. Damit **bleiben** auch die **Extremstelle** der Funktion D sowie **Art und Wert** des Extremums **erhalten**.

**d) Schaubilder einer Funktionenschar mit Asymptote und Tiefpunkt**

**1. Asymptote des Schaubildes**

Das Schaubild $K_t$ der Funktion $f_t$ mit $f_t(x) = tx + 1 + e^{1-x}$ besitzt für **jedes** $t \in \mathbb{R}$ die **Asymptote** mit der Gleichung $y = tx + 1$. Für $x \to \infty$ gilt nämlich $e^{1-x} \to 0$ und folglich auch $f_t(x) - (tx + 1) \to 0$.

**2. Tiefpunkt des Schaubildes**

Man untersucht das Schaubild $K_t$ von $f_t$ auf Tiefpunkte. Dazu bildet man

$$f'_t(x) = t + e^{1-x} \cdot (-1) = t - e^{1-x}$$
$$f''_t(x) = -e^{1-x} \cdot (-1) = e^{1-x}.$$

Die notwendige Bedingung $f'_t(x) = 0$ ergibt dann

$$0 = t - e^{1-x}$$
$$e^{1-x} = t.$$

Wegen $e^{1-x} > 0$ ist diese Gleichung nur für $t > 0$ lösbar.

Für $t > 0$ erhält man aus $e^{1-x} = t$ dann

$$1 - x = \ln t$$
$$x = 1 - \ln t.$$

Da für $t > 0$ auch $f''_t(1 - \ln t) = e^{1-(1-\ln t)} = t > 0$ gilt, ergibt sich, dass $K_t$ **nur für** $t > 0$ einen **Tiefpunkt** besitzt.

Insbesondere besitzt $K_t$ **nur für** $t > 0$ sowohl einen Tiefpunkt als auch eine Asymptote.

# Register

Ableitung
Allgemein 96/1 a; 96/2 a; 96/3 a; 98/1 a; 99/1 a; 99/1 d;
00/1 a; 01/1 d; 01/3 d
Kettenregel 96/1 a; 97/3 a; 98/3 a; 98/3 d; 99/3 a; 00/3 a;
00/3 c; 01/2 a; 01/3 a; 01/3 d
Produktregel 97/3 c; 01/3 c
Quotientenregel 96/2 a; 97/2 a; 98/2 a; 00/2 a; 01/2 a
Abschätzung 96/2 c; 98/2 c
Anwendung 96/3 d; 97/3 d; 98/1 a; 98/1 b; 98/1 c; 98/3 d;
99/3 d; 00/2 c; 01/1 d
Asymptoten
bei rationalen Funktionen 96/2 a; 97/2 a; 98/2 a; 99/2 a; 00/2 a; 01/2 a;
01/2 d
Sonstige 97/3 a; 98/3 a; 00/3 a; 01/3 a; 01/3 d
Berührungsproblem 97/2 d; 98/1 b; 98/1 c; 99/2 c
Beweise 97/1 d; 97/2 d; 97/3 d; 99/1 d; 99/2 d; 00/1 d;
00/3 d; 01/2 c; 01/3 c
Definitionsmenge 00/2 a; 01/2 a
Dreieck 96/1 d; 97/1 b; 97/2 c; 97/3 c; 99/2 c; 01/1 c;
01/3 c

Exponentialfunktion 96/3; 97/3; 98/3; 99/3; 01/3
Schar 00/3; 01/3 d
Anwendung 97/3 d; 98/3 d; 99/3 d
Exponentialgleichung 98/3 b; 98/3 d; 99/3 a; 99/3 d; 00/3 c; 01/3 a
Extrempunkte
Bestimmen 96/1 a; 96/1 b; 96/1 c; 97/1 a; 97/2 a; 98/1 a;
98/2 a; 99/1 a; 99/2 a; 99/3 a; 00/1 a; 00/2 a;
00/3 a; 01/1 a; 01/2 a; 01/3 a; 01/3 d
Extremwertaufgaben 96/2 b; 96/2 c; 96/3 c; 97/1 b; 97/2 c; 97/3 c;
98/1 b; 98/3 b; 98/3 d; 99/3 c; 00/1 c; 00/2 c;
01/1 c; 01/3 c

Fassregel von Kepler 99/3 b; 01/2 b
Flächeninhalt
über der x-Achse 96/2 c; 97/1 c; 97/2 b; 99/1 a; 01/1 b; 01/2 b
unter der x-Achse 96/1 a; 99/3 b; 00/1 a
zwischen 2 Kurven 96/3 b; 98/1 a; 98/2 d; 98/3 c; 99/2 b; 00/3 a;
01/3 b
K geht ins Unendliche 98/3 c; 99/2 b; 00/3 a; 01/3 a
Sonstige 97/1 c

A

Funktion
  abschnittsweise definiert    98/1 a

Funktionsterm
  Bestimmen                    01/1 d;  01/2 d

Ganzrationale Funktion
  Einzelfunktion               97/1;  99/1;  01/1
  Schar                        96/1;  99/1;  00/1
  Anwendung                    01/1 d

Gebrochenrationale Funktion
  Einzelfunktion               96/2;  97/2;  98/2;  99/2;  00/2;  01/2
  Anwendung                    00/2 c

Gemeinsame Punkte
  mit den Achsen               96/1 a;  96/2 a;  96/3 a;  97/1 a;  97/2 a;  97/3 a;
                               98/1 a;  98/2 a;  98/3 a;  99/1 a;  99/2 a;  99/3 a;
                               00/1 a;  00/2 a;  01/1 a;  01/2 a
  zweier Kurven                96/3 b;  97/3 a;  98/3 a;  99/1 b;  00/1 b;  00/1 c;
                               00/2 b;  00/3 c

Geometrischer Ort
  Wendepunkte                  00/3 d

Grenzwerte                     97/2 b;  98/3 c;  99/2 b;  00/3 b;  01/3 b

Integral
  s. Flächeninhalt, s. Volumen

Kegel                          97/1 b

Näherungsparabel               98/2 c

Newton-Verfahren               98/2 b;  99/1 b;  00/2 b

Normale                        99/1 c;  00/1 b

Optimierung
  s. Extremwertaufgabe

Ortsaufgaben
  s. geometrischer Ort

Orthogonaler Schnitt           00/3 c

Parallelogramm                 00/1 d

Polgerade
  s. Asymptoten

Polynomdivision                98/1 b;  98/1 c;  99/2 a;  00/1 b

Prozentualer Fehler            99/3 b;  01/3 b

Punktmenge
  s. geometrischer Ort

| | |
|---|---|
| Quadratische Gleichung | 97/1 d; 98/3 b; 99/1 a; 99/1 d; 99/2 a; 99/2 d; 00/1 a; 00/1 b; 00/2 a; 01/1 a |
| Rauminhalt s. Volumen | |
| Rechteck | 96/2 b; 99/3 c; 00/1 d; 01/1 b |
| Schaubild Skizzieren | 01/2 d |
| Schnittpunkte mit den Achsen | 96/1 a; 96/2 a; 96/3 a; 97/1 a; 97/2 a; 97/3 a; 98/1 a; 98/2 a; 98/3 a; 99/1 a; 99/2 a; 99/3 a; 00/1 a; 00/2 a; 01/1 a; 01/2 a |
| Schnittproblem | 97/1 d; 97/2 a; 97/3 a; 98/3 b; 99/1 b; 00/1 b; 00/1 c; 00/2 b; 00/3 c; 01/2 c |
| Symmetrie | 96/2 a; 97/1 a; 98/2 a; 00/1 a; 01/2 a |
| Tangente | 96/1 c; 96/2 c; 97/3 c; 98/1 b; 98/1 c; 99/2 c; 01/1 c; 01/3 a |
| Ungleichung | 96/2 a; 96/2 c; 96/2 d; 97/2 d; 97/3 d; 98/2 c |
| Volumen bei Drehkörper | 97/1 b; 97/3 b; 99/3 c |
| Wachstum beschränktes | 96/3 d |
| exponentielles | 96/3 d; 98/3 d; 99/3 d |
| sonstiges | 97/3 d; 98/3 d |
| Wendepunkt Bestimmen | 96/2 a; 96/3 a; 97/1 a; 97/2 a; 98/1 a; 98/2 a; 99/1 a; 99/2 a; 99/3 a; 00/1 a; 00/2 a; 00/3 a; 01/1 a; 01/3 a |
| Geometrischer Ort | 00/3 d |
| Wertebereich | 97/3 d |
| Winkelproblem | 96/1 d; 97/3 a; 98/3 b; 00/1 d; 00/3 c; 01/1 d |
| Zylinder | 99/3 c |

**A**

# Analytische Geometrie und Lineare Algebra

# Inhaltsverzeichnis

| Auf-<br>gabe | Inhalt der Aufgabe |
|---|---|
| 96/1 | a) Koordinatengleichungen zweier Ebenen; Schnitt: Ebene–Ebene; Gleichung der Schnittgeraden; Schnittwinkel zweier Ebenen<br>b) Gleichung einer Kugel, die eine Ebene berührt; Koordinaten des Berührpunktes<br>c) Koordinaten des Berührpunktes einer Tangente an eine Kugel; Schnitt: Ebene–Kugel; Mittelpunkt und Radius des Schnittkreises; Öffnungswinkel eines Kegels<br><br>d) Konstruktion des Schnittpunktes einer Strecke und einer Ellipse, von der die Halbachsen gegeben sind; Konstruktion einer Tangente; Konstruktion einer Sehne, die durch einen vorgegebenen Punkt halbiert wird |
| 96/2 | a) Koordinaten von Eckpunkten eines Zeltes; Längen von Strecken (Spannschnüren); Winkel zwischen Strecken; Koordinatengleichung einer Ebene, in der eine Dachfläche liegt; Winkel zwischen einer Dachfläche und einer Seitenfläche; Abstand eines Punktes von einer Ebene<br>b) Oberfläche des Zeltes; Nachweis, dass eine durch ein Fenster des Zeltes durch Sonnenstrahlen beleuchtete Fläche die Form eines Rechtecks hat; Flächeninhalt dieser Fläche<br>c) Abstand zwischen einer Strecke und einer Kugeloberfläche; Untersuchung, ob eine Gerade eine Kugel berührt |
| 96/3 | a) Koordinatengleichung einer Ebene; Schnitt: Gerade–Ebene; Koordinaten von Punkten auf einer Geraden, die von einer Ebene einen vorgegebenen Abstand haben<br>b) Nachweis, dass ein Dreieck rechtwinklig ist; Flächeninhalt dieses Dreiecks; Koordinaten eines Punktes auf einer Geraden so, dass ein Dreieck rechtwinklig wird<br>c) Gleichung einer Kugel; Schnitt: Gerade–Kugel; Gleichung einer Tangentialebene an eine Kugel; Mittelpunkt und Radius einer Kugel<br>d) Schnitt: Ebene–Kugel; Mittelpunkt und Radius des Schnittkreises; Koordinaten der Mittelpunkte einer Kugelschar |

**G**

| Auf-gabe | Inhalt der Aufgabe |
|---|---|
| 97/1 | a) Koordinatengleichung einer Ebene; Schnitt: Gerade–Ebene; Nachweis, dass ein Dreieck gleichschenklig und rechtwinklig ist; Koordinaten von Punkten<br>b) Nachweis, dass ein Punkt Spitze einer senkrechten Pyramide ist; Schrägbild einer Pyramide; Schnittwinkel: Kante–Seitenfläche<br>c) Volumen einer Pyramide; Koordinaten der Spitzen von Pyramiden mit halb so großen Volumen<br>d) Koordinaten eines Punktes auf der Höhe einer Pyramide; Abstand dieses Punktes von den Ecken der Pyramide; Beziehung zwischen der Kante a der quadratischen Grundfläche und der Höhe h bei einer speziellen Pyramide |
| 97/2 | a) Koordinaten von Punkten; Schrägbild; Längen von Pyramiden-kanten<br>b) Koordinatengleichungen von Ebenen; Schnittwinkel: Ebene–Ebene<br>c) Gleichung einer Kugel; Nachweis, dass eine Kugel die Seitenflächen einer Pyramide nicht berührt; Radius und Mittelpunkt einer Kugel, welche die Seitenflächen einer Pyramide berührt<br>d) Schatten einer Pyramide auf einer Gebäudefront; Inhalt der Schat-tenfläche; Koordinaten eines Schattenpunktes in Abhängigkeit von der Lage der Lichtquelle; Untersuchung der Lage eines Schatten-punktes, wenn die Lichtquelle sich bewegt |
| 97/3 | a) Koordinatengleichung einer Ebene; Koordinaten der Schnittpunkte einer Ebene mit den Koordinatenachsen; Koordinaten von Punkten; Schrägbild<br>b) Nachweis, dass ein Dreieck rechtwinklig und gleichschenklig ist; Nachweis, dass ein Viereck ein Quadrat ist; Gleichung einer Gera-den; Koordinaten von Punkten auf einer Geraden, von denen aus eine Strecke unter einem rechten Winkel erscheint<br>c) Schnittwinkel: Gerade–Ebene; Gleichung einer Kugel; Öffnungswinkel eines Kegels<br>d) Mittelpunkt und Radius des Schnittkreises zweier Kegel |

| Auf-gabe | Inhalt der Aufgabe |
|---|---|
| 98/1 | a) Koordinatengleichung einer Ebene; Koordinaten der Schnittpunkte dieser Ebene mit den Koordinatenachsen; Schrägbild; Schnittwinkel: Gerade–Koordinatenachse; Parallelität und Orthogonalität einer Geraden und einer Ebene<br>b) Abstand des Koordinatenursprungs von einer Ebene; Koordinaten des Bildpunktes $\overline{O}$ von O bei Spiegelung an einer Ebene; Koordinaten der Punkte auf einer Geraden, die vom Ursprung einen vorgegebenen Abstand haben<br>c) Volumen einer Pyramide; für welche $a \in \mathbb{R}$ liegt der Punkt $P(1\,|-4\,|\,a)$ im Innern dieser Pyramide?<br>d) Koordinatengleichung einer Ebene, die alle Geraden einer Schar enthält; Nachweis, dass diese Ebene Symmetrieebene der Pyramide aus Teilaufgabe c) ist |
| 98/2 | a) Geradengleichung einer Drehachse; Schnittwinkel: Drehachse–Laserstrahl; Koordinaten eines Punktes in einer Ebene (Dachfläche einer Kirche); Abstand zweier Punkte<br>b) Gleichung einer Ebene, in der sich der Laserstrahl bewegt; Gleichung einer Geraden, auf der eine beleuchtete Strecke liegt<br>c) Gleichung einer Hangebene; Inhalt einer Hangfläche, die nicht vom Laserstrahl beleuchtet werden kann<br>d) Mittelpunkt und Radius einer Kugel; Schnitt: Ebene–Kugel; Radius des Schnittkreises; Länge eines Bogens auf dem Schnittkreis |
| 98/3 | a) Koordinatengleichung einer Ebene; Gleichung einer Geraden durch zwei Punkte; Schnittwinkel: Gerade–Ebene; Nachweis, dass zwei Geraden eine Ebene aufspannen; Schnitt: Ebene–Ebene; Gleichung der Schnittgeraden<br>b) Schnitt: Ebene–Kugel; Mittelpunkt und Radius des Schnittkreises; Koordinaten der Berührpunkte und Koordinatengleichungen zweier Tangentialebenen; Koordinaten zweier Kugelmittelpunkte<br>c) Schrägbild mit Spurgeraden; Koordinaten des Mittelpunktes einer Kugel, welche die Seitenflächen einer Pyramide berührt; Gleichung einer Ebene, die parallel zur $x_1x_2$-Ebene liegt und die Kugel berührt |

**G**

| Auf-gabe | Inhalt der Aufgabe |
|---|---|
| 99/1 | a) Koordinatengleichung einer Ebene; Nachweis, dass ein Dreieck gleichschenklig ist; Innenwinkel eines Dreiecks<br>b) Flächeninhalt eines Dreiecks; Volumen einer Pyramide; Gleichung einer Ebene, zu der eine Pyramide symmetrisch ist<br>c) Schnitt: Gerade–Ebene; Spiegelung einer Geraden an einer Ebene<br>d) Untersuchung einer Ebenenschar auf Parallelität zu einer Geraden; gemeinsame Gerade dieser Ebenenschar; Bestimmung einer Ebene, die orthogonal zur Ebenenschar ist |
| 99/2 | a) Koordinaten der Eckpunkte eines Würfels; Schrägbild; Schnittwinkel: Raumdiagonale–Flächendiagonale<br>b) Schnittwinkel: Ebene–Ebene; Nachweis, dass ein Dreieck gleichseitig ist; Volumen eines Würfels und einer Pyramide; Angabe eines Prozentsatzes<br>c) Untersuchung, ob eine Halbkugel so auf einer Schnittfläche eines Würfels befestigt werden kann, dass die nötige Bohrung im Würfel bleibt<br>d) Koordinaten vom Mittelpunkt und Radius einer Halbkugel; Abstand: Punkt–Seitenfläche; Begründung eines räumlichen Sachverhaltes |
| 99/3 | a) Koordinatengleichung einer Ebene; Nachweis, dass ein Dreieck gleichschenklig ist; Koordinaten eines Eckpunktes einer Raute; Innenwinkel einer Raute; Schrägbild einer Raute<br>b) Volumen einer Pyramide; Koordinaten der Spitze einer Pyramide<br>c) Parallelität: Gerade–Ebene; Abstand: Gerade–Ebene; Untersuchung über die spezielle Lage der Spitze einer Pyramide<br>d) Mindestgröße für den Radius einer Kugel; Untersuchung, ob der Berührpunkt einer Kugel mit einer Ebene innerhalb oder außerhalb einer Raute liegt |

| Auf-<br>gabe | Inhalt der Aufgabe |
|---|---|
| 00/1 | a) Schnitt: Gerade–Gerade; Koordinatengleichung einer Ebene; Veranschaulichung einer Ebene mithilfe der Spurgeraden; Schnittwinkel: Ebene–Ebene<br>b) Volumen einer Pyramide; Nachweis, dass eine Gerade ein Dreieck im Umkreismittelpunkt schneidet; Volumen eines Kreiszylinders<br>c) Spurpunkte von Ebenen $E_t$; Nachweis, dass eine Gerade in jeder Ebene einer Ebenenschar liegt; Ermittlung derjenigen Werte von t, für die $E_t$ vom Ursprung einen vorgegebenen Abstand hat |
| 00/2 | a) Koordinaten von Eckpunkten einer Pyramide; Länge einer Seitenkante; Schnittwinkel: Seitenkante–Grundfläche; Gleichung einer Ebene durch drei Punkte; Schnittwinkel: Seitenfläche-Grundfläche<br>b) Höhe eines Pyramidenstumpfes; Länge einer Rampenfläche<br>c) Koordinaten der Endpunkte einer Strecke, die senkrecht zu einer Seitenfläche liegt; Koordinaten des Mittelpunktes der Inkugel einer Pyramide |
| 00/3 | a) Gleichung einer Geraden durch zwei Punkte; Nachweis, dass sich zwei Geraden schneiden; Schnittwinkel: Gerade–Gerade; Koordinatengleichung einer Ebene; Schnittwinkel: Ebene–Ebene<br>b) Gleichung einer Kugel, von der Mittelpunkt und Radius gegeben sind; Mittelpunkt und Radius des Schnittkreises einer Kugel mit einer Ebene<br>c) Mittelpunkt und Radius einer Kugelschar; Mittelpunkt des Schnittkreises zweier Kugeln; Ermittlung derjenigen Werte von t, für die Kugeln einer Schar eine gegebene Kugel von außen berühren<br>d) Nachweis, dass ein Punkt auf einer Kugel liegt; Beschreibung der Lage von Spitzen gleichschenkliger Dreiecke |

G

| Auf-<br>gabe | Inhalt der Aufgabe |
|---|---|
| 01/1 | a) Koordinatengleichung einer Ebene; Spurpunkte; Schrägbild<br>b) Nachweis, dass ein Dreieck gleichschenklig ist; Volumen einer Pyramide<br>c) Gleichung einer Geraden durch zwei Punkte; Nachweis, dass ein Punkt nicht auf einer Geraden liegt; Volumen eines Kegels<br>d) Gleichung einer Ebene, deren Punkte von zwei gegebenen Punkten den gleichen Abstand haben; Gleichung einer Geraden, die in einer vorgegebenen Ebene liegt und deren Punkte von zwei festen Punkten den gleichen Abstand haben |
| 01/2 | a) Schrägbild eines Gebäudes; Nachweis, dass die Eckpunkte der Dachfläche in einer Ebene liegen; Koordinatengleichung einer Ebene; Schnittwinkel: Ebene–Koordinatenebene<br>b) Untersuchung der Lage gegenüberliegender Dachkanten; Flächen- inhalt der Dachfläche des Gebäudes<br>c) Paralleles Sonnenlicht fällt durch den verglasten Teil einer Außen- wand: Ermittlung des vom Sonnenlicht getroffenen Bereichs auf der gegenüberliegenden Wand |
| 01/3 | a) Nachweis, dass ein Punkt in einer Ebene liegt; Schnitt: Gerade– Ebene; Gleichung einer Ebene, die eine Gerade und einen Punkt enthält; Schnitt: Ebene–Ebene<br>b) Gleichung einer Ebene, die zu einer gegebenen Ebene parallel ist; Gleichung einer Kugel, von der zwei parallele Tangentialebenen und ein Berührpunkt gegeben sind<br>c) Schnitt: Gerade–Kugel; Gleichung einer Ebene, in welcher der Schnittkreis einer Ebene und einer Kugel liegt<br>d) Untersuchung, ob eine sich bewegende Kugel und eine feste Kugel kollidieren |

Die Ebene $E_1$ enthält die Punkte $A(3|3|5)$, $B(-1|-1|1)$ und $C(2|2|-1)$.

Die Gerade $g$: $\vec{x} = \begin{pmatrix} -1 \\ -3 \\ -1 \end{pmatrix} + r \begin{pmatrix} 3 \\ 5 \\ 2 \end{pmatrix}$; $r \in \mathbb{R}$

und der Punkt $D(6|-2|1)$ liegen in der Ebene $E_2$.

a) Ermitteln Sie jeweils eine Koodinatengleichung der Ebenen $E_1$ und $E_2$. Bestimmen Sie eine Gleichung der Schnittgeraden und den Schnittwinkel dieser Ebenen.

b) Die Kugel $K_1$ mit dem Mittelpunkt $M(4|-2|5)$ berührt die Ebene $E_2$. Stellen Sie eine Gleichung für $K_1$ auf, und bestimmen Sie die Koordinaten des Berührpunkts $B_1$.

c) Eine Kugel $K_2$ mit dem Mittelpunkt $M(4|-2|5)$ berührt die Gerade

t: $\vec{x} = s \begin{pmatrix} 2 \\ 2 \\ 1 \end{pmatrix}$; $s \in \mathbb{R}$ im Punkt $B_2$.

Berechnen Sie die Koordinaten von $B_2$.
Die Kugel $K_2$ schneidet die Ebene $E_2$.
Bestimmen Sie Mittelpunkt und Radius des Schnittkreises k.
Der Punkt M ist die Spitze eines Kreiskegels mit dem Grundkreis k.
Wie groß ist der Öffnungswinkel dieses Kegels?

- - - - - - - - - - - - - - - - - - - - - - - - - - - - - - - - - - - -

d) Eine zu den Koordinatenachsen symmetrische Ellipse, deren Hauptscheitel auf der x-Achse liegen, hat die Halbachsen $a=5$ und $b=2$.
Die Punkte $O(0|0)$ und $Q(5|4)$ sind die Endpunkte einer Strecke, die die Ellipse in einem Punkt T schneidet.
Konstruieren Sie den Schnittpunkt T und die Tangente in T.
(Querformat; LE 1 cm; Zeichenbereich: $-7 \leq x \leq 12$; $-2 \leq y \leq 12$)
Konstruieren Sie die Sehne der Ellipse, die durch $P(1|0,8)$ halbiert wird.
Geben Sie zu allen Konstruktionen die Konstruktionsschritte an.

**Lösungshinweise:**

a) Die Ebene $E_1$ enthält drei gegebene Punkte. Man kann also eine Parametergleichung von $E_1$ aufstellen und dann die Parameter eliminieren. Die $x_3$-Koordinate tritt in der Gleichung für $E_1$ nicht auf. Welche besondere Lage hat also diese Ebene?
Die Ebene $E_2$ ist durch die Gerade und einen Punkt festgelegt. Wie erhält man einen zweiten Richtungsvektor von $E_2$?
Die Gleichung der Schnittgeraden ergibt sich am schnellsten, wenn man für $x_1 = x_2$ einen Parameter $s$ einführt.
Von den Ebenen $E_1$ und $E_2$ sind Koordinatengleichungen bekannt. Wie erhält man hieraus den Schnittwinkel der beiden Ebenen?

b) Die Ebene $E_2$ berührt die Kugel $K_1$. Der Mittelpunkt der Kugel $K_1$ ist gegeben. Den Radius der Kugel kann man also als Abstand des Punktes M von $E_2$ berechnen.
Der Berührpunkt $B_1$ ergibt sich als Schnittpunkt der Lotgeraden h zu $E_2$ durch M mit $E_2$. Der Radius der Kugel wäre dann auch als Betrag des Vektors $\overrightarrow{MB_1}$ berechenbar.

c) Die Kugel $K_2$ mit Mittelpunkt M berührt die Gerade t. Der Berührpunkt $B_2$ liegt also auf t. Wie kann man daher die Koordinaten von $B_2$ ansetzen? Die Tangente t steht senkrecht auf dem zugehörigen Berührradius. Welche Gleichung folgt hieraus? Berechne den Parameter und damit dann die Koordinaten von $B_2$.
Die Kugel $K_2$ hat den gleichen Mittelpunkt M wie die Kugel $K_1$. Der Berührpunkt $B_2$ der Tangente t liegt in $E_2$. Welche Schnittfigur ergibt sich, wenn man die Kugeln so schneidet, daß die Schnittebene durch t und M geht? Fertige eine Skizze an. Aus der gegenseitigen Lage der Kugeln erkennt man schon den Mittelpunkt $M_k$ des Schnittkreises k. Sieht man dies nicht, kann man die Koordinaten von $M_k$ mit Hilfe der Lotgeraden ermitteln, die senkrecht zu $E_2$ durch M verläuft. Den gesuchten Radius des Schnittkreises k erhält man entweder als Betrag des Vektors $\overrightarrow{B_1B_2}$ oder mit Hilfe des Satzes von Pythagoras.
Welche besondere Form hat das Dreieck $MB_2B_1$? Hieraus folgt ohne weitere Rechnung die Größe des Öffnungswinkels.

- - - - - - - - - - - - - - - - - - - - - - - - - - - - - - - - - - -

d) Von der Ellipse sind die beiden Halbachsen gegeben. Von den beiden Endpunkten der Strecke ist O(0|0) Fixpunkt. In einer Hilfskonstruktion muß zunächst der Punkt Q konstruiert werden, der bei einer axialen Streckung der Ellipse zum Kreis aus Q hervorgeht. Hierzu kann man die Schnittpunkte

der Hauptkreise mit der y-Achse verwenden. Der Schnittpunkt der Strecke $\overline{OQ}$ mit dem großen Hauptkreis ist $\overline{T}$. Wie erhält man nun T?
Die Tangente t ergibt sich als Bild der Tangente an den größeren Hauptkreis im Punkt $\overline{T}$. Wie zeichnet man die Tangente an einen Kreis in einem vorgegebenen Punkt? Welchen Fixpunkt hat diese Tangente?
Der gegebene Punkt P liegt auf der Strecke OQ. Wo liegt also $\overline{P}$? Welche Strecke geht bei der axialen Streckung aus der gesuchten Sehne hervor?
Zeichne diese Strecke ein und bilde sie ab.

## Lösung:

### a) Koordinatengleichung von $E_1$

Von der Ebene $E_1$ sind die Punkte A, B und C gegeben. Damit ergibt sich als Parametergleichung von $E_1$:

$$\vec{x} = \begin{pmatrix} 3 \\ 3 \\ 5 \end{pmatrix} + u \begin{pmatrix} -4 \\ -4 \\ -4 \end{pmatrix} + v \begin{pmatrix} -1 \\ -1 \\ -6 \end{pmatrix}; \quad u, v \in \mathbb{R}.$$

Eliminiert man aus dieser Gleichung die Parameter u und v, so ergibt sich eine Koordinatengleichung:
$$E_1: \quad x_1 - x_2 = 0.$$

### Koordinatengleichung von $E_2$

Die Ebene $E_2$ wird festgelegt durch die Gerade g und den Punkt D. Somit ergibt sich als Parametergleichung von $E_2$:

$$\vec{x} = \begin{pmatrix} -1 \\ -3 \\ -1 \end{pmatrix} + r \begin{pmatrix} 3 \\ 5 \\ 2 \end{pmatrix} + w \begin{pmatrix} 7 \\ 1 \\ 2 \end{pmatrix}; \quad r, w \in \mathbb{R}.$$

Elimination von r und w ergibt eine Koordinatengleichung:
$$E_2: \quad x_1 + x_2 - 4x_3 = 0.$$

### Gleichung der Schnittgeraden von $E_1$ und $E_2$

Aus der Gleichung
$E_1: \quad x_1 - x_2 = 0$ folgt $x_1 = x_2$. Setzt man $x_1 = x_2 = s$, so folgt aus
$E_2: \quad x_1 + x_2 - 4x_3 = 0$ für die dritte Koordinate $s + s - 4x_3 = 0$ bzw. $x_3 = \frac{1}{2}s$.

$$\text{Aus} \begin{cases} x_1 = s \\ x_2 = s \\ x_3 = 0{,}5s \end{cases} \text{folgt } \vec{x} = s \begin{pmatrix} 1 \\ 1 \\ 0{,}5 \end{pmatrix}; \quad s \in \mathbb{R} \quad \text{bzw.}$$

$$\vec{x} = s^* \begin{pmatrix} 2 \\ 2 \\ 1 \end{pmatrix}; \quad s^* \in \mathbb{R}$$

als Gleichung der Schnittgeraden von $E_1$ und $E_2$.

**Schnittwinkel zwischen $E_1$ und $E_2$**

Der Schnittwinkel $\alpha$ zwischen den beiden Ebenen läßt sich als Schnittwinkel der zugehörigen Normalenvektoren berechnen.

$$\cos\alpha = \frac{\left| \begin{pmatrix} 1 \\ -1 \\ 0 \end{pmatrix} \cdot \begin{pmatrix} 1 \\ 1 \\ -4 \end{pmatrix} \right|}{\sqrt{2} \cdot \sqrt{18}} = 0 ; \quad \alpha = 90°, \quad \text{d. h. die beiden Ebenen } E_1 \text{ und } E_2$$

stehen senkrecht aufeinander.

**b) Gleichung der Kugel $K_1$ und Koordinaten des Berührpunktes $B_1$**

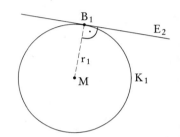

**1. Möglichkeit:**

Da die Kugel $K_1$ die Ebene $E_2$ berührt, ergibt sich der Radius $r_1$ als Abstand des Punktes M von $E_2$.

$E_2$ : $x_1 + x_2 - 4x_3 = 0$

HNF von $E_2$ : $\dfrac{1}{\sqrt{18}}(x_1 + x_2 - 4x_3) = 0$

$$d(M; E_2) = r_1 = \left| \frac{1}{\sqrt{18}} (4 - 2 - 4 \cdot 5) \right| = \left| \frac{-18}{\sqrt{18}} \right| = \sqrt{18} = 3\sqrt{2}$$

Eine Gleichung der Kugel $K_1$ ist also:

$$K_1 : \left[ \vec{x} - \begin{pmatrix} 4 \\ -2 \\ 5 \end{pmatrix} \right]^2 = 18.$$

Die Lotgerade h zu $E_2$ durch M schneidet $E_2$ in $B_1$.

$$h : \vec{x} = \begin{pmatrix} 4 \\ -2 \\ 5 \end{pmatrix} + u \begin{pmatrix} 1 \\ 1 \\ -4 \end{pmatrix} ; \quad u \in \mathbb{R}$$

$h \cap E_2 = \{B_1\}$ : $4 + u + (-2 + u) - 4(5 - 4u) = 0$

Hieraus folgt $u = 1$ und damit $B_1(5 \,|\, -1 \,|\, 1)$.

**2. Möglichkeit:**

Wie bei der 1. Möglichkeit bestimmt man zunächst mit Hilfe der Lotgeraden h den Berührpunkt $B_1$. Es ergibt sich wie dort: $B_1(5 \,|\, -1 \,|\, 1)$.

Der Radius $r_1$ der Kugel $K_1$ ergibt sich als Betrag des Vektors $\overrightarrow{MB_1}$.

$$r_1 = |\overrightarrow{MB_1}| = \left|\begin{pmatrix} 1 \\ 1 \\ -4 \end{pmatrix}\right| = \sqrt{18} = 3\sqrt{2}$$

Eine Gleichung der Kugel $K_1$ ist somit

$$K_1 : \left[\vec{x} - \begin{pmatrix} 4 \\ -2 \\ 5 \end{pmatrix}\right]^2 = 18.$$

### c) Koordinaten des Berührpunktes $B_2$

**1. Möglichkeit:**
Die Tangente t ist orthogonal zum Berührradius $MB_2$. Da $B_2$ auf t liegt, gilt:
$B_2(2s \mid 2s \mid s)$.

Mit $\overrightarrow{MB_2} = \begin{pmatrix} 2s-4 \\ 2s+2 \\ s-5 \end{pmatrix}$ folgt aus

$$\overrightarrow{MB_2} \cdot \begin{pmatrix} 2 \\ 2 \\ 1 \end{pmatrix} = 0 \quad \text{zunächst}$$

$$\begin{pmatrix} 2s-4 \\ 2s+2 \\ s-5 \end{pmatrix} \cdot \begin{pmatrix} 2 \\ 2 \\ 1 \end{pmatrix} = 0 \quad \text{und hieraus}$$

$2(2s-4) + 2(2s+2) + s - 5 = 0$ bzw. $s = 1$.
Also ist $B_2(2 \mid 2 \mid 1)$ der Berührpunkt.

**2. Möglichkeit:**
Der Berührpunkt $B_2$ ergibt sich als Schnittpunkt der Hilfsebene H, die senkrecht zu t durch M verläuft, mit der Tangente t.

$$H: \begin{pmatrix} 2 \\ 2 \\ 1 \end{pmatrix} \cdot \left[\vec{x} - \begin{pmatrix} 4 \\ -2 \\ 5 \end{pmatrix}\right] = 0$$

$$H \cap t = \{B_2\}: \begin{pmatrix} 2 \\ 2 \\ 1 \end{pmatrix} \cdot \left[s\begin{pmatrix} 2 \\ 2 \\ 1 \end{pmatrix} - \begin{pmatrix} 4 \\ -2 \\ 5 \end{pmatrix}\right] = 0$$

Aus $2(2s-4) + 2(2s+2) + s - 5 = 0$ folgt $s = 1$ und somit $B_2(2 \mid 2 \mid 1)$.

### Mittelpunkt und Radius des Schnittkreises k

**1. Möglichkeit:**
Die Kugeln $K_1$ und $K_2$ haben den gleichen Mittelpunkt $M(4 \mid -2 \mid 5)$. Die Ebene $E_2$ berührt die Kugel $K_1$ in $B_1$. Der Mittelpunkt $M_k$ des Schnittkreises k ist also $M_k = B_1(5 \mid -1 \mid 1)$.

Der Berührpunkt $B_2(2|2|1)$
der Tangente t mit der Kugel
$K_2$ liegt in der Ebene $E_2$,
denn es gilt:
$2+2-4 \cdot 1 = 0$.

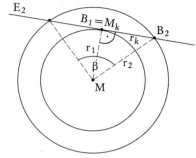

Für den Radius $r_k$ des Schnittkreises k gilt also:

$$r_k = |\overrightarrow{B_1 B_2}| = \left| \begin{pmatrix} -3 \\ 3 \\ 0 \end{pmatrix} \right| = \sqrt{18} = 3\sqrt{2}.$$

## 2. Möglichkeit:

Der Mittelpunkt $M_k$ des Kreises k
ergibt sich als Schnittpunkt der Lotgeraden i zu $E_2$ durch M mit der Ebene $E_2$.

$$i: \vec{x} = \begin{pmatrix} 4 \\ -2 \\ 5 \end{pmatrix} + u \begin{pmatrix} 1 \\ 1 \\ -4 \end{pmatrix}; \quad u \in \mathbb{R}$$

$i \cap E_2 = \{M_k\}$: Aus $4 + u - 2 + u - 4(5 - 4u) = 0$ folgt $u = 1$ und hieraus
$M_k(5|-1|1) = B_1$.

Radius $r_1$ der Kugel $K_1$: $r_1 = \sqrt{18} = 3\sqrt{2}$;

Radius $r_2$ der Kugel $K_2$: $r_2 = |\overrightarrow{MB_2}| = \left| \begin{pmatrix} -2 \\ 4 \\ -4 \end{pmatrix} \right| = \sqrt{4 + 16 + 16} = 6$.

Mit Hilfe des Satzes von Pythagoras ergibt sich für den Radius $r_k$ des
Schnittkreises k: $r_1^2 + r_k^2 = r_2^2$.

Hieraus folgt $r_k = \sqrt{36 - 18} = \sqrt{18} = 3\sqrt{2}$.

## Öffnungswinkel des Kegels

Es ist $r_1 = r_k$; also ist das Dreieck $MB_2 B_1$ (siehe Figur) rechtwinklig-
gleichschenklig mit dem rechten Winkel bei $B_1$. Der Winkel bei M in
diesem Dreieck ist somit $45°$. Für den Öffnungswinkel $\beta$ des Kegels mit
Spitze M folgt also: $\beta = 90°$.

**d) Konstruktion**

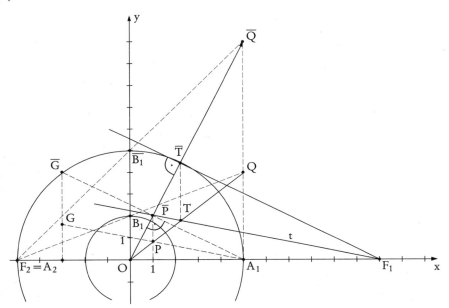

**G**

## Konstruktionsschritte

Konstruktion von T:
In einer Hilfskonstruktion wird zunächst der Punkt $\overline{Q}$ konstruiert, der bei
einer axialen Streckung der Ellipse zum Kreis aus Q hervorgeht:
Die Gerade $B_1Q$ schneidet die x-Achse im Fixpunkt $F_2$.
$F_2\overline{B_1}$ schneidet die Parallele zur y-Achse durch Q in $\overline{Q}$.
$O\overline{Q}$ schneidet den Hauptkreis in $\overline{T}$.
Die Parallele zur y-Achse durch $\overline{T}$ schneidet OQ in T.

Konstruktion der Tangente in T:
Die Senkrechte zu $O\overline{T}$ in $\overline{T}$ schneidet die x-Achse im Fixpunkt $F_1$.
Die Gerade $F_1T$ ist die gesuchte Tangente t.

Konstruktion der Sehne:
Der Punkt P liegt auf der Strecke OQ. Die Parallele zur y-Achse durch P
schneidet $O\overline{Q}$ in $\overline{P}$.
Die Senkrechte zu $O\overline{P}$ in $\overline{P}$ schneidet den Hauptkreis in $A_1$ und $\overline{G}$.
Die Parallele zur y-Achse durch $\overline{G}$ schneidet die Gerade $A_1P$ in G.
Die Strecke $A_1G$ ist die gesuchte Sehne.

Ein Partyzelt besitzt eine quadratische Grundfläche PQRS mit der Seitenlänge 3 m. (siehe Skizze; das Quadrat liegt in der $x_1x_2$-Ebene symmetrisch zu den Koordinatenachsen)
Die vertikalen Stützstangen besitzen eine Höhe von 2 m. Die Dachkanten bilden eine symmetrische Pyramide mit der Spitze X. Diese befindet sich 2,5 m über der Grundfläche. Zur Windsicherung sind an den Ecken T, U, V, W gleichlange Spannschnüre befestigt. Sie sind in den Punkten $F_1$, $F_2$, $F_3$, $F_4$ im Boden verankert. Das Quadrat $F_1F_2F_3F_4$ mit der Seitenlänge 7 m liegt ebenfalls in der $x_1x_2$-Ebene und ist symmetrisch zu den Koordinatenachsen.

Skizze

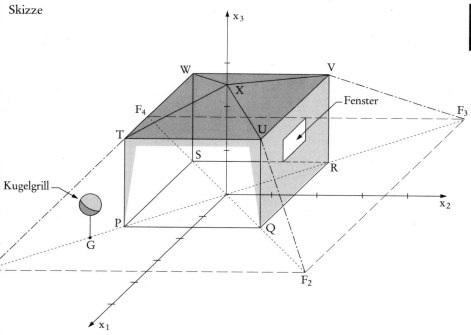

a) Geben Sie die Koordinaten aller genannten Punkte an.
   Welche Länge besitzen die Spannschnüre?
   Welchen Winkel schließen sie mit den vertikalen Stützstangen ein?
   Bestimmen Sie eine Koordinatengleichung der Ebene E, in der die Dachfläche UVX liegt.
   Wie stark ist diese Dachfläche gegen die Seitenfläche QRVU geneigt?
   M ist der Mittelpunkt der Bodenkante PS.
   Welchen Abstand hat der Punkt M von der Ebene E?

b) An einem kühlen Tag werden die Seitenwände des Partyzeltes geschlossen. Wie groß ist die Oberfläche des geschlossenen Zeltes? In der Seitenwand QRVU befindet sich ein rechteckiges Fenster. Die Fensterunterkante liegt 1 m über der Bodenfläche; das Fenster hat eine Höhe von 0,5 m und eine Breite von 1 m. Es ist symmetrisch in die Seitenfläche eingelassen (siehe Skizze). Die Abendsonnenstrahlen fallen parallel zur Richtung $\begin{pmatrix} 0 \\ -2 \\ -1 \end{pmatrix}$ durch das Fenster.

Zeigen Sie, daß die dadurch beleuchtete Fläche im Inneren des Partyzeltes die Form eines Rechtecks hat.
Geben Sie die Größe dieser Fläche an.

c) Ein Kugelgrill besitzt einen 0,5 m hohen Fuß. Der Durchmesser der Grillkugel beträgt ebenfalls 0,5 m. (siehe Skizze)
Der Kugelgrill wird in geschlossenem Zustand unter die Spannschnur $F_1T$ gestellt. Der Fußpunkt befindet sich im Punkt $G(2|-2|0)$.
Wie groß ist der Abstand zwischen der Spannschnur und der Kugeloberfläche? Kann man den Grillfuß an die Stelle $H(2,5|-2,5|0)$ bringen, ohne daß die Spannschnur $F_1T$ von der Grillkugel berührt wird?

## Lösungshinweise:

a) Der Mittelpunkt der quadratischen Grundfläche des Zeltes ist der Koordinatenursprung. Aus der Seitenlänge 3 m und der Zelthöhe 2 m folgen die Koordinaten der Punkte P, Q, R, S, T, U, V, W.
Die Spitze X liegt 2,5 m über dem Ursprung O. Der Mittelpunkt des Quadrates $F_1F_2F_3F_4$ ist ebenfalls O. Aus der Seitenlänge 7 m folgen die Koordinaten von $F_1$, $F_2$, $F_3$, $F_4$.
Aufgrund der Symmetrie sind die vier Spannschnüre gleich lang. Wie berechnet man den Betrag eines Vektors?
Bei der Berechnung des Winkels zwischen einer Spannschnur und einer Stützstange muß man die Richtungen der zugehörigen Vektoren beachten.
Da von der Ebene E drei Punkte gegeben sind, kann man zunächst eine Parametergleichung aufstellen und dann die Parameter eliminieren.
Um den Winkel zwischen einer Dachfläche und einer Seitenfläche zu berechnen, ermittelt man zunächst den Schnittwinkel zwischen den Ebenen, in denen die Flächen liegen. Dieser Schnittwinkel ist kleiner als 90°. Aus ihm ergibt sich dann der gesuchte Winkel.
Wie berechnet man die Koordinaten des Mittelpunktes einer Strecke? Der Abstand des Punktes M von der Ebene E ergibt sich mit Hilfe der Hesse-Form der Ebene E.

b) Die Oberfläche des geschlossenen Zeltes besteht aus Rechtecken und Dreiecken. Nur die Höhe eines solchen Dreiecks ist noch nicht bekannt. Wie ermittelt man diese?
Die Richtung der Sonnenstrahlen ist vorgegeben. Beschreibe die Lage dieser Richtung.
Die $x_2x_3$-Ebene schneidet das Zelt. Zeichne die Schnittfigur einschließlich der Richtung der Sonnenstrahlen. Treffen die Strahlen durch das Fenster auf die Bodenfläche oder auf eine Seitenfläche des Zeltes auf?
Aufgrund der Maße des Fensters kann man die Koordinaten der Ecken des Fensters notieren. Stelle für die Strahlen durch diese Eckpunkte jeweils eine Gleichung auf. Die Eckpunkte der beleuchteten Fläche ergeben sich als Schnittpunkte mit der Grundfläche des Zeltes. Welche Gleichung hat diese? Sind die Eckpunkte bekannt, kann man nachweisen, daß sie ein Rechteck bilden.

c) Der Kugelgrill steht unter der Spannschnur $F_1T$. Skizziere also das Dreieck $F_1PT$ einschließlich des Grills. Welche Länge ist gesucht? Welchen Punkt benötigt man hierzu? Die Lage dieses Punktes ergibt sich als Schnittpunkt einer Hilfsebene mit der Spannschnur $F_1T$. Notiere eine Gleichung dieser Hilfsebene; schneide die Hilfsebene mit der Spannschnur.
Die Frage, ob man den Grillfuß an die vorgegebene Stelle bringen kann, ohne daß die Spannschnur von der Grillkugel berührt wird, kann man entscheiden, wenn man die Anzahl der Schnittpunkte der Geraden durch $F_1$ und $T$ mit der Kugel kennt. Schneide also die Gerade mit der Kugel. Welche Gleichung ergibt sich? Wie viele Lösungen hat diese Gleichung?

## Lösung:

### a) Koordinaten der genannten Punkte

$P(1,5|-1,5|0)$; $Q(1,5|1,5|0)$; $R(-1,5|1,5|0)$; $S(-1,5|-1,5|0)$;
$T(1,5|-1,5|2)$; $U(1,5|1,5|2)$; $V(-1,5|1,5|2)$; $W(-1,5|-1,5|2)$;
$F_1(3,5|-3,5|0)$; $F_2(3,5|3,5|0)$; $F_3(-3,5|3,5|0)$; $F_4(-3,5|-3,5|0)$;
$X(0|0|2,5)$

### Länge der Spannschnüre

Aufgrund der Symmetrie haben alle Spannschnüre die gleiche Länge. Es gilt:

$$|\overrightarrow{F_1T}| = \left|\begin{pmatrix} -2 \\ 2 \\ 2 \end{pmatrix}\right| = \sqrt{4+4+4} = 2 \cdot \sqrt{3} \approx 3,46.$$

**Winkel zwischen Spannschnur und Stützstange**

Die vertikale Stützstange PT hat den Richtungsvektor $\overrightarrow{PT} = \begin{pmatrix} 0 \\ 0 \\ 2 \end{pmatrix}$.

Der Winkel zwischen den Vektoren $\overrightarrow{F_1T}$ und $\overrightarrow{PT}$ ist genauso groß wie der Winkel zwischen einer Spannschnur und einer Stützstange.

$$\cos \alpha = \frac{\left| \begin{pmatrix} -2 \\ 2 \\ 2 \end{pmatrix} \cdot \begin{pmatrix} 0 \\ 0 \\ 1 \end{pmatrix} \right|}{2\sqrt{3} \cdot 1} = \frac{1}{\sqrt{3}} = \frac{1}{3} \cdot \sqrt{3} \; ; \quad \alpha \approx 54{,}7°.$$

**Koordinatengleichung der Ebene E**

Von der Ebene E sind die Punkte U, V und X gegeben. Damit ergibt sich als Parametergleichung von E:

$$\vec{x} = \begin{pmatrix} 1{,}5 \\ 1{,}5 \\ 2 \end{pmatrix} + s \begin{pmatrix} -1{,}5 \\ -1{,}5 \\ 0{,}5 \end{pmatrix} + t \begin{pmatrix} -3 \\ 0 \\ 0 \end{pmatrix} \; ; \quad s,\, t \in \mathbb{R}.$$

Eliminiert man aus dieser Gleichung die Parameter s und t, so ergibt sich eine Koordinatengleichung:

E: $x_2 + 3x_3 - 7{,}5 = 0$.

In dieser Gleichung kommt die Koordinate $x_1$ nicht vor; die Ebene E liegt parallel zur $x_1$-Achse.

**Winkel zwischen einer Dachfläche und einer Seitenfläche**

Es bezeichne $\beta \leqq 90°$ den Schnittwinkel zwischen den Ebenen, in denen die Dachfläche UVX und die Seitenfläche QRVU liegen. Die Dachfläche hat

den Normalenvektor $\overrightarrow{n_1} = \begin{pmatrix} 0 \\ 1 \\ 3 \end{pmatrix}$, die Seitenfläche den Normalenvektor

$\overrightarrow{n_2} = \begin{pmatrix} 0 \\ 1 \\ 0 \end{pmatrix}$. Hieraus folgt:

$$\cos \beta = \frac{\left| \begin{pmatrix} 0 \\ 1 \\ 3 \end{pmatrix} \cdot \begin{pmatrix} 0 \\ 1 \\ 0 \end{pmatrix} \right|}{\sqrt{1 + 9} \cdot 1} = \frac{1}{\sqrt{10}} = \frac{1}{10} \cdot \sqrt{10} \; ; \quad \alpha \approx 71{,}6°.$$

Damit gilt für den Winkel $\gamma$ zwischen der Dachfläche UVX und der Seitenfläche QRVU:

$\gamma = 180° - \beta \approx 108{,}4°$.

## Abstand des Punktes M von der Ebene E

Der Mittelpunkt M der Bodenkante PS hat die Koordinaten $M(0|-1,5|0)$.

HNF von E: $\frac{1}{\sqrt{10}}(x_2 + 3x_3 - 7,5) = 0$

$d(M;E) = \left| \frac{1}{\sqrt{10}}(-1,5 + 3 \cdot 0 - 7,5) \right| = \left| \frac{-9}{\sqrt{10}} \right| = \frac{9}{10} \cdot \sqrt{10} = 2,85$

## b) Oberfläche des geschlossenen Zeltes

Die Oberfläche des geschlossenen Zeltes besteht aus vier gleichgroßen Rechtecken und vier gleichgroßen Dreiecken. Jedes Rechteck hat den Flächeninhalt $A_1 = 2 \cdot 3$, jedes Dreieck hat den Flächeninhalt $A_2 = \frac{1}{2} \cdot 3 \cdot |\overrightarrow{XY}|$, wenn Y die Mitte von UV ist. Mit $Y(0|1,5|2)$ und

$|\overrightarrow{XY}| = \left| \begin{pmatrix} 0 \\ 1,5 \\ -0,5 \end{pmatrix} \right| = \sqrt{2,5}$ ergibt sich für die Oberfläche:

$O = 4 \cdot 2 \cdot 3 + 4 \cdot \frac{1}{2} \cdot 3 \cdot \sqrt{2,5} = 6\,(4 + \sqrt{2,5}) \approx 33,49.$

## Nachweis, daß die beleuchtete Fläche die Form eines Rechtecks hat

Da die $x_1$-Koordinate des Richtungsvektors der Sonnenstrahlen 0 ist, fallen die Strahlen parallel zur $x_2 x_3$-Ebene ein. Die Figur zeigt einen Schnitt durch das Zelt mit der $x_2 x_3$-Ebene als Schnittebene. Die Verlängerung eines Lichtstrahles durch die obere Kante des Fensters geht durch die Kante PS. Die beleuchtete Fläche liegt also ganz in der $x_1 x_2$-Ebene.

Wegen der besonderen Richtung des einfallenden Lichtes hat die beleuchtete Fläche die gleiche Breite wie das Fenster. Die Berechnung bestätigt dies.

Aus den angegebenen Maßen für das Fenster ergeben sich folgende Koordinaten für die Ecken des Fensters:

$A(0,5|1,5|1)$; $B(-0,5|1,5|1)$; $C(-0,5|1,5|1,5)$; $D(0,5|1,5|1,5)$.

Der Strahl durch den Eckpunkt A hat die Gleichung

$$\vec{x} = \begin{pmatrix} 0,5 \\ 1,5 \\ 1 \end{pmatrix} + a \begin{pmatrix} 0 \\ -2 \\ -1 \end{pmatrix}; \quad a \in \mathbb{R}.$$

Die Grundfläche des Zeltes hat die
Gleichung $x_3 = 0$.
Aus $0 = 1 - a$ folgt $a = 1$ und somit
für das „Bild" A′ die Koordinaten
A′$(0,5 \,|\, -0,5 \,|\, 0)$. Entsprechend folgt B′$(-0,5 \,|\, -0,5 \,|\, 0)$.
Der Strahl durch den Eckpunkt D hat die Gleichung

$$\vec{x} = \begin{pmatrix} 0,5 \\ 1,5 \\ 1,5 \end{pmatrix} + d \begin{pmatrix} 0 \\ -2 \\ -1 \end{pmatrix}; \quad d \in \mathbb{R}.$$

Aus $0 = 1,5 - d$ folgt $d = 1,5$ und somit D′$(0,5 \,|\, -1,5 \,|\, 0)$; entsprechend
ergibt sich C′$(-0,5 \,|\, -1,5 \,|\, 0)$.
Alle Punkte A′, B′, C′, D′ liegen also in der Grundfläche PQRS des Zeltes.

Aus $\overrightarrow{A'B'} = \begin{pmatrix} -1 \\ 0 \\ 0 \end{pmatrix}$, $\overrightarrow{A'D'} = \begin{pmatrix} 0 \\ -1 \\ 0 \end{pmatrix}$, $\overrightarrow{D'C'} = \begin{pmatrix} -1 \\ 0 \\ 0 \end{pmatrix}$, $\overrightarrow{B'C'} = \begin{pmatrix} 0 \\ -1 \\ 0 \end{pmatrix}$ folgt

$|\overrightarrow{A'B'}| = 1$, $|\overrightarrow{A'D'}| = 1$, $|\overrightarrow{D'C'}| = 1$, $|\overrightarrow{B'C'}| = 1$, und

$\overrightarrow{A'B'} \cdot \overrightarrow{A'D'} = 0$, $\overrightarrow{A'B'} \cdot \overrightarrow{B'C'} = 0$.

Die beleuchtete Fläche hat also die **Form eines Rechtecks** mit den Seitenlängen 1.

**Flächeninhalt des Rechtecks**

Der Flächeninhalt des Rechtecks ist $A = 1 \cdot 1 = 1$.

c) **Abstand zwischen Spannschnur und Kugeloberfläche**

Der Mittelpunkt des Grills ist M$(2 \,|\, -2 \,|\, 0,75)$.
Gesucht ist die Länge e der
Strecke $A_1 A_2$ (vgl. die Figur).
Sie ergibt sich aus der Differenz
der Längen der Strecken $A_1 M$
und $A_2 M$.
Gegeben ist $\overline{A_2 M} = r = 0,25$.
Der Punkt $A_1$ ergibt sich als
Schnittpunkt der Hilfsebene E′,
die senkrecht zu $F_1 T$ durch M
verläuft, mit der Geraden g
durch $F_1$ und T.

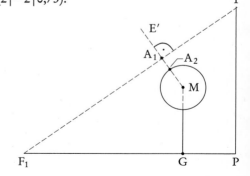

$E'$: $\begin{pmatrix} -1 \\ 1 \\ 1 \end{pmatrix} \cdot \left[ \vec{x} - \begin{pmatrix} 2 \\ -2 \\ 0{,}75 \end{pmatrix} \right] = 0$ bzw.

$E'$: $x_1 - x_2 - x_3 - 3{,}25 = 0$

$g$: $\vec{x} = \begin{pmatrix} 3{,}5 \\ -3{,}5 \\ 0 \end{pmatrix} + u \begin{pmatrix} -1 \\ 1 \\ 1 \end{pmatrix}$; $u \in \mathbb{R}$

$E' \cap g = \{A_1\}$: $3{,}5 - u - (-3{,}5 + u) - u - 3{,}25 = 0$

Hieraus folgt $u = 1{,}25$ und somit $A_1(2{,}25 \mid -2{,}25 \mid 1{,}25)$.

Weiterhin ist $\overrightarrow{A_1 M} = \begin{pmatrix} -0{,}25 \\ 0{,}25 \\ -0{,}5 \end{pmatrix}$ und $|\overrightarrow{A_1 M}| = \sqrt{0{,}25^2 + 0{,}25^2 + 0{,}5^2} = \frac{1}{4} \cdot \sqrt{6}$.

Für die gesuchte Länge e ergibt sich damit:

$e = \frac{1}{4} \cdot \sqrt{6} - 0{,}25 \approx 0{,}36$.

## Untersuchung

Steht der Grillfuß an der Stelle $H(2{,}5 \mid -2{,}5 \mid 0)$, so hat der Grill den Mittelpunkt $M_1(2{,}5 \mid -2{,}5 \mid 0{,}75)$. Die Antwort auf die Frage kann gegeben werden, wenn man die Kugel K mit dem Mittelpunkt $M_1$ und dem Radius $r = 0{,}25$ mit der Geraden g durch $F_1$ und T schneidet.

K: $(x_1 - 2{,}5)^2 + (x_2 + 2{,}5)^2 + (x_3 - 0{,}75)^2 = 0{,}25^2$

$g$: $\vec{x} = \begin{pmatrix} 3{,}5 \\ -3{,}5 \\ 0 \end{pmatrix} + u \begin{pmatrix} -1 \\ 1 \\ 1 \end{pmatrix}$; $u \in \mathbb{R}$

Aus $(3{,}5 - u - 2{,}5)^2 + (-3{,}5 + u + 2{,}5)^2 + (u - 0{,}75)^2 = 0{,}25^2$

folgt $3u^2 - 5{,}5u + 2{,}5 = 0$ mit

$u_{1;2} = \dfrac{5{,}5 \pm \sqrt{5{,}5^2 - 4 \cdot 3 \cdot 2{,}5}}{6} = \dfrac{5{,}5 \pm \sqrt{30{,}25 - 30}}{6}$.

Die quadratische Gleichung hat also zwei Lösungen; d.h., die Gerade g **schneidet** die Kugel K.

Man kann also den Grillfuß **nicht** an die Stelle H bringen, ohne daß die Spannschnur $F_1 T$ von der Grillkugel berührt wird.

Gegeben sind die Punkte $A(12|0|0)$, $B(-4|10|-2)$, $C(4|2|2)$, $D(4|2|8)$ und
die Gerade $g$: $\vec{x} = \begin{pmatrix} 0 \\ 4 \\ -2 \end{pmatrix} + t \begin{pmatrix} 2 \\ 2 \\ 1 \end{pmatrix}$; $t \in \mathbb{R}$.

Die Punkte A, B und C liegen in einer Ebene E.

a) Bestimmen Sie eine Koordinatengleichung von E.
   Ermitteln Sie die Koordinaten des Schnittpunktes von g und E.
   Berechnen Sie die Koordinaten der Punkte auf g, die von E den Abstand 8
   haben.

b) Zeigen Sie, daß das Dreieck ABD rechtwinklig ist.
   Berechnen Sie seinen Flächeninhalt.
   Auf der zur $x_3$-Achse parallelen Geraden durch D gibt es einen weiteren
   Punkt D* so, daß das Dreieck ABD* bei D* einen rechten Winkel hat.
   Berechnen Sie die Koordinaten von D*.

c) Die Kugel K hat den Mittelpunkt $M(-4|3|5)$ und den Radius $r=9$.
   Geben Sie eine Gleichung von K an.
   Die Gerade g schneidet K in den Punkten $P_1$ und $P_2$; dabei ist $P_1$ der
   Punkt mit $x_1 > 0$.
   Ermitteln Sie die Koordinaten von $P_1$ und $P_2$.
   Geben Sie eine Gleichung für die Tangentialebene T an K in $P_1$ an.
   Eine Kugel K* hat ihren Mittelpunkt in der Ebene, in der das rechtwinklige
   Dreieck ABD liegt. Die Punkte A, B und D liegen auf der Kugel K*.
   Bestimmen Sie Mittelpunkt und Radius von K*.

d) Die Kugel K aus Teilaufgabe c) schneidet die Ebene E.
   Bestimmen Sie die Koordinaten des Mittelpunktes und den Radius des
   Schnittkreises.
   Es gibt Kugeln mit dem Radius 15, die mit E denselben Schnittkreis haben
   wie K.
   Bestimmen Sie die Koordinaten der Mittelpunkte dieser Kugeln.

## Lösungshinweise:

a) Mit Hilfe der gegebenen Punkte A, B und C kann man zunächst eine Parametergleichung der Ebene E angeben. Eliminiere danach die Parameter. Eine Parametergleichung von g ist gegeben. Setze also nun $x_1$, $x_2$ und $x_3$ in die Koordinatengleichung von E ein. Welcher Parameterwert ergibt sich für den Schnittpunkt S? Die gesuchten Punkte $Q_i$, welche von E den Abstand 8 haben, liegen auf g. Was weiß man also schon über die Koordinaten von $Q_i$? Berechne mit diesen Koordinaten den Abstand der Punkte $Q_i$ von E. Da die gesuchten Punkte den vorgegebenen Abstand 8 haben sollen, ergibt sich eine Betragsgleichung. Welche beiden Gleichungen folgen hieraus für den Parameter t? Setze die berechneten Werte in die Gleichung für g ein.

b) Man kann vermuten, daß der rechte Winkel bei D liegt. Welche Vektoren sind also zu berechnen? Wie lautet die Bedingung dafür, daß zwei Vektoren orthogonal sind? Da das Dreieck ABD rechtwinklig ist, ergibt sich der Flächeninhalt des Dreiecks als die Hälfte des Flächeninhaltes eines Rechtecks. Wie lautet die Gleichung einer Geraden durch den Punkt D parallel zur $x_3$-Achse? Der Punkt D* liegt auf dieser Geraden. Was weiß man also schon (wie in Teilaufgabe a)) über die Koordinaten von D*? Die Bedingung für die Orthogonalität ergibt eine quadratische Gleichung für den Parameter. Die eine Lösung ergibt dann den Punkt D, die andere den Punkt D*.

c) Da der Mittelpunkt M und der Radius r gegeben sind, kann man sofort eine Gleichung der Kugel K angeben. Setze für $x_1$, $x_2$ und $x_3$ die Terme aus der Geraden g in die Kugelgleichung ein; es ergibt sich eine quadratische Gleichung für t. Welche Lösungen hat diese Gleichung? Setze sie in die Gleichung für g ein. Wie lautet allgemein die Gleichung einer Tangentialebene T an eine Kugel in einem vorgegebenen Punkt? Da der Mittelpunkt M, der Berührpunkt $P_1$ und der Radius r gegeben sind, kann man eine Gleichung für T notieren. Der Mittelpunkt M* der Kugel K* liegt in der Ebene, in der das Dreieck ABD liegt. Dieses Dreieck hat bei D einen rechten Winkel. D liegt also auf dem Thaleskreis über AB. Welche besondere Lage hat also die Strecke AB bezüglich der Kugel K*? Wo liegt somit M*? Der Radius r* ergibt sich aus der Länge des zugehörigen Vektors.

d) Zur Berechnung der Koordinaten des Mittelpunktes des Schnittkreises gibt es zwei Möglichkeiten. Entweder man berechnet den Abstand des Punktes M von E, oder man schneidet die Lotgerade h zu E durch M mit der Ebene E. Welcher Abstand ergibt sich? Was folgt hieraus für die Lage von E und damit für die Koordinaten des Kreismittelpunktes?

Zur Bestimmung der Lage der weiteren Kugelmittelpunkte fertige eine Skizze an. Wo liegen die neuen Mittelpunkte? Der Abstand eines solchen Mittelpunktes von M ergibt sich mit dem Satz des Pythagoras. Die Koordinaten der beiden Mittelpunkte ergeben sich über die zugehörigen Ortsvektoren.

## Lösung:

### a) Koordinatengleichung von E

Von der Ebene E sind die Punkte A, B und C gegeben. Damit ergibt sich als Parametergleichung von E:

$$\vec{x} = \begin{pmatrix} 12 \\ 0 \\ 0 \end{pmatrix} + r \begin{pmatrix} -16 \\ 10 \\ -2 \end{pmatrix} + s \begin{pmatrix} -8 \\ 2 \\ 2 \end{pmatrix}; \quad r, s \in \mathbb{R}.$$

Eliminiert man aus dieser Gleichung die Parameter r und s, so ergibt sich eine Koordinatengleichung:

E: $x_1 + 2x_2 + 2x_3 - 12 = 0$.

### Koordinaten des Schnittpunktes von g und E

$$g: \quad \vec{x} = \begin{pmatrix} 0 \\ 4 \\ -2 \end{pmatrix} + t \begin{pmatrix} 2 \\ 2 \\ 1 \end{pmatrix}; \quad t \in \mathbb{R}$$

$g \cap E = \{S\}$: $2t + 2(4 + 2t) + 2(-2 + t) - 12 = 0$;
hieraus folgt $t = 1$ und somit $S(2 \mid 6 \mid -1)$.

### Koordinaten der Punkte von g, die von E den Abstand 8 haben

HNF von E: $\frac{1}{3}(x_1 + 2x_2 + 2x_3 - 12) = 0$

Die gesuchten Punkte $Q_i$ liegen auf g: $Q_i(2t \mid 4 + 2t \mid -2 + t)$.
Abstand d der Punkte $Q_i$ von E:

$$d(Q_i ; E) = \left| \frac{1}{3}(2t + 2(4 + 2t) + 2(-2 + t) - 12) \right|$$

$$= \left| \frac{8}{3}t - \frac{8}{3} \right|$$

Mit $d(Q_i ; E) = 8$ ergibt sich die Betragsgleichung $\left| \frac{8}{3}t - \frac{8}{3} \right| = 8$.

Hieraus folgt $\frac{8}{3}t_1 - \frac{8}{3} = 8$ mit $t_1 = 4$

oder $\frac{8}{3}t_2 - \frac{8}{3} = -8$ mit $t_2 = -2$.

Also sind $Q_1(8 \mid 12 \mid 2)$ und $Q_2(-4 \mid 0 \mid -4)$ die gesuchten Punkte.

b) **Nachweis, daß das Dreieck ABD rechtwinklig ist**

Aus $\overrightarrow{AD} = \begin{pmatrix} -8 \\ 2 \\ 8 \end{pmatrix}$ und $\overrightarrow{BD} = \begin{pmatrix} 8 \\ -8 \\ 10 \end{pmatrix}$ folgt

$\overrightarrow{AD} \cdot \overrightarrow{BD} = \begin{pmatrix} -8 \\ 2 \\ 8 \end{pmatrix} \cdot \begin{pmatrix} 8 \\ -8 \\ 10 \end{pmatrix} = -64 - 16 + 80 = 0.$

Also hat das Dreieck ABD **bei D einen rechten Winkel.**

**Flächeninhalt des Dreiecks ABD**

Da das Dreieck ABD bei D einen rechten Winkel hat, ergibt sich:

$A = \frac{1}{2} \cdot |\overrightarrow{AD}| \cdot |\overrightarrow{BD}| = \frac{1}{2} \cdot \sqrt{64 + 4 + 64} \cdot \sqrt{64 + 64 + 100}$

$= \frac{1}{2} \cdot \sqrt{132} \cdot \sqrt{228}$

$= 6 \cdot \sqrt{209} \approx 86{,}7.$

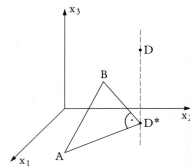

**Koordinaten von D\***

Die Gerade durch D parallel
zur $x_3$-Achse hat die Gleichung

$\vec{x} = \begin{pmatrix} 4 \\ 2 \\ 8 \end{pmatrix} + u \begin{pmatrix} 0 \\ 0 \\ 1 \end{pmatrix}; \quad u \in \mathbb{R}.$

Der Punkt D\* liegt auf dieser
Geraden, also gilt:
D\*$(4\,|\,2\,|\,8 + u)$.
Die Bedingung für einen rechten
Winkel bei D\* ist $\overrightarrow{AD^*} \cdot \overrightarrow{BD^*} = 0.$

Mit $\overrightarrow{AD^*} = \begin{pmatrix} -8 \\ 2 \\ 8 + u \end{pmatrix}$ und $\overrightarrow{BD^*} = \begin{pmatrix} 8 \\ -8 \\ 10 + u \end{pmatrix}$

folgt also $\begin{pmatrix} -8 \\ 2 \\ 8 + u \end{pmatrix} \cdot \begin{pmatrix} 8 \\ -8 \\ 10 + u \end{pmatrix} = 0$ bzw. $u(u + 18) = 0$

und hieraus $u_1 = 0; \ u_2 = -18.$
Für $u_1 = 0$ ergibt sich der Punkt D;
für $u_2 = -18$ folgt **D\*$(4\,|\,2\,|\,{-10})$.**

## c) Gleichung der Kugel K

Da der Mittelpunkt M und der Radius r der Kugel K gegeben sind, ergibt sich:

$$K: \left[\vec{x} - \begin{pmatrix} -4 \\ 3 \\ 5 \end{pmatrix}\right]^2 = 81.$$

### Koordinaten von $P_1$ und $P_2$

Es ist $g \cap K = \{P_1 ; P_2\}$. Also folgt:

$(2t+4)^2 + (4+2t-3)^2 + (-2+t-5)^2 = 81$

und hieraus $3t^2 + 2t - 5 = 0$ mit den Lösungen $t_1 = 1$; $t_2 = -\dfrac{5}{3}$.

Setzt man diese Werte von t in die Gleichung der gegebenen Geraden g ein, so erhält man

für $t_1 = 1$ den Punkt $P_1(2 \mid 6 \mid -1) = S$ (vgl. Teilaufgabe a)),

für $t_2 = -\dfrac{5}{3}$ den Punkt $P_2\left(-\dfrac{10}{3} \,\Big|\, \dfrac{2}{3} \,\Big|\, -\dfrac{11}{3}\right)$.

### Gleichung der Tangentialebene T an K in $P_1$

Mit den Punkten $M(-4 \mid 3 \mid 5)$ und $P_1(2 \mid 6 \mid -1)$ sowie dem Radius $r = 9$ ergibt sich für die Tangentialebene

$$T: \left[\vec{x} - \begin{pmatrix} -4 \\ 3 \\ 5 \end{pmatrix}\right] \cdot \left[\begin{pmatrix} 2 \\ 6 \\ -1 \end{pmatrix} - \begin{pmatrix} -4 \\ 3 \\ 5 \end{pmatrix}\right] = 81 \text{ bzw.}$$

$$\begin{pmatrix} 6 \\ 3 \\ -6 \end{pmatrix} \cdot \left[\vec{x} - \begin{pmatrix} -4 \\ 3 \\ 5 \end{pmatrix}\right] = 81 \text{ und hieraus}$$

$$T: 2x_1 + x_2 - 2x_3 - 12 = 0.$$

### Mittelpunkt und Radius von $K^*$

Die Punkte A, B und D liegen auf $K^*$; außerdem ist bei D ein rechter Winkel.

Also ist AB ein Durchmesser der Kugel $K^*$, und der Mittelpunkt $M^*$ der Kugel $K^*$ ist die Mitte von AB.

Somit folgt: $M^*(4 \mid 5 \mid -1)$.

Der Radius $r^*$ der Kugel $K^*$ ist der

Betrag des Vektors $\overrightarrow{M^*A} = \begin{pmatrix} 8 \\ -5 \\ 1 \end{pmatrix}$.

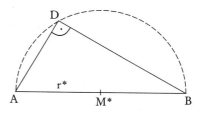

Also folgt

$$r^* = |\overrightarrow{M^*A}| = \left|\begin{pmatrix} 8 \\ -5 \\ 1 \end{pmatrix}\right| = \sqrt{64 + 25 + 1} = \sqrt{90} = 3 \cdot \sqrt{10}.$$

**d) Koordinaten des Mittelpunktes und Radius des Schnittkreises**

Es sei $M_1$ der Mittelpunkt und $r_1$ der Radius des Schnittkreises.

**1. Möglichkeit:**

Man berechnet den Abstand des Punktes M von E.

HNF von E: $\frac{1}{3}(x_1 + 2x_2 + 2x_3 - 12) = 0$ (vgl. Teilaufgabe a))

Also folgt: $d(M; E) = \left|\frac{1}{3}(-4 + 2 \cdot 3 + 2 \cdot 5 - 12)\right| = 0$, d. h.: die Ebene E geht durch den Mittelpunkt M der Kugel K.

Somit gilt: $M_1 = M(-4 | 3 | 5)$ und $r_1 = r = 9$.

**2. Möglichkeit:**

Man schneidet die Lotgerade h zu E durch M mit der Ebene E.

$$h: \vec{x} = \begin{pmatrix} -4 \\ 3 \\ 5 \end{pmatrix} + v\begin{pmatrix} 1 \\ 2 \\ 2 \end{pmatrix}; \quad v \in \mathbb{R}$$

$h \cap E = \{M_1\}: \quad -4 + v + 2(3 + 2v) + 2(5 + 2v) - 12 = 0;$
hieraus folgt $v = 0$ und $M_1 = M(-4|3|5)$; $r_1 = r = 9$.

**Koordinaten der Mittelpunkte der Kugeln**

Die Kugelmittelpunkte M′ liegen auf der Lotgeraden h. Nach dem Satz des Pythagoras gilt:

$|\overrightarrow{M'M}|^2 + 9^2 = 15^2$ bzw.

$|\overrightarrow{M'M}| = \sqrt{15^2 - 9^2} = \sqrt{144} = 12.$

Somit gilt mit dem Normalenvektor

$\vec{n} = \begin{pmatrix} 1 \\ 2 \\ 2 \end{pmatrix}$ der Ebene E für den Orts-

vektor des Mittelpunktes $M_1'$:

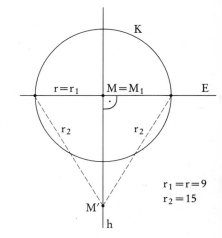

$r_1 = r = 9$
$r_2 = 15$

$$\overrightarrow{OM_1'} = \overrightarrow{OM} + 12 \cdot \frac{1}{|\vec{n}|} \cdot \vec{n} = \begin{pmatrix} -4 \\ 3 \\ 5 \end{pmatrix} + \frac{12}{3} \cdot \begin{pmatrix} 1 \\ 2 \\ 2 \end{pmatrix} = \begin{pmatrix} 0 \\ 11 \\ 13 \end{pmatrix}$$

und für den Ortsvektor des Mittelpunktes $M_2'$:

$$\overrightarrow{OM_2'} = \overrightarrow{OM} - 12 \cdot \frac{1}{|\vec{n}|} \cdot \vec{n} = \begin{pmatrix} -4 \\ 3 \\ 5 \end{pmatrix} - \frac{12}{3} \cdot \begin{pmatrix} 1 \\ 2 \\ 2 \end{pmatrix} = \begin{pmatrix} -8 \\ -5 \\ -3 \end{pmatrix}.$$

Die gesuchten Mittelpunkte sind also
$M_1'(0|11|13)$ und $M_2'(-8|-5|-3)$.

**G**

In einem kartesischen Koodinatensystem sind die Punkte $A(5|1|0)$, $B(1|5|2)$, $C(-1|1|6)$ und $S(6|3|7)$ sowie die Gerade $g$:

$$\vec{x} = \begin{pmatrix} 2 \\ -5 \\ -3 \end{pmatrix} + r \begin{pmatrix} 2 \\ 4 \\ 5 \end{pmatrix}; \quad r \in \mathbb{R},$$

gegeben.
Die Ebene $E$ enthält die Punkte $A$, $B$ und $C$.

a) Bestimmen Sie eine Koordinatengleichung von $E$.
Berechnen Sie die Koordinaten des Schnittpunktes von $g$ und $E$.
Zeigen Sie, dass das Dreieck $ABC$ gleichschenklig und rechtwinklig ist.
Der Punkt $D$ bildet zusammen mit $A$, $B$ und $C$ ein Quadrat mit Mittelpunkt $M$.
Bestimmen Sie die Koordinaten von $D$ und $M$.

b) Zeigen Sie, dass $S$ die Spitze einer senkrechten Pyramide $P$
mit dem Quadrat $ABCD$ als Grundfläche ist.
Zeichnen Sie ein Schrägbild der Pyramide $P$ sowie die
Höhe $MS$.
(Längeneinheit 1 cm; Verkürzungsfaktor in $x_1$-Richtung $\frac{1}{2}\sqrt{2}$)

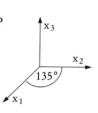

Welchen Winkel schließt die Ebene $E$ mit der Kante $AS$ ein?

c) Berechnen Sie das Volumen der Pyramide $P$ aus Teilaufgabe b).
Zu jedem Punkt $S^*$ der Geraden $g$ gibt es eine Pyramide mit der Spitze $S^*$
und der Grundfläche $ABCD$.
Zeigen Sie, dass $P$ eine dieser Pyramiden ist.
Unter diesen Pyramiden gibt es solche, deren Volumen halb so groß ist wie
das der Pyramide $P$.
Bestimmen Sie die Koordinaten der zugehörigen Spitzen.

d) Der Punkt $M_1$ ist von allen fünf Ecken der Pyramide $P$ aus Teilaufgabe b)
gleich weit entfernt.
Bestimmen Sie die Koordinaten des Punktes $M_1$.
Wie groß ist der Abstand des Punktes $M_1$ zu den Eckpunkten der Pyramide?
Eine senkrechte quadratische Pyramide hat die Grundkantenlänge $a$ und die
Höhe $h$.
Jede dieser Pyramiden besitzt einen Punkt $M^*$, der von allen Ecken gleich
weit entfernt ist.
Welche Beziehung muss zwischen $a$ und $h$ bestehen, damit $M^*$ innerhalb
der Pyramiden liegt?

## Lösungshinweise:

a) Die Ebene E enthält drei gegebene Punkte. Man kann also eine Parametergleichung von E aufstellen und die Parameter eliminieren. Eine Parametergleichung von g ist gegeben. Setze $x_1$, $x_2$ und $x_3$ in die Koordinatengleichung von E ein. Es ergibt sich ein Parameterwert für den Schnittpunkt S. Berechne die Längen der Seiten des Dreiecks ABC. Bei welchem Punkt liegt also der rechte Winkel? Wie lautet die Bedingung dafür, dass zwei Vektoren orthogonal sind? Zur Berechnung der Koordinaten von M und D skizziere das Quadrat. Von welcher Strecke ist M die Mitte? Die gesuchten Koordinaten erhält man mit Hilfe der Ortsvektoren der gesuchten Punkte.

b) Was versteht man unter einer senkrechten Pyramide? In welcher Ebene liegt die Grundfläche der Pyramide P? Welche Vektoren sind somit zu vergleichen? Der Schnittwinkel $\alpha$ der Ebene E und der Kante AS ergibt sich mit Hilfe eines Richtungsvektors der Geraden durch die Punkte A und S und eines Normalenvektors von E. Wie lautet also die Formel für $\alpha$?

c) Die Pyramide P hat das Quadrat ABCD als Grundfläche. Wie kann man den Flächeninhalt dieser Fläche berechnen? Die Höhe der Pyramide ergibt sich als Länge der Strecke $\overline{MS}$. Wie lautet die Volumenformel für die Pyramide? Zu jedem Punkt S* (mit Ausnahme des Schnittpunktes von g und E) auf g gibt es eine Pyramide mit der Spitze S* und der Grundfläche ABCD. Wenn P zu diesen Pyramiden gehört, wo muss S liegen? Wie weist man dies nach? Die gesuchten Pyramiden sollen jeweils ein halb so großes Volumen haben wie P. Die Grundfläche bleibt unverändert. Was folgt hieraus für die Höhen der gesuchten Pyramiden? S* liegt auf g, welchen Abstand hat S* von E? Dieser Abstand wird mit der Höhe der Pyramide P verglichen. Es ergibt sich eine Betragsgleichung. Wie viele Lösungen hat diese?

d) Auf welcher Geraden liegt $M_1$? Notiere eine Gleichung dieser Geraden. Damit kann man die Koordinaten von $M_1$ mit Hilfe eines Parameters ansetzen. $M_1$ soll von allen Ecken der Pyramide P gleich weit entfernt sein. Welche Streckenlängen sind also auf Grund der Symmetrie von P zu vergleichen? Der gesuchte Abstand ergibt sich als Betrag eines Vektors von $M_1$ zu einer Ecke, z. B. der Spitze S.
Um die Beziehung zwischen a und h zu finden, untersuche man zunächst den Spezialfall, dass M* der Schnittpunkt der Diagonalen der Grundfläche ist. Welche Bedingung muss in diesem Fall erfüllt sein? Wie muss man diese Bedingung abändern, damit M* innerhalb der Pyramide liegt?

**Lösung:**

a) **Koordinatengleichung von E**

Da drei Punkte der Ebene E gegeben sind, ergibt sich sofort eine Parametergleichung von E:

$$\vec{x} = \begin{pmatrix} 5 \\ 1 \\ 0 \end{pmatrix} + s \begin{pmatrix} -4 \\ 4 \\ 2 \end{pmatrix} + t \begin{pmatrix} -6 \\ 0 \\ 6 \end{pmatrix}; \quad s, t \in \mathbb{R}.$$

Durch Elimination von s und t ergibt sich eine Koordinatengleichung:
E: $2x_1 + x_2 + 2x_3 - 11 = 0$.

**Koordinaten des Schnittpunktes von g und E**

$$g: \vec{x} = \begin{pmatrix} 2 \\ -5 \\ -3 \end{pmatrix} + r \begin{pmatrix} 2 \\ 4 \\ 5 \end{pmatrix}; \quad r \in \mathbb{R}$$

$g \cap E = \{S\}$: $2(2 + 2r) + (-5 + 4r) + 2(-3 + 5r) - 11 = 0$;
hieraus folgt $r = 1$ und somit $S(4 \mid -1 \mid 2)$.

**Nachweis, dass das Dreieck ABC gleichschenklig und rechtwinklig ist**

Aus $\overrightarrow{AB} = \begin{pmatrix} -4 \\ 4 \\ 2 \end{pmatrix}$ folgt

$|\overrightarrow{AB}| = \sqrt{16 + 16 + 4} = \sqrt{36} = 6$;

aus $\overrightarrow{AC} = \begin{pmatrix} -6 \\ 0 \\ 6 \end{pmatrix}$ folgt

$|\overrightarrow{AC}| = \sqrt{36 + 36} = \sqrt{72} = 6 \cdot \sqrt{2}$;

aus $\overrightarrow{BC} = \begin{pmatrix} -2 \\ -4 \\ 4 \end{pmatrix}$ folgt

$|\overrightarrow{BC}| = \sqrt{4 + 16 + 16} = \sqrt{36} = 6$.

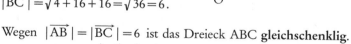

Wegen $|\overrightarrow{AB}| = |\overrightarrow{BC}| = 6$ ist das Dreieck ABC **gleichschenklig**.

Es ist $\overrightarrow{AB} \cdot \overrightarrow{BC} = \begin{pmatrix} -4 \\ 4 \\ 2 \end{pmatrix} \cdot \begin{pmatrix} -2 \\ -4 \\ 4 \end{pmatrix} = 8 - 16 + 8 = 0$.

Also ist das Dreieck ABC **rechtwinklig** mit dem rechten Winkel bei B.

**Berechnung der Koordinaten von M und D**

Da der rechte Winkel bei B liegt, ist M die Mitte von AC. Mit A(5|1|0) und C(−1|1|6) ist damit **M(2|1|3)**. Für den Ortsvektor von D gilt (siehe Figur):

$$\overrightarrow{OD} = \overrightarrow{OA} + \overrightarrow{AD} = \overrightarrow{OA} + \overrightarrow{BC} = \begin{pmatrix} 5 \\ 1 \\ 0 \end{pmatrix} + \begin{pmatrix} -2 \\ -4 \\ 4 \end{pmatrix} = \begin{pmatrix} 3 \\ -3 \\ 4 \end{pmatrix}; \quad \text{also } \mathbf{D(3|-3|4)}.$$

**b) Nachweis, dass S die Spitze einer senkrechten Pyramide ist**

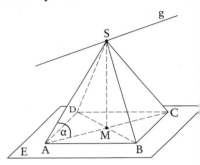

Die quadratische Grundfläche ABCD liegt in E; der Punkt S liegt nicht in E. Es ist

$$\overrightarrow{MS} = \begin{pmatrix} 4 \\ 2 \\ 4 \end{pmatrix} = 2 \begin{pmatrix} 2 \\ 1 \\ 2 \end{pmatrix}. \quad \text{Die Ebene E}$$

hat den Normalenvektor $\vec{n} = \begin{pmatrix} 2 \\ 1 \\ 2 \end{pmatrix}$.

Der Vektor $\overrightarrow{MS}$ ist also othogonal zu E. Damit ist P eine senkrechte Pyramide mit der Grundfläche ABCD und der Spitze S.

**Schrägbild**

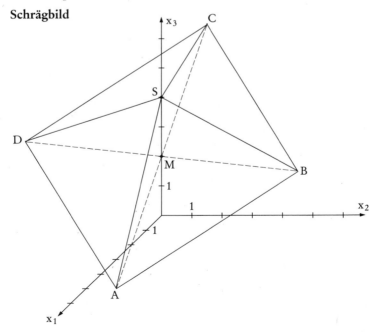

**Winkel zwischen der Ebene E und der Kante AS**

**1. Möglichkeit:**
Die Gerade h durch die Punkte A und S hat den Richtungsvektor

$\overrightarrow{AS} = \begin{pmatrix} 1 \\ 2 \\ 7 \end{pmatrix}$. Es bezeichne $\alpha \leq 90°$ den Schnittwinkel zwischen h und E.

$\sin\alpha = \dfrac{\left| \begin{pmatrix} 1 \\ 2 \\ 7 \end{pmatrix} \cdot \begin{pmatrix} 2 \\ 1 \\ 2 \end{pmatrix} \right|}{\sqrt{54} \cdot \sqrt{9}} = \dfrac{18}{3\sqrt{54}} = \dfrac{2}{\sqrt{6}}$ ; $\alpha \approx 54{,}7°$

**2. Möglichkeit:**
Der Winkel zwischen den Vektoren $\overrightarrow{AM} = \begin{pmatrix} -3 \\ 0 \\ 3 \end{pmatrix}$ und $\overrightarrow{AS} = \begin{pmatrix} 1 \\ 2 \\ 7 \end{pmatrix}$ ist $\alpha$.

$\cos\alpha = \dfrac{\left| \begin{pmatrix} -3 \\ 0 \\ 3 \end{pmatrix} \cdot \begin{pmatrix} 1 \\ 2 \\ 7 \end{pmatrix} \right|}{\sqrt{18} \cdot \sqrt{54}} = \dfrac{18}{3\sqrt{2} \cdot 3\sqrt{6}} = \dfrac{1}{\sqrt{3}}$ ; $\alpha \approx 54{,}7°$

**c) Volumen der Pyramide P**
Die Pyramide P hat das Quadrat mit der Seitenlänge $|\overrightarrow{AB}|$ als Grundfläche; die Höhe ergibt sich als $|\overrightarrow{MS}|$.

Mit $\overrightarrow{AB} = \begin{pmatrix} -4 \\ 4 \\ 2 \end{pmatrix}$ und $\overrightarrow{MS} = \begin{pmatrix} 4 \\ 2 \\ 4 \end{pmatrix}$ ergibt sich:

$V = \dfrac{1}{3} \cdot |\overrightarrow{AB}|^2 \cdot |\overrightarrow{MS}| = \dfrac{1}{3} \cdot 6^2 \cdot 6 = 72$.

**Nachweis, dass P eine der beschriebenen Pyramiden ist**
Zu jedem Punkt auf der gegebenen Geraden g (mit Ausnahme des Schnittpunktes von g und E) gibt es eine Pyramide mit ABCD als Grundfläche. Die senkrechte Pyramide P gehört zu diesen, wenn die Spitze S von P auf g liegt.

Aus $\begin{cases} 6 = \phantom{-}2 + 2r \\ 3 = -5 + 4r \\ 7 = -3 + 5r \end{cases}$ folgt $r = 2$; also $S \in g$.

**Koordinaten der Spitzen der Pyramiden mit halb so großem Volumen**
Da g die Ebene E schneidet, gibt es zwei Pyramiden mit halb so großem Volumen; die Spitzen $S_1^*$ und $S_2^*$ dieser Pyramiden liegen auf verschiedenen Seiten von E. Da die Grundfläche ABCD unverändert bleibt, müssen die Höhen halb so groß sein wie die von P.

$S^*(2+2r \mid -5+4r \mid -3+5r)$ liegt auf g. Die Höhen ergeben sich als Abstand des Punktes $S^*$ von E.

E: $2x_1 + x_2 + 2x_3 - 11 = 0$

HNF von E: $\frac{1}{3}(2x_1 + x_2 + 2x_3 - 11) = 0$

$d(S^*; E) = \left| \frac{1}{3}[2(2+2r) + (-5+4r) + 2(-3+5r) - 11] \right| = 6|r-1|$

Aus $d(S^*; E) = \frac{1}{2}|\overrightarrow{MS}| = \frac{1}{2} \cdot 6 = 3$ ergibt sich $6|r-1| = 3$ bzw. $2|r-1| = 1$.

Hieraus folgt: $r_1 = 1{,}5$; $r_2 = 0{,}5$.

Damit sind $S_1^*(5 \mid 1 \mid 4{,}5)$ und $S_2^*(3 \mid -3 \mid -0{,}5)$ die Koordinaten der gesuchten Spitzen.

### d) Koordinaten des Punktes $M_1$

Da P eine senkrechte Pyramide mit quadratischer Grundfläche ist, liegt $M_1$ auf der Geraden k durch die Punkte M und S.

$$k: \vec{x} = \begin{pmatrix} 2 \\ 1 \\ 3 \end{pmatrix} + t \begin{pmatrix} 2 \\ 1 \\ 2 \end{pmatrix}; \quad t \in \mathbb{R}$$

Also hat $M_1$ die Koordinaten
$M_1(2+2t \mid 1+t \mid 3+2t)$.
Die Bedingung ist $|\overrightarrow{M_1 S}| = |\overrightarrow{M_1 A}|$.

Aus $\overrightarrow{M_1 S} = \begin{pmatrix} 4-2t \\ 2-t \\ 4-2t \end{pmatrix}$ und

$\overrightarrow{M_1 A} = \begin{pmatrix} 3-2t \\ -t \\ -3-2t \end{pmatrix}$ folgt

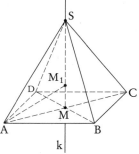

$(4-2t)^2 + (2-t)^2 + (4-2t)^2 = (3-2t)^2 + (-t)^2 + (-3-2t)^2$
und hieraus $t = 0{,}5$. Damit ist $M_1(3 \mid 1{,}5 \mid 4)$.

**Abstand des Punktes $M_1$ von den Ecken der Pyramide**

Der Abstand ergibt sich als Betrag des Vektors

$\overrightarrow{M_1 S} = \begin{pmatrix} 3 \\ 1{,}5 \\ 3 \end{pmatrix}$. Also folgt

$$|\overrightarrow{M_1 S}| = \left| \begin{pmatrix} 3 \\ 1{,}5 \\ 3 \end{pmatrix} \right| = \sqrt{9 + 2{,}25 + 9} = 4{,}5.$$

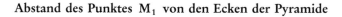

**Beziehung zwischen a und h**

Die Grundfläche ist ein Quadrat mit der Diagonalen $d = a\sqrt{2}$. Ist die Höhe der Pyramide gleich der halben Diagonale,

gilt also $h = \frac{1}{2}a\sqrt{2}$, so ist $M^*$ der Schnittpunkt der Diagonalen. $M^*$ liegt innerhalb der Pyramide, wenn gilt:

$h > \frac{1}{2}a\sqrt{2}$.

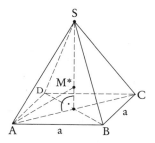

**G**

Vor einem größeren Gebäude befindet sich ein Pavillon, der als gläserne Pyramide mit quadratischer Grundfläche ausgeführt ist. Die Punkte $A(4|2|0)$, $B(10|-6|0)$ und $D(12|8|0)$ sind Ecken der Pyramidengrundfläche; die Maßeinheit ist $1\,m$. Die Spitze der Pyramide befindet sich in der Höhe $h = 10\,m$ senkrecht über der Mitte der Grundfläche.

a) Berechnen Sie die Koordinaten der vierten Ecke $C$ der
   Pyramidengrundfläche und der Spitze $S$ der Pyramide.
   Zeichnen Sie ein Schrägbild der Pyramide.
   ($1\,m \triangleq 0{,}5\,cm$; Verkürzungsfaktor in $x_1$-Richtung $\frac{1}{2}\sqrt{2}$)
   Berechnen Sie die Längen der Pyramidenkanten $AB$
   und $AS$.

b) Die Punkte $A$, $B$ und $S$ liegen in der Ebene $E_1$, die Punkte $A$, $D$ und $S$
   in der Ebene $E_2$.
   Geben Sie jeweils eine Koordinatengleichung der Ebene $E_1$ bzw. $E_2$ an.
   Berechnen Sie den Schnittwinkel der beiden Ebenen.

c) Im Innern des Pavillons ist ein Modell der Erdkugel mit dem Durchmesser
   $d = 2\,m$ so aufgehängt, dass sich der Kugelmittelpunkt senkrecht unter der
   Pyramidenspitze befindet und von dieser den Abstand $3\,m$ hat.
   Geben Sie eine Kugelgleichung an.
   Weisen Sie nach, dass die Kugel die Seitenflächen der Pyramide nicht berührt.
   Berechnen Sie den Abstand zwischen der Kugeloberfläche und einer Seitenfläche der Pyramide.
   Die Kugel soll nun durch eine größere ersetzt werden, welche die Seitenflächen der Pyramide berührt und deren tiefster Punkt vom Boden den Abstand
   $4\,m$ hat.
   Bestimmen Sie den neuen Radius und den neuen Mittelpunkt.

d) Am Abend wird die Pyramide von außen mit einem punktförmigen Strahler
   beleuchtet, der sich im Punkt $P(22|0|0)$ befindet. Die Vorderfront des benachbarten Gebäudes liegt in der $x_2x_3$-Ebene. Auf ihr ist dann der Schatten
   der Pyramide vollständig zu sehen.
   Berechnen Sie den Inhalt der Fläche des Schattens der Pyramide auf der
   Gebäudevorderfront.
   Der Strahler befindet sich nun im Punkt $P^*(a|0|0)$ mit $a > 22$.
   Bestimmen Sie die Koordinaten des Schattens der Pyramidenspitze $S$ in
   Abhängigkeit von $a$.
   Untersuchen Sie, wohin der Schatten $S$ wandert, wenn der Strahler auf der
   $x_1$-Achse immer weiter von der Pyramide entfernt wird.

## Lösungshinweise:

a) Die Koordinaten der vierten Ecke ergeben sich mit Hilfe des zugehörigen Ortsvektors. Die $x_3$-Koordinaten der Punkte A, B und D sind alle null. Was folgt hieraus für die Lage der Pyramidengrundfläche? Welche Koordinaten hat der Schnittpunkt der Diagonalen? Die Spitze S der Pyramide liegt senkrecht über der Mitte der Grundfläche. Die Höhe der Pyramide ist gegeben. Damit kann man die Koordinaten von S ohne weitere Rechnung angeben. Die Längen der Pyramidenkanten AB und AS ergeben sich als Beträge der zugehörigen Vektoren.

b) Von den Ebenen $E_1$ und $E_2$ sind jeweils drei Punkte gegeben. Notiere also sowohl für $E_1$ als auch für $E_2$ eine Parametergleichung und eliminiere die Parameter. Wie erhält man den Schnittwinkel zweier Ebenen, wenn von diesen Koordinatengleichungen bekannt sind?

c) Aus dem Durchmesser der Kugel ergibt sich der Radius. Der Kugelmittelpunkt $M_1$ hat von der Spitze S den Abstand 3. Da die Koordinaten von S bekannt sind und $M_1$ senkrecht unterhalb von S liegt, kann man die Koordinaten von $M_1$ angeben. Somit ist auch eine Gleichung der Kugel bekannt. Um was für eine Pyramide handelt es sich aufgrund der Beschreibung der Pyramide? Der Kugelmittelpunkt und eine Gleichung der Seitenfläche, in der die Punkte A, B und S liegen, sind bekannt. Wie kann man entscheiden, ob die Kugel diese Seitenfläche (und damit auch die anderen) nicht berührt? Der Abstand der Kugeloberfläche und einer Seitenfläche ergibt sich als Differenz.

Der Mittelpunkt der großen Kugel sei $M_2$, der Radius $r_2$. Wie groß ist der Abstand des Mittelpunktes vom Boden, wenn der tiefste Punkt der Kugel vom Boden den Abstand 4 hat? Skizziere die Lage von $M_1$ im Vergleich zur Grundfläche. Notiere nun die Koordinaten von $M_2$ in Abhängigkeit von $r_2$. Die große Kugel soll die Seitenflächen berühren. Berechne den Abstand des Punktes $M_2$ von $E_1$. Welche Bedingung muss dieser Abstand erfüllen? Wie löst man diese Betragsgleichung? Wie entscheidet man, welche der beiden Lösungen die gesuchte dritte Koordinate von $M_1$ ist?

d) Fertige eine Skizze an. Trage den Punkt P ein. Welche Strahlen ergeben die Ecken des Schattens? Um was für eine Figur handelt es sich bei dem Schatten? In welcher Ebene liegt der Schatten? Welche Bedingung müssen alle Punkte dieser Ebene erfüllen? Zwei der Eckpunkte haben eine spezielle Lage, welche? Die unbekannte Koordinate ergibt sich jeweils aus der obigen Bedingung für die Ebene. Auch die dritte Ecke ergibt sich als Schnitt einer Geraden mit der Ebene, in welcher der Schatten liegt. Aus den berechneten Koordinaten ergeben sich die Maße des Schattens und hieraus der Flächeninhalt.

Es sei S* der Schatten von S. Berechne die Koordinaten von S* in Abhängigkeit von a. Der Strahler entfernt sich immer weiter von der Pyramide. Was bedeutet dies für a?
Welche Grenzwerte ergeben sich für die Koordinaten des „Grenzpunktes"?

**Lösung:**

Von der quadratischen Grundfläche ABCD der Pyramide sind die Koordinaten der Ecken A, B und D bekannt: $A(4\,|\,2\,|\,0)$, $B(10\,|-6\,|\,0)$, $D(12\,|\,8\,|\,0)$.
Da die $x_3$-Koordinate jeweils null ist, liegt die Grundfläche in der $x_1x_2$-Ebene.

**a) Koordinaten von C und S**

Für den Ortsvektor des Punktes C gilt:

$$\overrightarrow{OC} = \overrightarrow{OB} + \overrightarrow{BC} = \overrightarrow{OB} + \overrightarrow{AD} = \begin{pmatrix} 10 \\ -6 \\ 0 \end{pmatrix} + \begin{pmatrix} 8 \\ 6 \\ 0 \end{pmatrix} + \begin{pmatrix} 18 \\ 0 \\ 0 \end{pmatrix}; \quad \text{also: } C(18\,|\,0\,|\,0).$$

Es sei $\overline{M}$ die Mitte von BD. Somit gilt: $\overline{M}(11\,|\,1\,|\,0)$. Die Spitze S liegt 10 Einheiten senkrecht über der Mitte $\overline{M}$ der Grundfläche; also gilt: $S(11\,|\,1\,|\,10)$.

**Schrägbild**

1 m $\triangleq$ 0,5 cm

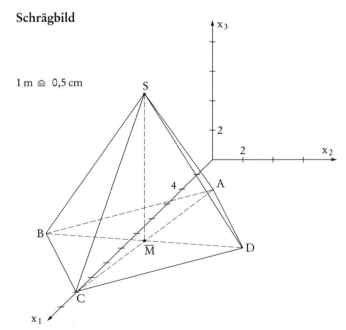

**Längen der Pyramidenkanten AB und AS**

Aus $\overrightarrow{AB} = \begin{pmatrix} 6 \\ -8 \\ 0 \end{pmatrix}$ ergibt sich die Länge der Kante AB:

$|\overrightarrow{AB}| = \sqrt{36 + 64 + 0} = 10.$

Aus $\overrightarrow{AS} = \begin{pmatrix} 7 \\ -1 \\ 10 \end{pmatrix}$ ergibt sich die Länge der Kante AS:

$|\overrightarrow{AS}| = \sqrt{49 + 1 + 100} = \sqrt{150} = 5\sqrt{6} \approx 12{,}25.$

**b) Koordinatengleichung von $E_1$**

Die Punkte A, B und S liegen in der Ebene $E_1$. Also ist

$\vec{x} = \begin{pmatrix} 4 \\ 2 \\ 0 \end{pmatrix} + r \begin{pmatrix} 6 \\ -8 \\ 0 \end{pmatrix} + s \begin{pmatrix} 7 \\ -1 \\ 10 \end{pmatrix}; \quad r, s \in \mathbb{R}$

eine Parametergleichung von $E_1$. Setzt man für

$\vec{x} = \begin{pmatrix} x_1 \\ x_2 \\ x_3 \end{pmatrix}$ ein und eliminiert man r und s, so ergibt sich eine Koordinaten-

gleichung:

$E_1: \; 8x_1 + 6x_2 - 5x_3 - 44 = 0.$

**Koordinatengleichung von $E_2$**

Die Punkte A, D und S liegen in der Ebene $E_2$.

Aus $\vec{x} = \begin{pmatrix} 4 \\ 2 \\ 0 \end{pmatrix} + r \begin{pmatrix} 8 \\ 6 \\ 0 \end{pmatrix} + s \begin{pmatrix} 7 \\ -1 \\ 10 \end{pmatrix}; \quad r, s \in \mathbb{R}$ folgt

$E_2: \; 6x_1 - 8x_2 - 5x_3 - 8 = 0.$

**Schnittwinkel der Ebenen $E_1$ und $E_2$**

Der Schnittwinkel $\alpha$ der Ebenen $E_1$ und $E_2$ lässt sich als Winkel zwischen den zugehörigen Normalenvektoren berechnen. Ein Normalenvektor von

$E_1$ ist $\overrightarrow{n_1} = \begin{pmatrix} 8 \\ 6 \\ -5 \end{pmatrix}$, ein Normalenvektor von $E_2$ ist $\overrightarrow{n_2} = \begin{pmatrix} 6 \\ -8 \\ -5 \end{pmatrix}$.

Damit folgt aus

$\cos \alpha = \dfrac{\left| \begin{pmatrix} 8 \\ 6 \\ -5 \end{pmatrix} \cdot \begin{pmatrix} 6 \\ -8 \\ -5 \end{pmatrix} \right|}{\sqrt{125} \cdot \sqrt{125}} = \dfrac{1}{5}$ der Winkel $\alpha \approx 78{,}5°.$

## c) Gleichung der Kugel

Aus dem gegebenen Durchmesser $d=2$ folgt der Radius der gesuchten Kugel $K_1 : r_1 = 1$. Der Mittelpunkt $M_1$ der Kugel $K_1$ hat von der Spitze S den Abstand 3.

Aus $S(11\,|\,1\,|\,10)$ folgt somit $M_1(11\,|\,1\,|\,7)$. Damit ist

$$K_1 : \left[\vec{x} - \begin{pmatrix} 11 \\ 1 \\ 7 \end{pmatrix}\right]^2 = 1$$

eine Gleichung der Kugel $K_1$.

**Nachweis, dass die Kugel die Seitenflächen der Pyramide nicht berührt**
Da die Spitze S senkrecht über der Mittel M der Grundfläche liegt, handelt es sich um eine regelmäßige Pyramide. Die Kugel $K_1$ berührt also keine der Seitenflächen, wenn der Abstand des Mittelpunktes $M_1(11\,|\,1\,|\,7)$ von $E_1$ kleiner ist als der Kugelradius $r_1$.

$E : 8x_1 + 6x_2 - 5x_3 - 44 = 0$.

HNF von $E_1 : \dfrac{1}{\sqrt{125}}(8x_1 + 6x_2 - 5x_3 - 44) = 0$

$$d(M_1 ; E_1) = \left| \frac{1}{\sqrt{125}}(8 \cdot 11 + 6 \cdot 1 - 5 \cdot 7 - 44) \right| = \frac{3}{\sqrt{5}} = \frac{3}{5}\sqrt{5} \approx 1{,}34$$

Da $d(M_1 ; E_1) > 1$ ist, **berührt die Kugel $K_1$ die Seitenflächen nicht.**

**Abstand zwischen der Kugeloberfläche und einer Seitenfläche**
Der Abstand $d_1$ zwischen der Kugeloberfläche und einer Seitenfläche ist

$$d_1 = d(M_1 ; E_1) - r_1 = \frac{3}{5}\sqrt{5} - 1 \approx 0{,}34.$$

**Radius und Mittelpunkt der größeren Kugel**
Die größere Kugel $K_2$ hat den Mittelpunkt $M_2$ und den Radius $r_2$. Der Abstand des Punktes $M_2$ vom Boden ist $r_2 + 4$. Damit gilt:
$M_2(11\,|\,1\,|\,r_2 + 4)$.
Die Kugel $K_2$ berührt die Seitenflächen, wenn der Abstand des Punktes $M_2$ von $E_1$ gleich $r_2$ ist.

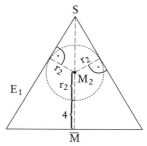

$$d(M_2 ; E_1) = \left| \frac{1}{\sqrt{125}}(8 \cdot 11 + 6 \cdot 1 - 5(r_2 + 4) - 44) \right|$$

$$= \left| \frac{30 - 5r_2}{5\sqrt{5}} \right| = \left| \frac{6 - r_2}{\sqrt{5}} \right|$$

Schnittebene verläuft durch M, S und ist senkrecht zu AB.

Aus $\left|\dfrac{6-r_2}{\sqrt{5}}\right| = r_2$ folgt zunächst $\left(\dfrac{6-r_2}{\sqrt{5}}\right)^2 = r_2^2$ und hieraus $r_2^2 + 3r_2 - 9 = 0$.

Somit ergibt sich $r_2 = \dfrac{1}{2}(-3 + \sqrt{45})$ oder $r_2 = \dfrac{1}{2}(-3 - \sqrt{45})$.

Da $\dfrac{1}{2}(-3 - \sqrt{45}) < 0$ ist, entfällt die zweite Lösung.

Mit $r_2 + 4 = -\dfrac{3}{2} + \dfrac{1}{2}\sqrt{45} + 4 = \dfrac{5}{2} + \dfrac{1}{2}\sqrt{45} = \dfrac{5}{2} + \dfrac{3}{2}\sqrt{5}$ folgt:

$$M_2\left(11\,\Big|\,1\,\Big|\,\dfrac{5}{2} + \dfrac{3}{2}\sqrt{5}\right) \approx M_2(11\,|\,1\,|\,5{,}85).$$

**d) Inhalt der Fläche auf der Gebäudevorderfront**

Die Strahlen von P aus durch die Punkte
B, D und S der Pyramide schneiden die
$x_2x_3$-Ebene in B′, D′, S′ (vgl. die Figur).
B′, D′, S′ sind die Eckpunkte des drei-
eckigen Schattens auf der Vorderfront
des Gebäudes. Die Gerade durch die
Punkte P und B hat die Gleichung

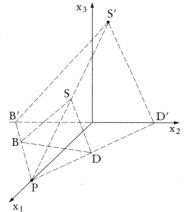

$$\vec{x} = \begin{pmatrix} 22 \\ 0 \\ 0 \end{pmatrix} + s\begin{pmatrix} -12 \\ -6 \\ 0 \end{pmatrix};\ s \in \mathbb{R}.$$

Aus $x_1 = 0$ folgt $0 = 22 - 12s$

und hieraus $s = \dfrac{11}{6}$; also:

B′$(0\,|-11\,|\,0)$.

Die Gerade durch die Punkte P
und D hat die Gleichung

$$\vec{x} = \begin{pmatrix} 22 \\ 0 \\ 0 \end{pmatrix} + t\begin{pmatrix} -10 \\ 8 \\ 0 \end{pmatrix};\ t \in \mathbb{R}.$$

Aus $x_1 = 0$ folgt $0 = 22 - 10t$ und hieraus $t = \dfrac{11}{5}$; also D′$\left(0\,\Big|\,\dfrac{88}{5}\,\Big|\,0\right)$.

Die Gerade durch die Punkte P und S hat die Gleichung

$$\vec{x} = \begin{pmatrix} 22 \\ 0 \\ 0 \end{pmatrix} + u\begin{pmatrix} -11 \\ 1 \\ 10 \end{pmatrix};\ u \in \mathbb{R}.$$

Aus $x_1 = 0$ folgt $0 = 22 - 11u$ und hieraus $u = 2$; also S′$(0\,|\,2\,|\,20)$.

Damit ergibt sich für den Inhalt F des Dreiecks B′D′S′:

$$F = \dfrac{1}{2} \cdot \overline{B'D'} \cdot 20 = \dfrac{1}{2}\left(11 + \dfrac{88}{5}\right) \cdot 20 = \mathbf{286}.$$

## Koordinaten des Schattens der Pyramidenspitze S in Abhängigkeit von a

Der Strahler befindet sich nun im Punkt $P^*(a|0|0)$ mit $a > 22$. Der Strahl von $P^*$ durch S schneidet die $x_2x_3$-Ebene in $S^*$. Die Gerade durch die Punkte $P^*$ und S hat die Gleichung

$$\vec{x} = \begin{pmatrix} a \\ 0 \\ 0 \end{pmatrix} + v \begin{pmatrix} 11-a \\ 1 \\ 10 \end{pmatrix}; \quad v \in \mathbb{R}.$$

Aus $x_1 = 0$ folgt $0 = a + v(11-a)$ und hieraus $v = \dfrac{-a}{11-a}$; also

$$S^*\left(0 \,\middle|\, \frac{a}{a-11} \,\middle|\, \frac{10a}{a-11}\right) \text{ mit } a > 22.$$

**G**

## Untersuchung, wohin der Schatten von S wandert

Der Strahler wandert auf der $x_1$-Achse immer weiter von der Pyramide weg, wenn $a \to \infty$ strebt. Umformung der Koordinaten des Punktes $S^*$ ergibt:

$$S^*\left(0 \,\middle|\, \frac{1}{1-\dfrac{11}{a}} \,\middle|\, \frac{10}{1-\dfrac{11}{a}}\right).$$

Also wandert $S^*$ gegen den Punkt $\overline{S}(0|1|10)$.

Gegeben sind die Punkte $A(0|1|3)$, $B(-1|5|2)$, $F(1|3|1)$ und $S(5|5|5)$.
Die Ebene E enthält die Punkte A, B und F; die Gerade g geht durch F und S.

a) Ermitteln Sie eine Koordinatengleichung der Ebene E.
   Berechnen Sie die Schnittpunkte von E mit den
   Koordinatenachsen.
   C sei das Bild von A bei der Punktspiegelung an F,
   D das entsprechende Bild von B.
   Geben Sie die Koordinaten von C und D an.
   Zeichnen Sie die Spurgeraden der Ebene E, das
   Viereck ABCD und den Punkt F in ein Koordinatensystem ein.

   (Längeneinheit 1 cm; Verkürzungsfaktor in $x_1$-Richtung $\frac{1}{2}\sqrt{2}$)

b) Zeigen Sie durch Rechnung, dass das Dreieck ABF rechtwinklig und gleich-
   schenklig ist.
   Warum folgt daraus ohne weitere Rechnung, dass das Viereck ABCD ein
   Quadrat ist?
   Geben Sie eine Gleichung der Geraden g an.
   Es gibt Punkte auf g, von denen aus die Strecke AC unter einem rechten
   Winkel erscheint.
   Berechnen Sie die Koordinaten dieser Punkte.

c) Welchen Winkel schließt die Gerade h durch A und S mit der Ebene E ein?
   K sei die Kugel mit Mittelpunkt M auf g, welche h in A berührt.
   Bestimmen Sie eine Gleichung von K.
   Alle Geraden durch S, welche die Kugel K berühren, bilden einen Kegel mit
   Spitze S.
   Welchen Öffnungswinkel hat dieser Kegel?

d) Es gibt einen zweiten Kegel mit dem gleichen Öffnungswinkel, dessen Mantel-
   linien ebenfalls die Kugel K aus Teilaufgabe c) berühren und dessen Spitze S*
   auch auf g liegt. Diese beiden Kegel schneiden sich in einem Kreis.
   Bestimmen Sie Mittelpunkt und Radius dieses Kreises.

## Lösungshinweise:

a) Von der Ebene E sind drei Punkte gegeben. Damit ergibt sich eine Parametergleichung von E. Eliminiere anschließend die Parameter. Wie erhält man aus der Koordinatengleichung der Ebene E die Koordinaten der Schnittpunkte mit den Koordinatenachsen? Skizziere die gegenseitige Lage von A, B, F, C und D. Die gesuchten Koordinaten von C und D erhält man mit Hilfe der Ortsvektoren. Was versteht man unter den Spurgeraden einer Ebene?

b) Berechne die Längen der Strecken AF und BF. Bei welchem Punkt liegt der rechte Winkel? Wie lautet die Bedingung dafür, dass zwei Vektoren orthogonal sind? Um was für ein Viereck handelt es sich bei dem Viereck ABCD aufgrund der Beschreibung der Lage von C und D? Wie liegen die Diagonalen? Wie lang sind diese? Was folgt aus diesen Eigenschaften?
Von der Geraden g sind zwei Punkte gegeben. Notiere also eine Parametergleichung von g. Welche Koordinaten haben alle Punkte auf g? Welche Bedingung muss erfüllt sein, damit die Strecke AC von Punkten der Geraden g aus unter einem rechten Winkel erscheint? Wie viele solcher Punkte gibt es?

c) Der Schnittwinkel $\alpha$ zwischen einer Geraden und einer Ebene ergibt sich mit Hilfe eines Richtungsvektors der Geraden und eines Normalenvektors der Ebene. Wie lautet die Formel für $\alpha$?
M liegt auf g; welche Koordinaten hat also M in Abhängigkeit vom Parameter? Die Kugel K berührt die Gerade h in A. Welche Bedingung muss damit erfüllt sein? Hieraus folgt der Parameter für den Punkt M. Nun ist auch der Radius der Kugel berechenbar. Wie liegen g und h? Schneiden sich diese beiden Geraden? Fertige eine Skizze an. Wo ist der Öffnungswinkel in der Skizze? Wie kann man also diesen Winkel berechnen?

d) Der zweite Kegel liegt symmetrisch zum ersten. Fertige auch hierfür eine Skizze an. Wo liegen S und S*? Beschreibe die Ebene E*, in welcher der Schnittkreis der beiden Kegel liegt. Wo ist der Mittelpunkt und der Radius des Schnittkreises in der Skizze? Ist der Mittelpunkt nicht schon bekannt? Der Radius ergibt sich als Länge einer Strecke. Welcher Punkt fehlt noch zur Berechnung dieser Länge? Wie ergibt sich dieser Punkt?

## Lösung:

a) **Koordinatengleichung von E**
Von der Ebene E sind die Punkte A(0|1|3), B(−1|5|2) und F(1|3|1) gegeben. Damit ergibt sich als Parametergleichung von E:

$$\vec{x} = \begin{pmatrix} 0 \\ 1 \\ 3 \end{pmatrix} + r \begin{pmatrix} -1 \\ 4 \\ -1 \end{pmatrix} + s \begin{pmatrix} 1 \\ 2 \\ -2 \end{pmatrix}; \ r, s \in \mathbb{R}.$$

Eliminiert man die Parameter r und s, so ergibt sich eine Koordinatengleichung:
E: $2x_1 + x_2 + 2x_3 - 7 = 0$.

## Koordinaten der Schnittpunkte der Achsen mit E

Schnittpunkt $S_1$ mit der $x_1$-Achse: $x_2 = x_3 = 0$; $x_1 = 3,5$; $S_1(3,5\,|\,0\,|\,0)$.
Schnittpunkt $S_2$ mit der $x_2$-Achse: $x_1 = x_3 = 0$; $x_2 = 7$; $S_2(0\,|\,7\,|\,0)$.
Schnittpunkt $S_3$ mit der $x_3$-Achse: $x_1 = x_2 = 0$; $x_3 = 3,5$; $S_3(0\,|\,0\,|\,3,5)$.

## Koordinaten von C und D

Für den Ortsvektor des Punktes C gilt:

$$\overrightarrow{OC} = \overrightarrow{OA} + 2 \cdot \overrightarrow{AF} = \begin{pmatrix} 0 \\ 1 \\ 3 \end{pmatrix} + 2 \cdot \begin{pmatrix} 1 \\ 2 \\ -2 \end{pmatrix} = \begin{pmatrix} 2 \\ 5 \\ -1 \end{pmatrix}; \quad \text{also } C(2\,|\,5\,|\,-1).$$

Für den Ortsvektor des Punktes D gilt:

$$\overrightarrow{OD} = \overrightarrow{OB} + 2 \cdot \overrightarrow{BF} = \begin{pmatrix} -1 \\ 5 \\ 2 \end{pmatrix} + 2 \cdot \begin{pmatrix} 2 \\ -2 \\ -1 \end{pmatrix} = \begin{pmatrix} 3 \\ 1 \\ 0 \end{pmatrix}; \quad \text{also } D(3\,|\,1\,|\,0).$$

Andere Möglichkeit: F ist die Mitte von AC; also: $C(2\,|\,5\,|\,-1)$.
$\phantom{\text{Andere Möglichkeit: }}$ F ist die Mitte von BD; also: $D(3\,|\,1\,|\,0)$.

## Schrägbild

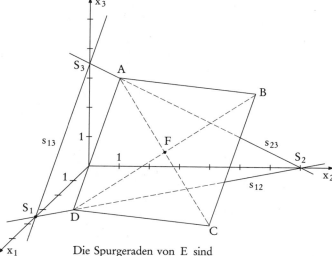

Die Spurgeraden von E sind
die Geraden $s_{12}$, $s_{13}$ und $s_{23}$.

**b) Nachweis, dass das Dreieck ABF rechtwinklig und gleichschenklig ist**

Aus $\overrightarrow{AF} = \begin{pmatrix} 1 \\ 2 \\ -2 \end{pmatrix}$ folgt $|\overrightarrow{AF}| = 3$, aus $\overrightarrow{BF} = \begin{pmatrix} 2 \\ -2 \\ -1 \end{pmatrix}$ folgt $|\overrightarrow{BF}| = 3$.

Weiterhin ist $\overrightarrow{AF} \cdot \overrightarrow{BF} = 1 \cdot 2 + 2 \cdot (-2) + (-2) \cdot (-1) = 0$.

Also ist das **Dreieck ABF rechtwinklig und gleichschenklig**.

**Nachweis, dass das Viereck ABCD ein Quadrat ist**

Nach Teilaufgabe a) ist das Viereck ABCD punktsymmetrisch zum Schnittpunkt F der Diagonalen. Die Diagonalen sind gleich lang und stehen senkrecht aufeinander. Also ist das **Viereck ABCD ein Quadrat**.

**Gleichung der Geraden g**

Die Gerade g geht durch die Punkte $F(1|3|1)$ und $S(5|5|5)$.

$$g: \vec{x} = \begin{pmatrix} 1 \\ 3 \\ 1 \end{pmatrix} + s \begin{pmatrix} 2 \\ 1 \\ 2 \end{pmatrix}; \quad s \in \mathbb{R}$$

**Koordinaten der Punkte auf g, von denen aus die Strecke AC unter einem rechten Winkel erscheint**

Für einen Punkt P auf g gilt: $P(1+2s|3+s|1+2s)$.

Aus $\overrightarrow{PA} \cdot \overrightarrow{PC} = \begin{pmatrix} -1-2s \\ -2-s \\ 2-2s \end{pmatrix} \cdot \begin{pmatrix} 1-2s \\ 2-s \\ -2-2s \end{pmatrix} = 0$

folgt $s^2 = 1$ und hieraus $s_1 = 1$; $s_2 = -1$.

Die gesuchten Punkte sind also $P_1(3|4|3)$ und $P_2(-1|2|-1)$.

**c) Winkel zwischen h und E**

Es bezeichne $\alpha \leq 90°$ den Schnittwinkel zwischen h und E.

$$h: \vec{x} = \begin{pmatrix} 0 \\ 1 \\ 3 \end{pmatrix} + u \begin{pmatrix} 5 \\ 4 \\ 2 \end{pmatrix}; \quad u \in \mathbb{R}$$

$E: 2x_1 + x_2 + 2x_3 - 7 = 0$ (Teilaufgabe a))

Aus $\sin \alpha = \dfrac{\left| \begin{pmatrix} 5 \\ 4 \\ 2 \end{pmatrix} \cdot \begin{pmatrix} 2 \\ 1 \\ 2 \end{pmatrix} \right|}{\sqrt{45} \cdot \sqrt{9}} = \dfrac{2}{\sqrt{5}} = \dfrac{2}{5}\sqrt{5}$ folgt $\alpha \approx 63{,}4°$

**Gleichung der Kugel K**

Der Mittelpunkt M der Kugel K liegt auf g:
$M(1+2s|3+s|1+2s)$.

Die Kugel K berührt die Gerade h in A.
Also ist $\overrightarrow{MA}$ orthogonal zu einem Richtungsvektor von h.

Aus $\overrightarrow{MA} \cdot \begin{pmatrix} 5 \\ 4 \\ 2 \end{pmatrix} = \begin{pmatrix} -1-2s \\ -2-s \\ 2-2s \end{pmatrix} \cdot \begin{pmatrix} 5 \\ 4 \\ 2 \end{pmatrix} = 0$ folgt

$-18s - 9 = 0$ und hieraus $s = -0,5$;
also: $M(0|2,5|0)$.
Für den Kugelradius r ergibt sich:

$r = |\overrightarrow{MA}| = \left| \begin{pmatrix} 0 \\ -1,5 \\ 3 \end{pmatrix} \right| = \sqrt{11,25}$.

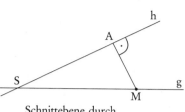

Schnittebene durch
A, S und M

Die Kugel K hat also die Gleichung

$$K: \left[ \vec{x} - \begin{pmatrix} 0 \\ 2,5 \\ 0 \end{pmatrix} \right]^2 = 11,25.$$

**G**

## Öffnungswinkel des Kegels

Der Öffnungswinkel β des Kegels ist
doppelt so groß wie der Schnittwinkel
von g und h.

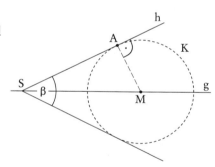

Aus $\cos \dfrac{\beta}{2} = \dfrac{\left| \begin{pmatrix} 2 \\ 1 \\ 2 \end{pmatrix} \cdot \begin{pmatrix} 5 \\ 4 \\ 2 \end{pmatrix} \right|}{3 \cdot \sqrt{45}} = \dfrac{2}{\sqrt{5}} = \dfrac{2}{5}\sqrt{5}$

folgt $\dfrac{\beta}{2} \approx 26,57°$

Der Öffnungswinkel β des Kegels
beträgt **ungefähr 53,1°**.

## d) Mittelpunkt und Radius des Schnittkreises zweier Kegel

Die Spitzen S und S* der beiden Kegel liegen auf g. Der Kugelmittelpunkt M ist die Mitte von SS*. Der Schnittkreis der beiden Kegel liegt in der Ebene E*, welche durch M geht und orthogonal zu g ist. Der Kugelmittelpunkt M ist auch Mittelpunkt des Schnittkreises: $M(0|2,5|0)$.

Schneidet die Gerade h die Ebene E* in Q, so gilt für den Radius r* des Schnittkreises: $r* = |\overrightarrow{MQ}|$.

$E^*: \left[\vec{x} - \begin{pmatrix} 0 \\ 2,5 \\ 0 \end{pmatrix}\right] \cdot \begin{pmatrix} 2 \\ 1 \\ 2 \end{pmatrix} = 0$ bzw. $2x_1 + x_2 + 2x_3 - 2,5 = 0$.

$E^* \cap h = \{Q\}$: $2 \cdot 5u + 1 + 4u + 2(3 + 2u) - 2,5 = 0$;
hieraus folgt $u = -0,25$ und somit $Q(-1,25 \,|\, 0 \,|\, 2,5)$.

$r^* = |\overrightarrow{MQ}| = \left\|\begin{pmatrix} -1,25 \\ -2,5 \\ 2,5 \end{pmatrix}\right\| = 3,75$.

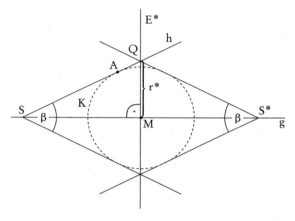

Schnittebene durch A, S und M

In einem kartesischen Koordinatensystem sind die Punkte $A(3|-3|0)$, $B(2|0|8)$ und $C(2|-2|4)$ gegeben und für jedes $t \in \mathbb{R}$ die Gerade

$$g_t : \vec{x} = \begin{pmatrix} -3 \\ 3 \\ 0 \end{pmatrix} + r \begin{pmatrix} 1 \\ -1 \\ t \end{pmatrix} ; \quad r \in \mathbb{R}.$$

Die Ebene E enthält die Punkte A, B, C.

a) Bestimmen Sie eine Koordinatengleichung von E und die Schnittpunkte von E mit den Koordinatenachsen. Diese Punkte bilden ein Dreieck. Zeichnen Sie dieses Dreieck in ein Koordinatensystem ein. (LE 1 cm; Verkürzungsfaktor in $x_1$-Richtung $\frac{1}{2}\sqrt{2}$)

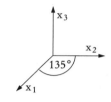

Unter welchem Winkel schneidet $g_0$ die $x_1$-Achse?
Für welchen Wert von t verläuft die Gerade $g_t$ parallel zu E?
Für welchen Wert von t schneidet die Gerade $g_t$ die Ebene E senkrecht?

b) Bestimmen Sie den Abstand des Koordinatenursprungs O von E. O wird an E gespiegelt. Bestimmen Sie die Koordinaten des Bildpunktes $\overline{O}$. Für $t^* = 2\sqrt{2}$ gibt es auf $g_{t^*}$ Punkte, die vom Koordinatenursprung O den gleichen Abstand haben wie $\overline{O}$ von E. Berechnen Sie die Koordinaten dieser Punkte.

c) Die Ebene E und die Koordinatenebenen legen eine Pyramide fest. Berechnen Sie das Volumen dieser Pyramide. Für welche $a \in \mathbb{R}$ liegt der Punkt $P(1|-4|a)$ im Innern der Pyramide?

d) Alle Geraden $g_t$ sind in einer Ebene F enthalten. Bestimmen Sie eine Koordinatengleichung für F. Zeigen Sie, dass F Symmetrieebene der Pyramide aus Teilaufgabe c) ist.

### Lösungshinweise:

a) Die Ebene E enthält drei gegebene Punkte. Man kann also eine Parameter-gleichung von E aufstellen und die Parameter eliminieren. Liegt ein Punkt auf einer Achse, so sind zwei Koordinaten schon bekannt. Hiermit lässt sich die jeweils fehlende Koordinate der Schnittpunkte von E mit den Koordinaten-achsen berechnen.

Eine Gleichung der Geraden $g_0$ ist gegeben. Auch die $x_1$-Achse kann als Gerade aufgefasst werden. Welcher Stützvektor und welcher Richtungsvektor bieten sich an? Wie berechnet man den Schnittwinkel zweier Geraden?

Um die gegenseitige Lage von $g_t$ und E zu untersuchen, verwendet man von $g_t$ einen Richtungsvektor. Aber welcher Vektor der Ebene E ist hilf-reich? Welche Bedingung muss für die Parallelität, welche für die Orthogo-nalität erfüllt sein? Skizzen helfen, diese beiden Fälle richtig auseinanderzu-halten.

b) Wie berechnet man den Abstand eines Punktes von einer Ebene?

Wie würde man zeichnerisch den Bildpunkt $\overline{O}$ von O bei der Spiegelung an der Ebene E ermitteln? Auf welcher Hilfsgeraden h liegt $\overline{O}$? Welcher Vektor von E ist ein Richtungsvektor von h (vgl. Teilaufgabe a))? Ist L der Schnittpunkt von h mit E, so lässt sich der Vektor $\overrightarrow{O\overline{O}}$ mit Hilfe von $\overrightarrow{OL}$ ausdrücken.

Da $t^*$ gegeben ist, kann man die Gleichung der zugehörigen Geraden notie-ren. Die gesuchten Punkte liegen auf dieser Geraden. Was weiß man also schon über die Koordinaten dieser Punkte? Da die Punkte von O einen schon bekannten Abstand haben sollen, ergibt sich mit Hilfe des Betrages des zugehörigen Vektors eine quadratische Gleichung für den Parameter.

c) Welche Fläche ist die Grundfläche der Pyramide? Was ist über diese Grund-fläche bekannt (vgl. Teilaufgabe a))? Welche Höhe hat die Pyramide? Wie lautet die Volumenformel für eine Pyramide?

Von dem gegebenen Punkt P sind zwei Koordinaten konstant. Welche Punkt-menge durchläuft P für $a \in \mathbb{R}$? Für $a = 0$ liegt P in der Grundfläche der Pyramide. Wie ergibt sich der zweite Schnittpunkt mit der Pyramide? Welche Doppelungleichung für $a$ folgt also?

d) Für die Ermittlung einer Koordinatengleichung für F gibt es mehrere Mög-lichkeiten. Bei der 1. Möglichkeit betrachtet man die besonderen Formen des Stützvektors und der Richtungsvektoren von $g_t$. Wie liegen diese jeweils? Die gesuchte Ebene wird von den Richtungsvektoren „überstrichen". Wie liegt also diese Ebene in Bezug auf die drei Koordinatenachsen? Zu welcher Achse liegt sie parallel? Welche Besonderheit haben die zugehörigen Glei-chungen solcher Ebenen?

Bei der 2. Möglichkeit legt man zunächst zwei linear unabhängige Richtungsvektoren der gesuchten Ebene F fest und notiert eine Parametergleichung von F. Durch Elimination der Parameter ergibt sich eine Koordinatengleichung von F.

Zum Nachweis, dass F Symmetrieebene der Pyramide ist, untersucht man die besondere Lage von F (vgl. die 1. Möglichkeit zur Bestimmung einer Koordinatengleichung für F).

## Lösung:

### a) Koordinatengleichung von E

Von der Ebene E sind die Punkte $A(3|-3|0)$, $B(2|0|8)$ und $C(2|-2|4)$ gegeben. Damit ergibt sich als Parametergleichung von E:

$$\vec{x} = \begin{pmatrix} 3 \\ -3 \\ 0 \end{pmatrix} + r \begin{pmatrix} -1 \\ 3 \\ 8 \end{pmatrix} + s \begin{pmatrix} -1 \\ 1 \\ 4 \end{pmatrix}; \quad r, s \in \mathbb{R}.$$

Setzt man für $\vec{x} = \begin{pmatrix} x_1 \\ x_2 \\ x_3 \end{pmatrix}$ ein und eliminiert r und s, so ergibt sich eine

Koordinatengleichung:

$E: 2x_1 - 2x_2 + x_3 - 12 = 0.$

### Koordinaten der Schnittpunkte der Achsen mit E

Schnittpunkt $S_1$ mit der $x_1$-Achse: $x_2 = x_3 = 0$; $x_1 = 6$; $S_1(6|0|0)$;
Schnittpunkt $S_2$ mit der $x_2$-Achse: $x_1 = x_3 = 0$; $x_2 = -6$; $S_2(0|-6|0)$;
Schnittpunkt $S_3$ mit der $x_3$-Achse: $x_1 = x_2 = 0$; $x_3 = 12$; $S_3(0|0|12)$.

### Zeichnung

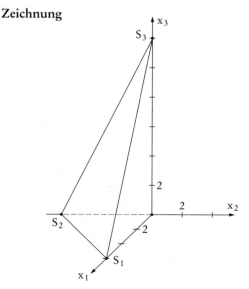

**Schnittwinkel von $g_0$ und der $x_1$-Achse**

Für $t=0$ ergibt sich

$$g_0 : \vec{x} = \begin{pmatrix} -3 \\ 3 \\ 0 \end{pmatrix} + r \begin{pmatrix} 1 \\ -1 \\ 0 \end{pmatrix} ; \quad r \in \mathbb{R}.$$

Ein Richtungsvektor der $x_1$-Achse ist $\vec{v} = \begin{pmatrix} 1 \\ 0 \\ 0 \end{pmatrix}$.

Ist $\alpha \le 90°$ der Winkel zwischen den Richtungsvektoren von $g_0$ und der $x_1$-Achse, so folgt aus

$$\cos \alpha = \frac{\left| \begin{pmatrix} 1 \\ -1 \\ 0 \end{pmatrix} \cdot \begin{pmatrix} 1 \\ 0 \\ 0 \end{pmatrix} \right|}{\sqrt{2} \cdot 1} = \frac{1}{2}\sqrt{2} \quad \text{der Winkel } \alpha = 45°.$$

**Parallelität von $g_t$ und E**

Die Gerade $g_t$ verläuft parallel zur Ebene E, wenn ein Richtungsvektor von $g_t$ und ein Normalenvektor von E orthogonal sind.

Ein Normalenvektor von E ist $\vec{u} = \begin{pmatrix} 2 \\ -2 \\ 1 \end{pmatrix}$,

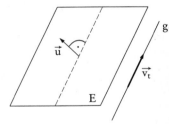

ein Richtungsvektor von $g_t$ ist $\vec{v_t} = \begin{pmatrix} 1 \\ -1 \\ t \end{pmatrix}$.

Aus $\begin{pmatrix} 2 \\ -2 \\ 1 \end{pmatrix} \cdot \begin{pmatrix} 1 \\ -1 \\ t \end{pmatrix} = 0$ folgt $2 \cdot 1 + (-2) \cdot (-1) + 1 \cdot t = 0$ und hieraus $t = -4$.

**Orthogonalität von $g_t$ und E**

Die Gerade $g_t$ schneidet die Ebene E senkrecht, wenn ein Normalenvektor von E ein Vielfaches eines Richtungsvektors von $g_t$ ist.

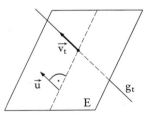

Aus $\begin{pmatrix} 2 \\ -2 \\ 1 \end{pmatrix} = k \cdot \begin{pmatrix} 1 \\ -1 \\ t \end{pmatrix}$ folgt $k = 2$ und $t = \frac{1}{2}$.

**b) Abstand des Koordinatenursprungs O von E**

HNF von E: $\frac{1}{3}(2x_1 - 2x_2 + x_3 - 12) = 0$.

Abstand d des Punktes $O(0|0|0)$ von E:

$$d = \left| \frac{1}{3} \cdot (-12) \right| = 4.$$

**Koordinaten des Bildpunktes $\overline{O}$**

Der Bildpunkt $\overline{O}$ des Ursprungs O bei
der Spiegelung an E liegt auf der Hilfsgeraden h senkrecht zu E durch O.
Schneidet h die Ebene E in L, so gilt
für den Ortsvektor von $\overline{O}$: $\overrightarrow{OO} = 2 \cdot \overrightarrow{OL}$.
Nach Teilaufgabe a) ist $g_t$ senkrecht zu E
für $t = \frac{1}{2}$. Also gilt:

$$h: \vec{x} = r \begin{pmatrix} 1 \\ -1 \\ 0{,}5 \end{pmatrix}; \quad r \in \mathbb{R}.$$

$h \cap E = \{L\}: \quad 2 \cdot r - 2 \cdot (-r) + 0{,}5 \cdot r - 12 = 0;$

hieraus folgt $r = \frac{8}{3}$ und somit $L\left(\frac{8}{3} \middle| -\frac{8}{3} \middle| \frac{4}{3}\right)$.

Damit ergibt sich: $\overrightarrow{OO} = 2 \cdot \overrightarrow{OL} = 2 \cdot \frac{1}{3} \begin{pmatrix} 8 \\ -8 \\ 4 \end{pmatrix} = \frac{2}{3} \begin{pmatrix} 8 \\ -8 \\ 4 \end{pmatrix}.$

Die Koordinaten des Bildpunktes $\overline{O}$ sind also $\overline{O}\left(\frac{16}{3} \middle| -\frac{16}{3} \middle| \frac{8}{3}\right)$.

**Koordinaten der Punkte auf $g_{t*}$ für $t^* = 2\sqrt{2}$**

Für $t^* = 2\sqrt{2}$ ergibt sich

$$g_{2\sqrt{2}}: \vec{x} = \begin{pmatrix} -3 \\ 3 \\ 0 \end{pmatrix} + r \begin{pmatrix} 1 \\ -1 \\ 2\sqrt{2} \end{pmatrix}; \quad r \in \mathbb{R}.$$

Für einen Punkt P auf $g_{2\sqrt{2}}$ gilt somit: $P(-3 + r \mid 3 - r \mid 2\sqrt{2} \cdot r)$.

Aus $|\overrightarrow{OP}| = 4$ folgt $\left| \begin{pmatrix} -3 + r \\ 3 - r \\ 2\sqrt{2} \cdot r \end{pmatrix} \right| = 4$ und hieraus

$9 - 6r + r^2 + 9 - 6r + r^2 + 8r^2 = 16$ bzw. $10r^2 - 12r + 2 = 0$.

Damit ist $r = 1$ oder $r = \frac{1}{5}$. Eingesetzt in die Gleichung für $g_{2\sqrt{2}}$ ergeben
sich die Koordinaten der gesuchten Punkte:
$P_1(-2 \mid 2 \mid 2\sqrt{2})$, $P_2(-2{,}8 \mid 2{,}8 \mid 0{,}4\sqrt{2})$.

**c) Volumen der Pyramide**

Nach Teilaufgabe a) sind $S_1(6 \mid 0 \mid 0)$ und $S_2(0 \mid -6 \mid 0)$ die Schnittpunkte mit
der $x_1$- bzw. $x_2$-Achse. Also ist die Grundfläche der Pyramide ein gleich-
schenklig-rechtwinkliges Dreieck. Die Höhe ist die Kante $OS_3$.

Also ergibt sich:
$$V = \frac{1}{3} \cdot G \cdot h = \frac{1}{3} \cdot \frac{1}{2} \cdot 6 \cdot 6 \cdot 12 = 72.$$

**Berechnung der Werte von a, für die $P(1|-4|a)$ im Innern der Pyramide liegt**

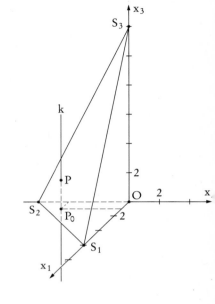

Da nur die 3. Koordinate von P variabel ist, liegen alle Punkte $P(1|-4|a)$ auf der Geraden k, die orthogonal zur Grundfläche der Pyramide ist und durch $P_0(1|-4|0)$ verläuft. Die Gerade k schneidet die Seitenfläche E der Pyramide für den Wert von a, für den gilt:
$2 \cdot 1 - 2 \cdot (-4) + a - 12 = 0,$
also für $a = 2$.
Damit liegt P für $0 < a < 2$ im Innern der Pyramide.

**d) Koordinatengleichung von F**

**1. Möglichkeit:**

Die Geradenschar $g_t$ hat den

Stützvektor $\vec{x} = \begin{pmatrix} -3 \\ 3 \\ 0 \end{pmatrix}$.

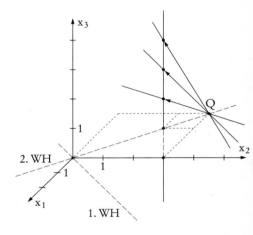

Der Punkt $Q(-3|3|0)$ liegt auf der 2. Winkelhalbierenden der $x_1 x_2$-Ebene. Da die Richtungsvektoren von $g_t$ die $x_1$-Koordinate 1, die $x_2$-Koordinate $-1$ und die $x_3$-Koordinate t mit $t \in \mathbb{R}$ haben, „überstreicht" die Geradenschar $g_t$ die Ebene, welche die $x_3$-Achse enthält und deren Schnittgerade mit der $x_1 x_2$-Ebene die 2. Winkelhalbierende ist. Diese Ebene hat die Gleichung
**F: $x_1 + x_2 = 0$.**

## 2. Möglichkeit:

Für die Ebene F sind z.B. $\begin{pmatrix} 1 \\ -1 \\ 0 \end{pmatrix}$ und $\begin{pmatrix} 1 \\ -1 \\ 1 \end{pmatrix}$ mögliche Richtungsvektoren:

$$F: \vec{x} = \begin{pmatrix} -3 \\ 3 \\ 0 \end{pmatrix} + r\begin{pmatrix} 1 \\ -1 \\ 0 \end{pmatrix} + s\begin{pmatrix} 1 \\ -1 \\ 1 \end{pmatrix}; \quad r, s \in \mathbb{R}.$$

Setzt man für $\vec{x} = \begin{pmatrix} x_1 \\ x_2 \\ x_3 \end{pmatrix}$ ein und eliminiert man r und s, so ergibt sich

eine Koordinatengleichung:

$$F: x_1 + x_2 = 0.$$

**G**

## Nachweis, dass F Symmetrieebene der Pyramide ist

Die Ebene F enthält die $x_3$-Achse; die Schnittgerade von F mit der $x_1 x_2$-Ebene ist die 2. Winkelhalbierende dieser Ebene (siehe Fig.).
Die Punkte $S_1(6|0|0)$ und $S_2(0|-6|0)$ sind Spiegelpunkte bezüglich der Schnittgeraden. Also ist F **Symmetrieebene** der Pyramide.

Für eine Lasershow unter freiem Himmel wird
ein Lasergerät auf einer Stange so montiert, dass
es motorgetrieben gedreht werden kann.
Die Drehachse verläuft durch die Punkte
$P(-1|-3|-2)$ und $L(1|-1|2)$. Der Laserstrahl
wird im Punkt L erzeugt und bildet mit der Drehachse
einen Winkel $\alpha$.

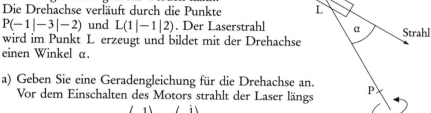

a) Geben Sie eine Geradengleichung für die Drehachse an.
Vor dem Einschalten des Motors strahlt der Laser längs

der Geraden $g: \vec{x} = \begin{pmatrix} 1 \\ -1 \\ 2 \end{pmatrix} + t \begin{pmatrix} 1 \\ -1 \\ 0 \end{pmatrix}$; $t \in \mathbb{R}$.

Berechnen Sie $\alpha$.
Die Dachfläche einer entfernten Kirche liegt in der Ebene

$$E_1: \vec{x} = \begin{pmatrix} 17 \\ -19 \\ 0 \end{pmatrix} + r \begin{pmatrix} 4 \\ 0 \\ 4 \end{pmatrix} + s \begin{pmatrix} 0 \\ 5 \\ -1 \end{pmatrix}; \quad r, s \in \mathbb{R}$$

und wird vom Strahl im Punkt Q beleuchtet.
Berechnen Sie die Koordinaten von Q.
Wie weit ist Q von L entfernt?

b) Jetzt wird der Motor bei konstantem $\alpha = 90°$ eingeschaltet.
Bestimmen Sie eine Gleichung der Ebene, in der sich der Laserstrahl bewegt.
Berechnen Sie eine Gleichung der Geraden, auf der die beleuchtete Strecke
des Kirchendachs aus Teilaufgabe a) liegt.

c) Die Drehachse steht in P orthogonal auf einem ebenen Hang.
Bestimmen Sie eine Gleichung der Hangebene.
Der Winkel $\alpha$ darf aus Sicherheitsgründen 70° nicht unterschreiten.
Berechnen Sie den Inhalt der Hangfläche, die deshalb nicht vom Laserstrahl
beleuchtet werden kann.

d) Der Winkel $\alpha$ wird jetzt wieder auf 90° eingestellt, der Motor ist einge-
schaltet. Eine lichtundurchlässige Kugel K mit der Gleichung
$x_1^2 + x_2^2 + x_3^2 + 6x_1 - 10x_2 - 8x_3 + 40 = 0$ wird von dem Laserstrahl auf einem
Kreisbogen beleuchtet.
Bestimmen Sie Mittelpunkt und Radius der Kugel K.
Wie groß ist der Radius des Kreises, auf dem der beleuchtete Kreisbogen liegt?
Berechnen Sie die Länge des beleuchteten Kreisbogens.

**G**

**Lösungshinweise:**

a) Die Drehachse geht durch die gegebenen Punkte P und L. Man kann also eine Parametergleichung der zugehörigen Geraden aufstellen. Da nun Geradengleichungen für die Drehachse und für die Laserstrahlen bekannt sind, kann man den Winkel $\alpha$ zwischen diesen Geraden als Winkel zwischen deren Richtungsvektoren berechnen.
Der Punkt Q ergibt sich als Schnittpunkt der Geraden g und der Ebene $E_1$.
Zur Berechnung der Koordinaten von Q gibt es zwei Möglichkeiten: Entweder man verwendet die gegebenen Parametergleichungen für g und $E_1$ oder aber man ermittelt zunächst eine Koordinatengleichung von $E_1$.
Die gesuchte Entfernung von Q und L ergibt sich als Betrag des zugehörigen Vektors.

b) Wie liegt die gesuchte Ebene $E_2$ zur Drehachse durch die Punkte L und P? Der Punkt L und der Vektor $\overrightarrow{LP}$ bestimmen also die Lage von $E_2$. Damit kann man eine Normalenform von $E_2$ notieren.
Um eine Gleichung der Geraden zu ermitteln, auf der die beleuchtete Strecke des Kirchendachs liegt, ist es zweckmäßig, die Gleichung für $E_2$ in Koordinatenform umzurechnen. Die Gleichung der Schnittgeraden von $E_1$ und $E_2$ kann dann verschieden ermittelt werden: Mit der Parameterform oder mit der Koordinatenform von $E_1$.

c) Die Hangebene $E_3$ geht durch P und ist parallel zu $E_2$. Aus der Normalenform von $E_3$ ergibt sich eine Koordinatenform.
Die Gestalt der vom Laserstrahl nicht beleuchteten Hangfläche ist ein Kreis mit dem Mittelpunkt M und dem Radius r. Wie weit ist der Punkt L von $E_3$ entfernt? Welchen Winkel bilden die Strahlen mit der Achse durch L und P? Damit ist der Radius r mit Hilfe der Trigonometrie berechenbar. Wie lautet die Flächeninhaltsformel für einen Kreis?

d) Zur Bestimmung des Mittelpunktes $M_1$ und des Radius $r_1$ der Kugel K formt man die gegebene Gleichung durch quadratische Ergänzungen um.
In welcher Ebene bewegt sich der Lichtstrahl, wenn der Winkel $\alpha$ auf 90° eingestellt ist? Schneidet man diese Ebene mit der Kugel, ergibt sich der Kreis, auf dem der beleuchtete Kreisbogen liegt.
Wie erhält man den Mittelpunkt $M_2$ dieses Kreises? Nach Berechnung der Länge der Strecke $M_1 M_2$ ergibt sich der gesuchte Kreisradius mit Hilfe des Satzes von Pythagoras.
Wie lautet die Formel für einen Kreisbogen? Eine Skizze verdeutlicht die Situation. Welche Größe in der Formel ist noch nicht bekannt? Der Abstand des Punktes L vom Mittelpunkt des Schnittkreises ist berechenbar. Wie ergibt sich nun die gesuchte Größe?

## Lösung:

### a) Geradengleichung für die Drehachse

Da die Drehachse durch die Punkte $L(1|-1|2)$ und $P(-1|-3|-2)$ verläuft, ist

$$\vec{x} = \begin{pmatrix} 1 \\ -1 \\ 2 \end{pmatrix} + r^* \begin{pmatrix} -2 \\ -2 \\ -4 \end{pmatrix}; \quad r^* \in \mathbb{R} \quad \text{bzw.}$$

$$h: \vec{x} = \begin{pmatrix} 1 \\ -1 \\ 2 \end{pmatrix} + r \begin{pmatrix} 1 \\ 1 \\ 2 \end{pmatrix}; \quad r \in \mathbb{R}$$

eine Gleichung für die Drehachse.

### Berechnung des Winkels α

Ist $\alpha \leq 90°$ der Winkel zwischen der Drehachse und der Geraden g, so folgt aus

$$\cos\alpha = \frac{\left| \begin{pmatrix} 1 \\ 1 \\ 2 \end{pmatrix} \cdot \begin{pmatrix} 1 \\ -1 \\ 0 \end{pmatrix} \right|}{\sqrt{6} \cdot \sqrt{2}} = 0 \quad \text{der Winkel } \alpha = 90°.$$

Vor dem Einschalten des Motors sind der Laserstrahl und die Drehachse orthogonal.

### Koordinaten von Q

#### 1. Möglichkeit

Man verwendet die gegebenen Parameterformen von g und $E_1$.

Aus der Gleichung $\begin{pmatrix} 1 \\ -1 \\ 2 \end{pmatrix} + t\begin{pmatrix} 1 \\ -1 \\ 0 \end{pmatrix} = \begin{pmatrix} 17 \\ -19 \\ 0 \end{pmatrix} + r\begin{pmatrix} 4 \\ 0 \\ 4 \end{pmatrix} + s\begin{pmatrix} 0 \\ 5 \\ -1 \end{pmatrix}$

folgt das Gleichungssystem $\begin{cases} 1 + t = 17 + 4r \\ -1 - t = -19 + 5s \\ 2 = 4r - s \end{cases}$.

Hieraus ergibt sich $t = 18$.

Wegen $\begin{pmatrix} 1 \\ -1 \\ 2 \end{pmatrix} + 18\begin{pmatrix} 1 \\ -1 \\ 0 \end{pmatrix} = \begin{pmatrix} 19 \\ -19 \\ 2 \end{pmatrix}$ ergibt sich der Durchstoßpunkt

$Q(19|-19|2)$.

#### 2. Möglichkeit

Man ermittelt aus der Parametergleichung für $E_1$ zunächst eine Koordinatengleichung.

Aus der 1. und der 2. Gleichung von

$$\begin{cases} x_1 = 17 + 4r \\ x_2 = -19 + 5s \\ x_3 = 4r - s \end{cases} \quad \text{folgt} \quad \begin{cases} r = \frac{1}{4}(x_1 - 17) \\ s = \frac{1}{5}(x_2 + 19) \end{cases}.$$

Setzt man r und s in die 3. Gleichung ein, ergibt sich:

$$x_3 = 4 \cdot \frac{1}{4}(x_1 - 17) - \frac{1}{5}(x_2 + 19);$$ hieraus folgt die Koordinatengleichung

$E_1: 5x_1 - x_2 - 5x_3 - 104 = 0.$

Gegeben ist

$$g: \vec{x} = \begin{pmatrix} 1 \\ -1 \\ 2 \end{pmatrix} + t \begin{pmatrix} 1 \\ -1 \\ 0 \end{pmatrix}; \quad t \in \mathbb{R}.$$

$g \cap E_1 = \{Q\}: \quad 5 \cdot (1 + t) - (-1 - t) - 5 \cdot 2 - 104 = 0;$

hieraus folgt $t = 18$ und somit $Q(19 \,|\, -19 \,|\, 2)$.

**Abstand von Q und L**

Mit $Q(19 \,|\, -19 \,|\, 2)$ und $L(1 \,|\, -1 \,|\, 2)$ ergibt sich der Abstand

$$d_1 = |\overrightarrow{QL}| = \left| \begin{pmatrix} 1 - 19 \\ -1 + 19 \\ 2 - 2 \end{pmatrix} \right| = \left| \begin{pmatrix} -18 \\ 18 \\ 0 \end{pmatrix} \right| = \sqrt{(-18)^2 + 18^2} = 18\sqrt{2} \approx 25{,}46.$$

**b) Gleichung der Ebene, in der sich der Laserstrahl bewegt**

Die gesuchte Ebene $E_2$ geht durch L, der Vektor $\overrightarrow{LP}$ ist ein Normalenvektor von $E_2$. Somit gilt:

$$E_2: \left[ \vec{x} - \begin{pmatrix} 1 \\ -1 \\ 2 \end{pmatrix} \right] \cdot \begin{pmatrix} -2 \\ -2 \\ -4 \end{pmatrix} = 0.$$

Aus $\left[ \begin{pmatrix} x_1 \\ x_2 \\ x_3 \end{pmatrix} - \begin{pmatrix} 1 \\ -1 \\ 2 \end{pmatrix} \right] \cdot \begin{pmatrix} -2 \\ -2 \\ -4 \end{pmatrix} = 0$ folgt

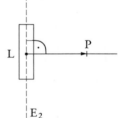

$-2(x_1 - 1) - 2(x_2 + 1) - 4(x_3 - 2) = 0$ bzw.

$E_2: x_1 + x_2 + 2x_3 - 4 = 0.$

**Gleichung der Geraden, auf der die beleuchtete Strecke des Kirchendachs liegt**

Die beleuchtete Strecke des Kirchendachs liegt auf der Schnittgeraden h der Ebenen $E_1$ und $E_2$. Eine Gleichung von h kann man auf verschiedene Arten ermitteln.

**1. Möglichkeit:**

Man verwendet die Koordinatengleichung der Ebenen:

$E_1: 5x_1 - x_2 - 5x_3 - 104 = 0;$

$E_2: x_1 + x_2 + 2x_3 - 4 = 0.$

Setzt man $x_1 = s$, so folgt aus

$5s - x_2 - 5x_3 - 104 = 0 \qquad$ (1)

$s + x_2 + 2x_3 - 4 = 0 \qquad$ (2)

durch Addition dieser Gleichungen

$6s - 3x_3 - 108 = 0$ bzw. $x_3 = -36 + 2s$.

Setzt man dies in Gleichung (2) ein, so folgt:

$x_2 = -s - 2(-36 + 2s) + 4$ bzw. $x_2 = 76 - 5s$.

Aus $\begin{cases} x_1 = & s \\ x_2 = & 76 - 5s \\ x_3 = & -36 + 2s \end{cases}$ folgt

$h: \ \vec{x} = \begin{pmatrix} 0 \\ 76 \\ -35 \end{pmatrix} + s \begin{pmatrix} 1 \\ -5 \\ 2 \end{pmatrix}; \ s \in \mathbb{R}$

als Gleichung der Schnittgeraden von $E_1$ und $E_2$.

**G**

## 2. Möglichkeit:

Man verwendet die gegebene Parameterform von $E_1$ und die Koordinatengleichung von $E_2$:

$E_1: \ \vec{x} = \begin{pmatrix} 17 \\ -19 \\ 0 \end{pmatrix} + r \begin{pmatrix} 4 \\ 0 \\ 4 \end{pmatrix} + s \begin{pmatrix} 0 \\ 5 \\ -1 \end{pmatrix}; \ r, s \in \mathbb{R};$

$E_2: \ x_1 + x_2 + 2x_3 - 4 = 0.$

Aus $(17 + 4r) + (-19 + 5s) + 2(4r - s) - 4 = 0$ folgt $s = 2 - 4r$.

Damit ergibt sich:

$\vec{x} = \begin{pmatrix} 17 \\ -19 \\ 0 \end{pmatrix} + r \begin{pmatrix} 4 \\ 0 \\ 4 \end{pmatrix} + (2 - 4r) \begin{pmatrix} 0 \\ 5 \\ -1 \end{pmatrix}; \ r \in \mathbb{R}$ bzw. $\vec{x} = \begin{pmatrix} 17 \\ -9 \\ -2 \end{pmatrix} + r \begin{pmatrix} 4 \\ -20 \\ 8 \end{pmatrix}; \ r \in \mathbb{R}.$

Hieraus folgt:

$h: \ \vec{x} = \begin{pmatrix} 17 \\ -9 \\ -2 \end{pmatrix} + u \begin{pmatrix} 1 \\ -5 \\ 2 \end{pmatrix}; \ u \in \mathbb{R}.$

## c) Gleichung der Hangebene

Die Hangebene $E_3$ ist parallel zu $E_2$ und
geht durch P.

Aus $\left[ \begin{pmatrix} x_1 \\ x_2 \\ x_3 \end{pmatrix} - \begin{pmatrix} -1 \\ -3 \\ -2 \end{pmatrix} \right] \cdot \begin{pmatrix} 1 \\ 1 \\ 2 \end{pmatrix} = 0$

folgt $(x_1 + 1) + (x_2 + 3) + 2(x_3 + 2) = 0$ bzw.

$E_3: \ x_1 + x_2 + 2x_3 + 8 = 0.$

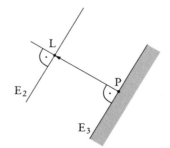

**Inhalt der Hangfläche**

Die nicht beleuchtete Fläche ist ein Kreis
mit dem Radius r.

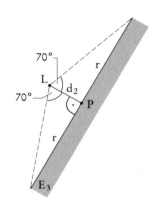

Aus $\overrightarrow{PL} = \begin{pmatrix} 2 \\ 2 \\ 4 \end{pmatrix}$ folgt zunächst

$d_2 = |\overrightarrow{PL}| = \sqrt{4+4+16} = 2\sqrt{6}$.

Weiter folgt aus $\tan 70° = \dfrac{r}{d_2}$ für den

Radius: $r = d_2 \cdot \tan 70° = 2\sqrt{6} \cdot \tan 70°$.

Der Inhalt des Kreises ist somit:

$A = \pi \cdot r^2 = \pi \cdot 24 \cdot (\tan 70°)^2 \approx 569$.

**d) Mittelpunkt $M_1$ und Radius $r_1$ der Kugel K**

Aus $x_1^2 + x_2^2 + x_3^2 + 6x_1 - 10x_2 - 8x_3 + 40 = 0$ folgt

$x_1^2 + 6x_1 + 9 + x_2^2 - 10x_2 + 25 + x_3^2 - 8x_3 + 16 = -40 + 9 + 25 + 16$ bzw.

$(x_1 + 3)^2 + (x_2 - 5)^2 + (x_3 - 4)^2 = 10$.

Die Kugel K hat also den Mittelpunkt $M_1(-3|5|4)$ und den
Radius $r_1 = \sqrt{10}$.

**Radius $r_2$ des Kreises, auf dem der beleuchtete Kreisbogen liegt**

Bei einem Winkel von 90°
bewegt sich der Laserstrahl
in der Ebene $E_2$ (vgl. Teilaufgabe b)). Der beleuchtete
Kreisbogen liegt auf dem
Schnittkreis der Ebene $E_2$
mit der Kugel K.
Der Mittelpunkt $M_2$ des
Schnittkreises ergibt sich als
Schnittpunkt der Hilfsgeraden k durch $M_1$ senkrecht
zu $E_2$ mit der Ebene $E_2$
(vgl. Fig.). Die Hilfsgerade k
hat einen Normalenvektor von
$E_2$ als Richtungsvektor:

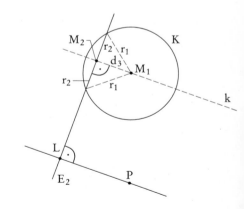

$k: \vec{x} = \begin{pmatrix} -3 \\ 5 \\ 4 \end{pmatrix} + v \begin{pmatrix} 1 \\ 1 \\ 2 \end{pmatrix}; \quad v \in \mathbb{R}$.

$k \cap E_2 = \{M_2\}: \quad (-3+v) + (5+v) + 2(4+2v) - 4 = 0;$

hieraus folgt $v = -1$ und somit $M_2(-4|4|2)$.

Weiterhin ist $d_3 = |\overrightarrow{M_1 M_2}| = \left| \begin{pmatrix} -1 \\ -1 \\ -2 \end{pmatrix} \right| = \sqrt{1+1+4} = \sqrt{6}$.

Damit ergibt sich für den Radius $r_2$ des Schnittkreises:

$r_2 = \sqrt{r_1^2 + d_3^2} = \sqrt{10-6} = \sqrt{4} = 2$.

### Länge des beleuchteten Kreisbogens

Der beleuchtete Kreisbogen liegt auf dem Schnittkreis. Er wird begrenzt durch die Berührpunkte $B_1$ und $B_2$ der Tangenten von L aus an die Kugel K, die in der Ebene $E_2$ liegen. Für die gesuchte Länge b des Kreisbogens gilt:

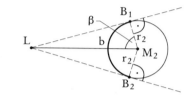

$b = 2\pi \cdot r_2 \cdot \dfrac{2\beta}{360°}$ (vgl. Fig.).

Das Dreieck $LM_2B_1$ ist rechtwinklig. Der Winkel $\beta$ ergibt sich aus

$\cos\beta = \dfrac{r_2}{|\overrightarrow{LM_2}|}$.

Mit $\overrightarrow{LM_2} = \begin{pmatrix} -5 \\ 5 \\ 0 \end{pmatrix}$ und $|\overrightarrow{LM_2}| = \sqrt{25+25} = 5 \cdot \sqrt{2}$ folgt $\cos\beta = \dfrac{2}{5 \cdot \sqrt{2}} = \dfrac{1}{5}\sqrt{2}$

und hieraus $\beta \approx 73,6°$. Also gilt:

$b = 2\pi \cdot 2 \cdot \dfrac{2\beta}{360°} = \dfrac{\pi \cdot \beta}{45°} \approx \pi \cdot \dfrac{73,6°}{45°} \approx 5,14$.

**G**

Gegeben sind die Punkte $A(1\,|\,2\,|\,-3)$, $B(-2\,|\,1\,|\,-7)$, $C(2\,|\,-2\,|\,-6)$, $D(4\,|\,7\,|\,-1)$

und die Gerade $h: \vec{x} = \begin{pmatrix} 2 \\ 8 \\ 3 \end{pmatrix} + t \begin{pmatrix} 5 \\ 8 \\ 11 \end{pmatrix}$; $t \in \mathbb{R}$.

Die Ebene $E_1$ enthält die Punkte A, B und C.

a) Stellen Sie eine Koordinatengleichung der Ebene $E_1$ auf.
Geben Sie eine Gleichung der Geraden g an, die durch B und D geht.
Unter welchem Winkel schneidet g die Ebene $E_1$?
Zeigen Sie, dass die Geraden g und h eine Ebene $E_2$ aufspannen.
Bestimmen Sie eine Gleichung der Schnittgeraden der beiden Ebenen
$E_1$ und $E_2$.

b) Eine Kugel $K_1$ hat ihren Mittelpunkt im Punkt D und geht durch B.
Bestimmen Sie den Mittelpunkt und den Radius des Schnittkreises k von
$K_1$ und $E_1$.
Zwei Tangentialebenen der Kugel $K_1$ sind zu $E_1$ parallel.
Berechnen Sie die Koordinaten ihrer Berührpunkte, und geben Sie Koordinatengleichungen dieser Tangentialebenen an.
Zwei Kugeln mit dem Radius $3\sqrt{51}$ haben mit $E_1$ denselben Schnittkreis k
wie die Kugel $K_1$.
Berechnen Sie die Koordinaten der beiden Kugelmittelpunkte.

c) Zeichnen Sie die Spurgeraden der Ebene $E_1$ in ein Koordinatensystem ein.
Die $x_1x_3$-Ebene, die $x_2x_3$-Ebene und die Ebene $E_1$ enthalten die drei Seitenflächen einer auf der Spitze stehenden Pyramide. Ihre Grundfläche liegt in
einer Ebene $E_3$ mit der Gleichung $x_3 = c\,(c > 0)$. In der Pyramide befindet
sich eine Kugel K mit dem Radius $r = 3$, die die drei Seitenflächen und die
Grundfläche berührt.
Bestimmen Sie die Koordinaten des Mittelpunktes M der Kugel K.
Geben Sie die Gleichung der Ebene $E_3$ an.

## Lösungshinweise:

a) Die Ebene $E_1$ enthält drei gegebene Punkte. Man kann also eine Parametergleichung für $E_1$ aufstellen und die Parameter eliminieren.
Da die Gerade g durch zwei ebenfalls gegebene Punkte verläuft, kann man auch eine Gleichung für g angeben.
Der Schnittwinkel $\alpha$ zwischen einer Geraden und einer Ebene ergibt sich mit Hilfe eines Richtungsvektors der Geraden und eines Normalenvektors der Ebene. Wie lautet die Formel für $\alpha$?
Welche Bedingung müssen Richtungsvektoren von g und h erfüllen, damit die Geraden nicht identisch und nicht parallel sind? Wie berechnet man den Schnittpunkt zweier Geraden?
Um eine Gleichung der Schnittgeraden von $E_1$ und $E_2$ ermitteln zu können, benötigt man eine Gleichung für $E_2$. Da g und h diese Ebene aufspannen, kann man eine Parameterform für $E_2$ mit den Parametern r und t notieren. Aus der Gleichung für $E_1$ ergibt sich zunächst ein Zusammenhang zwischen r und t. Setzt man dann z.B. in der Parameterform für $E_2$ für r den Term in Abhängigkeit von t ein, ergibt sich eine Gleichung der Schnittgeraden.

b) Der Mittelpunkt der Kugel $K_1$ ist gegeben. Da weiterhin ein Punkt auf der Kugel gegeben ist, kann man den Radius der Kugel berechnen. Der Mittelpunkt des Schnittkreises k von $K_1$ und $E_1$ ergibt sich als Schnittpunkt einer Hilfsgeraden mit der Ebene $E_1$. Durch welchen Punkt verläuft diese Hilfsgerade? Auch ein Richtungsvektor ist bekannt. Damit kann man eine Gleichung der Hilfsgeraden notieren und die Koordinaten des Mittelpunktes des Schnittkreises berechnen. Mit Hilfe des Satzes des Pythagoras ergibt sich der zugehörige Radius.
Da die Tangentialebenen zu $E_1$ parallel sind, ergeben sich die Berührpunkte als Schnittpunkte der Hilfsgeraden mit der Kugel $K_1$. Die sich ergebende quadratische Gleichung hat zwei Lösungen. In die Gleichung für die Hilfsgerade eingesetzt, ergeben sich Ortsvektoren und damit die Koordinate der Berührpunkte.
Da Mittelpunkt, Radius und die jeweiligen Berührpunkte bekannt sind, ergeben sich direkt Gleichungen für die Tangentialebenen. Eine andere Möglichkeit zur Bestimmung der Gleichungen für die Tangentialebenen erschließt sich über die Tatsache, dass die Tangentialebenen parallel zu $E_1$ liegen: Die Gleichungen haben in diesem Fall die Form $x_1 + x_2 - x_3 + e = 0$. Punktproben für die Berührpunkte ergeben den jeweiligen Wert für e.
Die gesuchten Kugelmittelpunkte liegen auf der Hilfsgeraden. Der Kugelradius ist gegeben, der Radius des Schnittkreises wurde berechnet. Mit Hilfe des Satzes von Pythagoras ist damit der Abstand der Kugelmittelpunkte vom Mittelpunkt des Schnittkreises berechenbar. Ortsvektoren der gesuchten Kugelmittelpunkte erhält man mit normierten Richtungsvektoren der Hilfsgeraden.

c) Die Spurgeraden kann man zeichnen, wenn man z. B. die Spurpunkte kennt.
Wie berechnet man die Koordinaten der Spurpunkte einer Ebene?
Die Kugel K hat den Radius $r=3$ und berührt die $x_1x_3$-Ebene und die
$x_2x_3$- Ebene. Welche Koordinaten des Mittelpunktes M sind also bekannt?
Die fehlende Koordinate ergibt sich aus der Bedingung, dass der Abstand des
Punktes M von der Ebene $E_1$ gleich dem Kugelradius ist. Aus der Betrags-
gleichung ergeben sich zwei Werte für die fehlende Koordinate von M.
Wie kann man entscheiden, welcher dieser Werte der gesuchte ist?
Die Ebene $E_3$ liegt parallel zur $x_1x_2$-Ebene. Aus der Überlegung, um wie
viel diese Ebene „höher" als M liegt, ergibt sich die Gleichung für $E_3$.

## Lösung:

**a) Koordinatengleichung der Ebene $E_1$**
Von der Ebene $E_1$ sind die Punkte $A(1|2|-3)$, $B(-2|1|-7)$ und
$C(2|-2|-6)$ gegeben. Damit ergibt sich als Parametergleichung von $E_1$:

$$\vec{x} = \begin{pmatrix} 1 \\ 2 \\ -3 \end{pmatrix} + r \begin{pmatrix} -3 \\ -1 \\ -4 \end{pmatrix} + s \begin{pmatrix} 1 \\ -4 \\ -3 \end{pmatrix}; \quad r, s \in \mathbb{R}.$$

Setzt man für $\vec{x} = \begin{pmatrix} x_1 \\ x_2 \\ x_3 \end{pmatrix}$ ein und eliminiert r und s, so ergibt sich eine

Koordinatengleichung:
$E_1 : x_1 + x_2 - x_3 - 6 = 0.$

**Gleichung der Geraden g**
Die Gerade g geht durch $B(-2|1|-7)$ und $D(4|7|-1)$. Also gilt:

$$\vec{x} = \begin{pmatrix} -2 \\ 1 \\ -7 \end{pmatrix} + u^* \begin{pmatrix} 6 \\ 6 \\ 6 \end{pmatrix}; \quad u^* \in \mathbb{R} \quad \text{bzw.}$$

$$g: \vec{x} = \begin{pmatrix} -2 \\ 1 \\ -7 \end{pmatrix} + u \begin{pmatrix} 1 \\ 1 \\ 1 \end{pmatrix}; \quad u \in \mathbb{R}.$$

**Winkel zwischen g und $E_1$**
Es bezeichne $\alpha \leq 90°$ den Schnittwinkel zwischen g und $E_1$.

Aus $\sin \alpha = \dfrac{\left| \begin{pmatrix} 1 \\ 1 \\ 1 \end{pmatrix} \cdot \begin{pmatrix} 1 \\ 1 \\ -1 \end{pmatrix} \right|}{\sqrt{3} \cdot \sqrt{3}} = \dfrac{1}{3}$ folgt $\alpha \approx 19,5°$.

**Nachweis, dass g und h eine Ebene $E_2$ aufspannen**
Die Richtungsvektoren der Geraden g und h sind linear unabhängig.
Also sind g und h nicht identisch und auch nicht parallel. Sie spannen
eine Ebene auf, wenn sie sich in einem Punkt S schneiden.

$g \cap h = \{S\}$: Aus dem LGS

$$\begin{cases} -2+u=2+\ 5t \\ \ \ 1+u=8+\ 8t \\ -7+u=3+11t \end{cases}$$

folgt $u=-1$ und $t=-1$. Somit ist $S(-3\,|\,0\,|-8)$.

### Gleichung der Schnittgeraden der Ebenen $E_1$ und $E_2$

Zur Ermittlung einer Gleichung der Schnittgeraden s von $E_1$ und $E_2$ benötigt man eine Gleichung für $E_2$:

$$E_2: \ \vec{x} = \begin{pmatrix} -3 \\ 0 \\ -8 \end{pmatrix} + r\begin{pmatrix} 1 \\ 1 \\ 1 \end{pmatrix} + t\begin{pmatrix} 5 \\ 8 \\ 11 \end{pmatrix}; \ r, t \in \mathbb{R}.$$

Mit $E_1: x_1 + x_2 - x_3 - 6 = 0$ folgt
$(-3+r+5t) + (r+8t) - (-8+r+11t) - 6 = 0$ und hieraus $r = 1 - 2t$.
Damit ergibt sich:

$$\vec{x} = \begin{pmatrix} -3 \\ 0 \\ -8 \end{pmatrix} + (1-2t)\begin{pmatrix} 1 \\ 1 \\ 1 \end{pmatrix} + t\begin{pmatrix} 5 \\ 8 \\ 11 \end{pmatrix}; \ t \in \mathbb{R} \ \text{bzw.} \ \vec{x} = \begin{pmatrix} -2 \\ 1 \\ -7 \end{pmatrix} + t\begin{pmatrix} 3 \\ 6 \\ 9 \end{pmatrix}; \ t \in \mathbb{R}.$$

Hieraus folgt:

$$s: \ \vec{x} = \begin{pmatrix} -2 \\ 1 \\ -7 \end{pmatrix} + u\begin{pmatrix} 1 \\ 2 \\ 3 \end{pmatrix}; \ u \in \mathbb{R}.$$

### b) Mittelpunkt und Radius des Schnittkreises k von $K_1$ und $E_1$

Um den Mittelpunkt $M_2$ und den Radius $r_2$ des Schnittkreises k ermitteln zu können, benötigt man eine Gleichung der Kugel $K_1$. Die Kugel $K_1$ hat den Mittelpunkt $M_1 = D(4\,|\,7\,|-1)$ und den Radius $r_1 = |\overrightarrow{BD}|$.

Mit $\overrightarrow{BD} = \begin{pmatrix} 6 \\ 6 \\ 6 \end{pmatrix}$ folgt $r_1 = \sqrt{36+36+36} = 6 \cdot \sqrt{3}$.

Also ist
$K_1: \ (x_1 - 4)^2 + (x_2 - 7)^2 + (x_3 + 1)^2 = 108$
eine Gleichung für die Kugel $K_1$.

Der Mittelpunkt $M_2$ des Schnittkreises k ergibt sich als Schnittpunkt der Hilfsgeraden j durch $M_1$
senkrecht zu $E_1$ mit der Ebene $E_1$
(vgl. Fig.). Die Hilfsgerade j hat
einen Normalenvektor von $E_1$ als
Richtungsvektor:

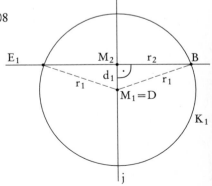

$$j: \ \vec{x} = \begin{pmatrix} 4 \\ 7 \\ -1 \end{pmatrix} + v\begin{pmatrix} 1 \\ 1 \\ -1 \end{pmatrix}; \ v \in \mathbb{R}.$$

$j \cap E_1 = \{M_2\}$: $(4+v) + (7+v) - (-1-v) - 6 = 0$, hieraus folgt $v = -2$
und somit $M_2(2|5|1)$.

Weiterhin ist $d_1 = |\overrightarrow{M_1 M_2}| = \left| \begin{pmatrix} -2 \\ -2 \\ 2 \end{pmatrix} \right| = \sqrt{4+4+4} = 2\sqrt{3}$.

Damit ergibt sich für den Radius $r_2$ des
Schnittkreises $k$:

$r_2 = \sqrt{r_1^2 - d_1^2} = \sqrt{108 - 12} = \sqrt{96} = 4\sqrt{6}$.

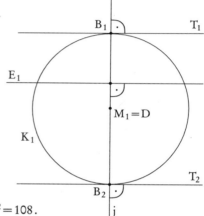

### Koordinaten der Berührpunkte

Die Berührpunkte $B_1$ und $B_2$ der
beiden Tantentialebenen $T_1$ und $T_2$
an die Kugel $K_1$ ergeben sich als
Schnittpunkte der Hilfsgeraden $j$
mit $K_1$. Setzt man also

$\begin{cases} x_1 = \phantom{-}4+v \\ x_2 = \phantom{-}7+v \\ x_3 = -1-v \end{cases}$

in die Gleichung von $K_1$ ein,
ergibt sich:

$(4+v-4)^2 + (7+v-7)^2 + (-1-v+1)^2 = 108$.

Damit ist $v_1 = 6$; $v_2 = -6$. Also sind
$B_1(10|13|-7)$ und $B_2(-2|1|5)$
die Koordinaten der Berührpunkte.

### Koordinatengleichungen der Tantentialebenen

**1. Möglichkeit:**
Von den Tantentialebenen $T_1$ und $T_2$ sind die Koordinaten der jeweiligen
Berührpunkte bekannt. Also gilt für $T_1$:

$\left[ \vec{x} - \begin{pmatrix} 4 \\ 7 \\ -1 \end{pmatrix} \right] \cdot \left[ \begin{pmatrix} 10 \\ 13 \\ -7 \end{pmatrix} - \begin{pmatrix} 4 \\ 7 \\ -1 \end{pmatrix} \right] = 108$  bzw.

$\left[ \vec{x} - \begin{pmatrix} 4 \\ 7 \\ -1 \end{pmatrix} \right] \cdot \begin{pmatrix} 6 \\ 6 \\ -6 \end{pmatrix} = 108$ ;

hieraus folgt $6(x_1 - 4) + 6(x_2 - 7) - 6(x_3 + 1) = 108$ bzw.
$T_1$: $x_1 + x_2 - x_3 - 30 = 0$.

Für $T_2$ gilt entsprechend:

$\left[ \vec{x} - \begin{pmatrix} 4 \\ 7 \\ -1 \end{pmatrix} \right] \cdot \left[ \begin{pmatrix} -2 \\ 1 \\ 5 \end{pmatrix} - \begin{pmatrix} 4 \\ 7 \\ -1 \end{pmatrix} \right] = 108$ ; hieraus folgt:

$T_2$: $x_1 + x_2 - x_3 + 6 = 0$.

**2. Möglichkeit:**

Da die Tangentialebenen parallel zu $E_1$ sind, haben die gesuchten Gleichungen für die Tangentialebenen die Form:
$x_1 + x_2 - x_3 + e = 0$.
Punktprobe für $B_1(10 \mid 13 \mid -7)$ ergibt $e = -30$ und somit
$T_1$: $x_1 + x_2 - x_3 - 30 = 0$.
Punktprobe für $B_2(-2 \mid 1 \mid 5)$ ergibt $e = 6$ und somit
$T_2$: $x_1 + x_2 - x_3 + 6 = 0$.

**Koordinaten der Kugelmittelpunkte**

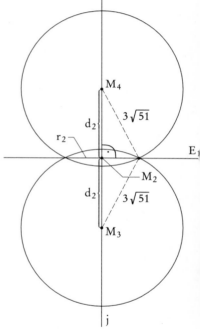

Die gesuchten Kugelmittelpunkte $M_3$ und $M_4$ liegen auf der Hilfsgeraden j (vgl. Fig. bei „Koordinaten der Berührpunkte"). Beide Mittelpunkte haben vom Mittelpunkt $M_2$ des Schnittkreises k den gleichen Abstand $d_2$.
Da sowohl der Radius $r_2$ des Schnittkreises als auch der Radius der beiden Kugeln gegeben sind, lässt sich $d_2$ mit Hilfe des Satzes von Pythagoras berechnen:

$$d_2 = \sqrt{(3\sqrt{51})^2 - (4\sqrt{6})^2}$$
$$= \sqrt{9 \cdot 51 - 16 \cdot 6} = 11\sqrt{3}.$$

Ein Richtungsvektor der Hilfsgeraden j ist

$$\vec{v} = \begin{pmatrix} 1 \\ 1 \\ -1 \end{pmatrix}. \text{ Also gilt } \vec{v_0} = \frac{1}{\sqrt{3}} \begin{pmatrix} 1 \\ 1 \\ -1 \end{pmatrix}.$$

Für den Ortsvektor des Punktes $M_3$ bzw. $M_4$ gilt:

$$\overrightarrow{OM_{3;4}} = \overrightarrow{OM_2} \pm d_2 \cdot \vec{n_0} = \begin{pmatrix} 2 \\ 5 \\ 1 \end{pmatrix} \pm 11\sqrt{3} \cdot \frac{1}{\sqrt{3}} \begin{pmatrix} 1 \\ 1 \\ -1 \end{pmatrix}.$$

Hieraus folgt:
$M_3(13 \mid 16 \mid -10)$; $M_4(-9 \mid -6 \mid 12)$.

c) **Zeichnung**

Die Spurgeraden von $E_1$ kann man zeichnen, wenn man z. B. die Spurpunkte $S_1$, $S_2$ und $S_3$ kennt.
Schnittpunkt $S_1$ mit der $x_1$-Achse: $x_2 = x_3 = 0$; $x_1 = 6$; $S_1(6 \mid 0 \mid 0)$;
Schnittpunkt $S_2$ mit der $x_2$-Achse: $x_1 = x_3 = 0$; $x_2 = 6$; $S_2(0 \mid 6 \mid 0)$;
Schnittpunkt $S_3$ mit der $x_3$-Achse: $x_1 = x_2 = 0$; $x_3 = -6$; $S_3(0 \mid 0 \mid -6)$.

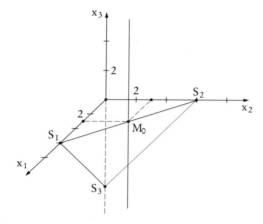

### Koordinaten des Mittelpunktes M der Kugel K

Die Kugel K hat den Radius $r = 3$ und berührt die $x_1x_3$-Ebene und die $x_2x_3$-Ebene. Somit gilt $M(3\,|\,3\,|\,m_3)$ (vgl. Fig.). Der Punkt $M_0(3\,|\,3\,|\,0)$ liegt auf der Spurgeraden in der $x_1x_2$-Ebene. Also muss $m_3 > 0$ sein. Da K auch die Ebene $E_1$ berührt, ist der Abstand des Mittelpunktes M von $E_1$ ebenfalls 3: $d(M; E_1) = 3$.

HNF von $E_1$: $\dfrac{1}{\sqrt{3}}(x_1 + x_2 - x_3 - 6) = 0$

Aus der Bedingung $\left|\dfrac{1}{\sqrt{3}}(3 + 3 - m_3 - 6)\right| = 3$ folgt $m_3 = +3\sqrt{3}$ oder $m_3 = -3\sqrt{3}$. Somit gilt: $M(3\,|\,3\,|\,3\sqrt{3})$.

### Eine Gleichung der Ebene $E_3$

Die Ebene $E_3$ mit $x_3 = c\,(c > 0)$ liegt um den Radius 3 „höher" als M:
$E_3$: $x_3 = 3 + 3\sqrt{3}$.

In einem kartesischen Koordinatensystem sind die Punkte $A(1\,|\,1\,|\,1)$, $B(3\,|\,3\,|\,1)$ und $C(0\,|\,4\,|\,5)$ sowie die Gerade

$$g:\ \vec{x} = \begin{pmatrix} -1 \\ 2 \\ 13 \end{pmatrix} + r \begin{pmatrix} 5 \\ -3 \\ -17 \end{pmatrix};\ \ r \in \mathbb{R}$$

gegeben.

a) Die Ebene E enthält die Punkte A, B und C.
   Bestimmen Sie eine Koordinatengleichung der Ebene E.
   Zeigen Sie, dass das Dreieck ABC gleichschenklig ist.
   Berechnen Sie seinen Innenwinkel bei C.

b) Berechnen Sie den Flächeninhalt des Dreiecks ABC.
   Der Punkt $H(6\,|\,{-2}\,|\,8)$ ist die Spitze einer Pyramide mit der Grundfläche ABC.
   Bestimmen Sie ihr Volumen.
   Die Pyramide ist symmetrisch zu einer Ebene F.
   Stellen Sie eine Gleichung von F auf.

c) Berechnen Sie die Koordinaten des Schnittpunktes von g und E.
   Die Gerade g* entsteht durch Spiegelung der Geraden g an E.
   Bestimmen Sie eine Gleichung für g*.

d) Für jedes $t \in \mathbb{R}$ ist die Ebene $E_t:\ tx_1 + (t-2)x_2 + x_3 = 1$ gegeben.
   Für welchen Wert von t ist $E_t$ parallel zu g?
   Zeigen Sie, dass alle Ebenen $E_t$ eine Gerade gemeinsam haben.
   Geben Sie eine Gleichung einer Ebene an, die auf allen Ebenen $E_t$ senkrecht steht.

## Lösungshinweise:

a) Die Ebene E enthält drei gegebene Punkte. Man kann also eine Parametergleichung für E aufstellen und die Parameter eliminieren.
Zum Nachweis dafür, dass das Dreieck ABC gleichschenklig ist, berechnet man die Längen der Seiten dieses Dreiecks. Welche Seiten sind also gleich lang?
Der Innenwinkel $\gamma$ bei C ergibt sich mit Hilfe von Richtungsvektoren. Wie lautet die Formel für $\gamma$?

b) Wie lautet die Formel für den Flächeninhalt eines Dreiecks? Das Dreieck ABC ist gleichschenklig. Skizzieren Sie das Dreieck. Welche Seite bietet sich als Grundseite an? Welches ist die zugehörige Höhe? Wie erhält man die Länge dieser Höhe?
Wie lautet die Formel für das Volumen einer Pyramide? In welcher Ebene liegt die Grundfläche der Pyramide (vgl. Teilaufgabe a))? Der Punkt H ist die Spitze der Pyramide. Wie ergibt sich also die Länge der Pyramidenhöhe?
Laut Aufgabe ist die Pyramide symmetrisch zu einer Ebene F. Außerdem ist die Grundfläche der Pyramide ein gleichschenkliges Dreieck. Durch welche drei Punkte muss also die Symmetrieebene gehen? Damit kann man eine Parameterdarstellung dieser Ebene aufstellen.

c) Eine Parametergleichung von g ist gegeben. Setzt man also $x_1$, $x_2$ und $x_3$ von g in die Koordinatengleichung von E ein, ergibt sich der Parameterwert für den Schnittpunkt S.
Fertigen Sie eine Skizze an, welche die gegenseitige Lage von E, g und g* verdeutlicht. Um eine Gleichung von g* angeben zu können, benötigt man zwei Punkte von g*. Welcher Punkt auf g* ist schon bekannt? Um einen zweiten Punkt auf g* zu erhalten, wählt man einen Punkt $P \neq S$ auf g und spiegelt diesen an E. Welcher Punkt P bietet sich an? Zur Ermittlung von P* benötigt man eine Hilfsgerade h. Wie lautet eine Gleichung von h? Berechnen Sie nun die Koordinaten des Schnittpunktes von h und E. Wie erhält man nun die Koordinaten des Bildpunktes P*? Mit Hilfe von P und S kann man nun eine Gleichung von g* notieren.

d) $E_t$ und g sind parallel, wenn ein Normalenvektor von $E_t$ und ein Richtungsvektor von g orthogonal sind. Welche Bedingung folgt hieraus?
Um nachzuweisen, dass alle Ebenen $E_t$ eine Gerade gemeinsam haben, notiert man die Gleichungen zweier spezieller Ebenen (z. B. für $t=0$ und für $t=2$) und zeigt dann, dass die gemeinsamen Punkte dieser beiden Ebenen in allen Ebenen $E_t$ liegen.

Eine andere Möglichkeit ergibt sich durch Subtraktion der Gleichungen zweier Ebenen der Schar für $t_1$ und $t_2$ mit $t_1 \neq t_2$. Was folgt aus dieser neuen Gleichung?
Man kann auch noch eine Gleichung der gemeinsamen Geraden ermitteln. Hierzu setzt man z. B. $x_1 = -s$. Was folgt hieraus für $x_2$ und $x_3$?
Eine Ebene steht auf allen Ebenen $E_t$ senkrecht, wenn ihr Normalenvektor orthogonal zu jedem Normalenvektor von $E_t$ ist. Setzen Sie also allgemein einen Normalenvektor $\vec{n} = \begin{pmatrix} a \\ b \\ c \end{pmatrix}$ der gesuchten Ebene an und notieren Sie die Bedingung für die Orthogonalität. Welche Zahlen für a, b und c erfüllen z. B. die Gleichung? Damit kann man eine Gleichung der gesuchten Ebene angeben.

**G**

## Lösung:

### a) Koordinatengleichung der Ebene E

Von der Ebene E sind die Punkte $A(1|1|1)$, $B(3|3|1)$ und $C(0|4|5)$ gegeben. Damit ergibt sich als Parametergleichung von $E_1$:

$$\vec{x} = \begin{pmatrix} 1 \\ 1 \\ 1 \end{pmatrix} + r \begin{pmatrix} 2 \\ 2 \\ 0 \end{pmatrix} + s \begin{pmatrix} -1 \\ 3 \\ 4 \end{pmatrix}; \quad r, s \in \mathbb{R}.$$

Setzt man für $\vec{x} = \begin{pmatrix} x_1 \\ x_2 \\ x_3 \end{pmatrix}$ ein und eliminiert r und s, so ergibt sich eine Koordinatengleichung:
$$E: x_1 - x_2 + x_3 - 1 = 0.$$

### Nachweis, dass das Dreieck ABC gleichschenklig ist

Aus $\overrightarrow{AB} = \begin{pmatrix} 2 \\ 2 \\ 0 \end{pmatrix}$; $\overrightarrow{AC} = \begin{pmatrix} -1 \\ 3 \\ 4 \end{pmatrix}$ und $\overrightarrow{BC} = \begin{pmatrix} -3 \\ 1 \\ 4 \end{pmatrix}$ folgt

$|\overrightarrow{AB}| = \sqrt{8}$; $|\overrightarrow{AC}| = |\overrightarrow{BC}| = \sqrt{26}$.
Das Dreieck ABC ist also gleichschenklig.

### Innenwinkel des Dreiecks ABC bei C

Es bezeichne $\alpha$ den Innenwinkel bei C.

Aus $\cos \alpha = \dfrac{\begin{pmatrix} 3 \\ -1 \\ -4 \end{pmatrix} \cdot \begin{pmatrix} 1 \\ -3 \\ -4 \end{pmatrix}}{\sqrt{26} \cdot \sqrt{26}} = \dfrac{22}{26} = \dfrac{11}{13}$ folgt $\gamma \approx 32,20°$.

**b) Flächeninhalt des Dreiecks ABC**

Mittelpunkt M der Strecke AB: $M(2|2|1)$;
Höhe $h_1$ des Dreiecks ABC:

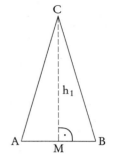

$$h_1 = |\overrightarrow{MC}| = \left| \begin{pmatrix} -2 \\ 2 \\ 4 \end{pmatrix} \right| = \sqrt{24} = 2\sqrt{6}$$

Flächeninhalt des Dreiecks ABC:

$$A_{\text{Dreieck}} = \frac{1}{2} \cdot |\overrightarrow{AB}| \cdot h_1 = \frac{1}{2} \cdot \sqrt{8} \cdot 2 \cdot \sqrt{6} = \sqrt{48} = 4 \cdot \sqrt{3}$$

**Volumen der Pyramide**

Die Höhe $h_2$ der Pyramide ist der Abstand des Punktes $H(6|-2|8)$ von der Ebene E.

HNF von E: $\frac{1}{3}\sqrt{3} \cdot (x_1 - x_2 + x_3 - 1) = 0$;

$$h_2 = d(H;E) = \left| \frac{1}{3}\sqrt{3} \cdot (6 + 2 + 8 - 1) \right| = \frac{1}{3}\sqrt{3} \cdot 15 = 5\sqrt{3}.$$

Also ergibt sich für das Volumen der Pyramide:

$$V = \frac{1}{3} \cdot A_{\text{Dreieck}} \cdot h_2 = \frac{1}{3} \cdot 4\sqrt{3} \cdot 5\sqrt{3} = 20.$$

**Gleichung der Ebene F**

Das Dreieck ABC ist gleichschenklig mit $\overline{AC} = \overline{BC}$. M ist die Mitte von AB (vgl. Figur). Also geht die Ebene F durch die Punkte M, C und H. Damit ergibt sich eine Parametergleichung von F:

$$F: \vec{x} = \begin{pmatrix} 6 \\ -2 \\ 8 \end{pmatrix} + u \begin{pmatrix} -4 \\ 4 \\ -7 \end{pmatrix} + v \begin{pmatrix} -6 \\ 6 \\ -3 \end{pmatrix}; \quad u, v \in \mathbb{R}.$$

**c) Koordinaten des Schnittpunktes S von g und E**

$$g: \vec{x} = \begin{pmatrix} -1 \\ 2 \\ 13 \end{pmatrix} + r \begin{pmatrix} 5 \\ -3 \\ -17 \end{pmatrix}; \quad r \in \mathbb{R};$$

$E: x_1 - x_2 + x_3 - 1 = 0.$

$g \cap E = \{S\}$: Aus $(-1 + 5r) - (2 - 3r) + (13 - 17r) - 1 = 0$ folgt $r = 1$ und somit $S(4|-1|-4)$.

**Gleichung der Geraden g\***

Wählt man einen Punkt P auf g und spiegelt diesen an der Ebene E, erhält man den Bildpunkt P\*. Die Gerade g\* ergibt sich dann als Gerade durch die Punkte P\* und S.

Der Bildpunkt $P^*$ liegt auf der Hilfs-
geraden h senkrecht zu E durch P.
Schneidet h die Ebene E in L, so gilt
für den Ortsvektor von $P^*$:
$\overrightarrow{OP^*} = \overrightarrow{OP} + 2 \cdot \overrightarrow{PL}$.
Der Punkt $P(-1|2|13)$ liegt auf g.
Ein Normalenvektor von E ist ein
Richtungsvektor von h. Also gilt:

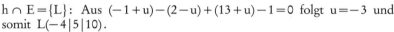

$$h:\ \vec{x} = \begin{pmatrix} -1 \\ 2 \\ 13 \end{pmatrix} + u \begin{pmatrix} 1 \\ -1 \\ 1 \end{pmatrix};\ u \in \mathbb{R}.$$

$h \cap E = \{L\}$: Aus $(-1+u)-(2-u)+(13+u)-1=0$ folgt $u=-3$ und
somit $L(-4|5|10)$.

Mit $\overrightarrow{PL} = \begin{pmatrix} -3 \\ 3 \\ -3 \end{pmatrix}$ ergibt sich $\overrightarrow{OP^*} = \begin{pmatrix} -1 \\ 2 \\ 13 \end{pmatrix} + 2 \cdot \begin{pmatrix} -3 \\ 3 \\ -3 \end{pmatrix} = \begin{pmatrix} -7 \\ 8 \\ 7 \end{pmatrix}$.

Also gilt: $P^*(-7|8|7)$. Somit ergibt sich

$$g^*:\ \vec{x} = \begin{pmatrix} 4 \\ -1 \\ -4 \end{pmatrix} + v \begin{pmatrix} -11 \\ 9 \\ 11 \end{pmatrix};\ v \in \mathbb{R}$$

als eine Gleichung der Geraden $g^*$.

### d) Parallelität von $E_t$ und g

Eine Ebene der Schar $E_t$ ist parallel zur Geraden g, wenn ein Normalenvektor von $E_t$ und ein Richtungsvektor von g orthogonal sind.

Aus $\begin{pmatrix} t \\ t-2 \\ 1 \end{pmatrix} \cdot \begin{pmatrix} 5 \\ -3 \\ -17 \end{pmatrix} = 0$ folgt $5t - 3(t-2) - 17 = 0$ und hieraus $t = \dfrac{11}{2}$.

**Nachweis, dass alle Ebenen $E_t$ eine Gerade gemeinsam haben**

**1. Möglichkeit:**

Für $t=0$ und für $t=2$ ergibt sich:
$E_0: \quad -2x_2 + x_3 = 1$
$E_2: \quad 2x_1 \quad\quad + x_3 = 1$.
Setzt man $x_1 = -s$, so folgt $x_2 = s$ und $x_3 = 1 + 2s$.
Damit sind die Punkte $P(-s|s|1+2s)$ gemeinsame Punkte von $E_0$ und $E_2$.
Die Punkte P liegen sogar in allen Ebenen $E_t$ mit $t \in \mathbb{R}$, denn die Glei-
chung $t(-s) + (t-2) \cdot s + 1 + 2s = 1$ ist für alle $t \in \mathbb{R}$ erfüllt.

Aus $\begin{cases} x_1 = -s \\ x_2 = s \\ x_3 = 1+2s \end{cases}$ folgt $\vec{x} = \begin{pmatrix} 0 \\ 0 \\ 1 \end{pmatrix} + s \begin{pmatrix} -1 \\ 1 \\ 2 \end{pmatrix}$; $s \in \mathbb{R}$

als Gleichung für die gemeinsame Gerade $k$.

**2. Möglichkeit:**

$E_{t_1}$: $t_1 x_1 + (t_1 - 2) x_2 + x_3 = 1$

$E_{t_2}$: $t_2 x_1 + (t_2 - 2) x_2 + x_3 = 1$; $t_1 \neq t_2$

Subtrahiert man diese beiden Gleichungen voneinander, so folgt
$(t_1 - t_2) x_1 + (t_1 - t_2) x_2 = 0$ bzw. $x_1 + x_2 = 0$.

Diese Gleichung ist unabhängig von $t$. In der zugehörigen Ebene liegt die allen Ebenen $E_t$ gemeinsame Gerade.

Setzt man $x_1 = -s$, so folgt $x_2 = s$ und $x_3 = 1 + 2s$. Hieraus ergibt sich wie bei der 1. Möglichkeit eine Gleichung der gemeinsamen Geraden $k$.

**Gleichung einer Ebene, die auf allen Ebenen $E_t$ senkrecht steht**

Ein Normalenvektor der Ebene $E_t$ ist $\vec{n_t} = \begin{pmatrix} t \\ t-2 \\ 1 \end{pmatrix}$. Ein Normalenvektor der gesuchten Ebene ist $\vec{n} = \begin{pmatrix} a \\ b \\ c \end{pmatrix}$. Diese Ebene steht auf allen Ebenen $E_t$ senkrecht, wenn gilt:

$\begin{pmatrix} t \\ t-2 \\ 1 \end{pmatrix} \cdot \begin{pmatrix} a \\ b \\ c \end{pmatrix} = 0$ bzw. $at + b(t-2) + c = 0$.

Diese Gleichung ist z. B. erfüllt für $a = -1$, $b = 1$, $c = 2$. Damit ist
$-x_1 + x_2 + 2x_3 = 0$
eine Gleichung einer Ebene, die auf allen Ebenen $E_t$ senkrecht steht.

Ergänzung:
Ein Normalenvektor der gesuchten Ebene ist ein Richtungsvektor von $k$. Damit ist $-x_1 + x_2 + 2x_3 = 0$ eine Gleichung der gesuchten Ebene.

Ein Würfel der Kantenlänge 6 dm besteht aus Granit und wird bei der Herstellung eines Gedenksteines verwendet. In der nebenstehenden Skizze ist O(0|0|0) einer der Eckpunkte dieses Würfels. Alle Bezeichnungen der Eckpunkte des Würfels beziehen sich auf diese Skizze.

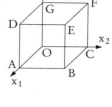

a) Geben Sie die Koordinaten der Eckpunkte des Würfels an (Maße in Dezimeter).
Zeichnen Sie den Würfel in ein Koordinatensystem ein (Längeneinheit 1 cm $\hateq$ 1 dm; Verkürzungsfaktor in $x_1$-Richtung $\frac{1}{2}\sqrt{2}$).

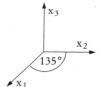

Berechnen Sie den Winkel zwischen der Raumdiagonalen OE und der Flächendiagonalen CE.

b) Vom Würfel wird die Pyramide BEDF abgesägt.
Der verbleibende Restkörper wird weiter bearbeitet.
Berechnen Sie den Winkel, unter dem die Schnittfläche gegen die Bodenfläche des Würfels geneigt ist.
Zeigen Sie, dass die Schnittfläche ein gleichseitiges Dreieck bildet.
Wie viel Prozent des ursprünglichen Würfelvolumens bleiben nach dem Absägen für den Gedenkstein übrig?

c) Auf der Schnittfläche aus Teilaufgabe b) soll eine Halbkugel aus Granit befestigt werden, welche die Seitenlinien der Schnittfläche berührt.
Die Halbkugel soll an mehreren Punkten auf der Schnittfläche befestigt werden.
S(4,5|3|4,5) ist einer dieser Punkte. In S wird ein Loch senkrecht zur Schnittfläche in den Restkörper gebohrt. Die Bohrung soll 2 dm tief werden.
Untersuchen Sie, ob die Bohrung innerhalb des Restkörpers endet.

d) Bestimmen Sie die Koordinaten des Mittelpunktes M und den Radius r der Halbkugel aus Teilaufgabe c).
Geben Sie den Abstand des Punktes M von der Seitenfläche DEFG an.
Begründen Sie, dass dieser Gedenkstein nicht aus einem Stück aus dem ursprünglichen Würfel hergestellt werden konnte.

**Lösungshinweise:**

a) Die eine Ecke des Würfels mit der Kantenlänge 6 dm ist der Koordinatenursprung. Drei Seitenflächen des Würfels liegen in den Koordinatenebenen. Daraus ergeben sich die Koordinaten der Punkte A, B, C, D, E, F, G. Zeichnen Sie in das Schrägbild des Würfels auch die Raumdiagonale OE und die Flächendiagonale CE ein.
Zur Berechnung des Winkels $\alpha$ zwischen OE und CE benötigt man zugehörige Richtungsvektoren. Wie lautet die Formel für $\alpha$?

b) Verdeutlichen Sie sich die Schnittfläche im Schrägbild. Zur Ermittlung des Schnittwinkels der beiden Flächen benötigt man Normalenvektoren der zugehörigen Ebenen. Die Bodenfläche des Würfels liegt in der $x_1 x_2$-Ebene. Notieren Sie einen Normalenvektor dieser Ebene $E_1$. Auch die Ebene $E_2$, in der die Schnittfläche liegt, hat eine besondere Lage aufgrund der Symmetrie des Würfels. Man kann also auch für diese Ebene einen Normalenvektor angeben. Zur rechnerischen Bestimmung eines solchen Normalenvektors hat man zwei Möglichkeiten. Entweder man ermittelt aus der Parameterdarstellung der Ebene eine Koordinatengleichung und liest einen Normalenvektor ab. Ober aber man setzt allgemein einen Vektor $\vec{n} = \begin{pmatrix} n_1 \\ n_2 \\ n_3 \end{pmatrix}$ an und berechnet mögliche Koordinaten dieses Vektors aus zwei Orthogonalitätsbedingungen.
Die drei Seiten des Dreiecks BDF sind jeweils Diagonalen gleich großer Quadrate. Was folgt hieraus für die Dreiecksseiten? Auch rechnerisch kann man zeigen, dass das Dreieck BDF gleichseitig ist. Wie geht man vor?
Um den gesuchten Prozentsatz berechnen zu können, benötigt man das Würfelvolumen und das Volumen der abgesägten Pyramide. Das Volumen des Würfels kann man sofort angeben. Welche Formel gilt für das Volumen der Pyramide? Die Rechnung gestaltet sich einfach, wenn man nicht die Fläche BDF als Grundfläche ansieht. Welche anderen Möglichkeiten hat man? Welche Strecke ist dann jeweils die zugehörige Höhe?

c) Die Bohrung erfolgt senkrecht zur Schnittfläche durch den Punkt S und ist 2 dm tief. Es sei T der Endpunkt der Bohrung. Drücken Sie den Ortsvektor von T durch den Ortsvektor von S und einen Normaleneinheitsvektor der Ebene $E_2$ (vgl. Teilaufgabe b)) aus. Wie erkennt man an den Koordinaten von T, dass die Bohrung innerhalb des Restkörpers endet?

d) Der Mittelpunkt M der Halbkugel ergibt sich als Schnittpunkt einer Ursprungsgeraden und der Ebene $E_2$. Ein Normalenvektor von $E_2$ ist schon bekannt (vgl. Teilaufgabe b)). Eine andere Möglichkeit zur Bestimmung von

M ergibt sich aus der Tatsache, dass das Dreieck BDF gleichseitig ist. In einem solchen Dreieck fallen der Inkreismittelpunkt und der Schwerpunkt zusammen. Wie lässt sich der Ortsvektor des Schwerpunktes eines Dreiecks mit Hilfe der Ortsvektoren der Eckpunkte angeben?

Die Halbkugel berührt die drei Seiten des gleichschenkligen Dreiecks BDF. Geben Sie die Koordinaten eines der Berührpunkte an. Wie erhält man nun den gesuchten Radius der Halbkugel?

Die Koordinaten des Punktes M, also insbesondere auch die $x_3$-Koordinaten von M, sind bekannt. Die Seitenfläche DEFG ist parallel zur $x_1x_2$-Ebene. Welchen Abstand hat die Seitenfläche von dieser Koordinatenebene? Wie erhält man nun den gesuchten Abstand?

Zur Begründung dafür, dass der Gedenkstein nicht aus einem Stück aus dem ursprünglichen Würfel hergestellt werden konnte, vergleiche man den Abstand von M zur Seitenfläche DEFG und den Radius der Halbkugel.

## Lösung:

**a) Koordinaten der Eckpunkte**

Die Koordinaten der Eckpunkte des Würfels sind: O(0|0|0), A(6|0|0), B(6|6|0), C(0|6|0), D(6|0|6), E(6|6|6), F(0|6|6), G(0|0|6).

**Zeichnung**

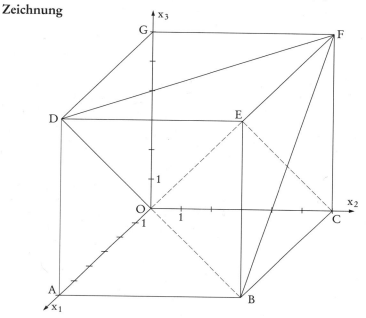

**Winkel zwischen der Raumdiagonale OE und der Flächendiagonale CE**

Es ist $\overrightarrow{EO} = \begin{pmatrix} -6 \\ -6 \\ -6 \end{pmatrix}$ und $\overrightarrow{EC} = \begin{pmatrix} -6 \\ 0 \\ -6 \end{pmatrix}$.

Ist $\alpha$ der Winkel zwischen EO und EC, so folgt aus

$$\cos\alpha = \frac{\begin{pmatrix} -6 \\ -6 \\ -6 \end{pmatrix} \cdot \begin{pmatrix} -6 \\ 0 \\ -6 \end{pmatrix}}{\sqrt{108} \cdot \sqrt{72}} = \frac{2}{\sqrt{6}}$$ der Winkel $\alpha \approx 35{,}26°$.

**b) Neigungswinkel von Bodenfläche und Schnittfläche**

$E_1$ und $E_2$ seien die beiden Ebenen, welche die Bodenfläche OABC bzw. die Schnittfläche BDF enthalten. Der gesuchte Schnittwinkel $\beta$ zwischen Boden und Schnittfläche lässt sich als Winkel zwischen Normalenvektoren der Ebenen $E_1$ und $E_2$ berechnen. Eine Koordinatengleichung der Bodenfläche ist $x_3 = 0$. Also ist $\overrightarrow{n_1} = \begin{pmatrix} 0 \\ 0 \\ 1 \end{pmatrix}$ ein Normalenvektor von $E_1$.

Aufgrund der Symmetrie des Würfels ist OE orthogonal zur Schnittfläche BDF.

Also ist $\overrightarrow{n_2} = \begin{pmatrix} 1 \\ 1 \\ 1 \end{pmatrix}$ ein Normalenvektor von $E_2$.

Zur rechnerischen Ermittlung eines Normalenvektors von $E_2$ gibt es mehrere Möglichkeiten.

**1. Möglichkeit:**

Man bestimmt zunächst eine Koordinatengleichung der Ebene $E_2$.

$$E_2: \vec{x} = \begin{pmatrix} 6 \\ 0 \\ 6 \end{pmatrix} + r \begin{pmatrix} 0 \\ 6 \\ -6 \end{pmatrix} + s \begin{pmatrix} -6 \\ 6 \\ 0 \end{pmatrix}; \quad r, s \in \mathbb{R}$$

Setzt man für $\vec{x} = \begin{pmatrix} x_1 \\ x_2 \\ x_3 \end{pmatrix}$ ein und eliminiert r und s, so ergibt sich eine

Koordinatengleichung:

$E_2: x_1 + x_2 + x_3 = 12$.

Also ist $\overrightarrow{n_2} = \begin{pmatrix} 1 \\ 1 \\ 1 \end{pmatrix}$ ein Normalenvektor von $E_2$.

## 2. Möglichkeit:

Der Normalenvektor von $E_2$ muss orthogonal sein zu zwei linear unabhängigen Richtungsvektoren der Ebene $E_2$.

Aus $\begin{pmatrix} n_1 \\ n_2 \\ n_3 \end{pmatrix} \cdot \begin{pmatrix} 0 \\ 6 \\ -6 \end{pmatrix} = 0$ und $\begin{pmatrix} n_1 \\ n_2 \\ n_3 \end{pmatrix} \cdot \begin{pmatrix} -6 \\ 6 \\ 0 \end{pmatrix} = 0$ folgt $\begin{cases} 6n_2 - 6n_3 = 0 \\ -6n_1 + 6n_2 = 0 \end{cases}$.

Also ist z. B. $\overrightarrow{n_2} = \begin{pmatrix} 1 \\ 1 \\ 1 \end{pmatrix}$ ein Normalenvektor von $E_2$.

Nun folgt aus

$$\cos \alpha = \frac{\left| \begin{pmatrix} 0 \\ 0 \\ 1 \end{pmatrix} \cdot \begin{pmatrix} 1 \\ 1 \\ 1 \end{pmatrix} \right|}{\sqrt{3}} = \frac{1}{\sqrt{3}} \text{ der Winkel } \beta \approx 54{,}74°.$$

### Nachweis, dass die Schnittfläche ein gleichseitiges Dreieck bildet

Die drei Seiten des Dreiecks BDF sind jeweils Diagonalen gleich großer Quadrate. Damit sind die Seiten des Dreiecks gleich lang.
Rechnerischer Nachweis:

Mit $\overrightarrow{DB} = \begin{pmatrix} 0 \\ 6 \\ -6 \end{pmatrix}$, $\overrightarrow{DF} = \begin{pmatrix} -6 \\ 6 \\ 0 \end{pmatrix}$ und $\overrightarrow{BF} = \begin{pmatrix} -6 \\ 0 \\ 6 \end{pmatrix}$ folgt

$$|\overrightarrow{DB}| = |\overrightarrow{DF}| = |\overrightarrow{BF}| = \sqrt{72} = 6\sqrt{2}.$$

Also bildet die Schnittfläche ein gleichseitiges Dreieck.

### Berechnung des prozentualen Anteils

Das Volumen des Würfels ist $V_W = 216$.
Um auf einfache Art das Volumen der abgesägten Pyramide BEDF zu berechnen, betrachtet man z. B. das Dreieck BDE als Grundfläche und die Kante EF als Höhe.

Es ist $A_{\text{Dreieck}} = \frac{1}{2} \cdot 6 \cdot 6 = 18$ und $\overline{EF} = 6$.

Das Volumen der Pyramide ist somit: $V_P = \frac{1}{3} \cdot 18 \cdot 6 = 36$.

Aus $\frac{V_V}{V_W} = \frac{36}{216} = \frac{1}{6} = 16\frac{2}{3}\%$ folgt:

Nach dem Absägen bleiben $83\frac{1}{3}\%$ des ursprünglichen Würfelvolumens für den Gedenkstein übrig.

c) **Untersuchung, ob die Bohrung innerhalb des Restkörpers endet**

Die Bohrung erfolgt durch den Punkt $S(4,5 \mid 3 \mid 4,5)$ senkrecht zur Schnittfläche BDF. Der Vektor $\vec{n_0} = \dfrac{1}{\sqrt{3}} \cdot \begin{pmatrix} 1 \\ 1 \\ 1 \end{pmatrix}$ ist ein Normaleneinheitsvektor der Schnittfläche (vgl. Teilaufgabe b)). Ist T der Endpunkt der Bohrung, so gilt für den Ortsvektor von T:

$$\overrightarrow{OT} = \overrightarrow{OS} - 2 \cdot \vec{n_0} = \begin{pmatrix} 4,5 \\ 3 \\ 4,5 \end{pmatrix} - \frac{2}{\sqrt{3}} \cdot \begin{pmatrix} 1 \\ 1 \\ 1 \end{pmatrix} = \begin{pmatrix} 4,5 - \frac{2}{\sqrt{3}} \\ 3 - \frac{2}{\sqrt{3}} \\ 4,5 - \frac{2}{\sqrt{3}} \end{pmatrix}.$$

Damit ergibt sich: $T\left(4,5 - \dfrac{2}{\sqrt{3}} \,\middle|\, 3 - \dfrac{2}{\sqrt{3}} \,\middle|\, 4,5 - \dfrac{2}{\sqrt{3}}\right) \approx T(3,3 \mid 1,8 \mid 3,3)$.

Da alle Koordinaten von T positiv sind, endet die Bohrung innerhalb des Restkörpers.

d) **Koordinaten des Mittelpunktes M der Halbkugel**

**1. Möglichkeit:**

Der Mittelpunkt M ergibt sich als Schnittpunkt der Ursprungsgeraden mit der Gleichung $\vec{x} = v \cdot \begin{pmatrix} 1 \\ 1 \\ 1 \end{pmatrix}$; $v \in \mathbb{R}$, und der Ebene $E_2$ aus Teilaufgabe b).

Aus $v + v + v = 12$ folgt $v = 4$. Also gilt: $M(4 \mid 4 \mid 4)$.

**2. Möglichkeit:**

Nach Teilaufgabe b) ist das Dreieck BDF gleichseitig. Der Mittelpunkt M der Halbkugel ist also auch Schwerpunkt dieses Dreiecks. Für den Ortsvektor von M gilt daher:

$$\overrightarrow{OM} = \frac{1}{3}(\overrightarrow{OB} + \overrightarrow{OD} + \overrightarrow{OF}) = \frac{1}{3} \cdot \left[\begin{pmatrix} 6 \\ 6 \\ 0 \end{pmatrix} + \begin{pmatrix} 6 \\ 0 \\ 6 \end{pmatrix} + \begin{pmatrix} 0 \\ 6 \\ 6 \end{pmatrix}\right] = \begin{pmatrix} 4 \\ 4 \\ 4 \end{pmatrix} \text{ und somit}$$

$M(4 \mid 4 \mid 4)$.

**Radius r der Halbkugel**

Ist $M_1$ die Mitte der Strecke DF, so ergibt sich r als Betrag des Vektors $\overrightarrow{MM_1}$.

Mit $M_1(3 \mid 3 \mid 6)$ folgt:

$$r = |\overrightarrow{MM_1}| = \left| \begin{pmatrix} -1 \\ -1 \\ 2 \end{pmatrix} \right| = \sqrt{6} \approx 2,45.$$

**Abstand des Punktes M von der Seitenfläche DEFG**

Die Seitenfläche DEFG ist parallel zur $x_1x_2$-Ebene und hat von dieser den Abstand 6. Die $x_3$-Koordinate von M ist 4. Also hat M von der Seitenfläche DEFG den **Abstand 2**.

**Begründung**

Der Mittelpunkt M hat von der Seitenfläche DEFG den Abstand 2.
Der Radius der Halbkugel ist $r = \sqrt{6} \approx 2{,}45$.
Also ist es **nicht** möglich, den Gedenkstein aus einem Stück aus dem ursprünglichen Würfel herzustellen.

**G**

In einem kartesischen Koordinatensystem sind die Punkte $A(2|-2|0)$, $B(-2|1|-3)$ und $C(-6|4|0)$ gegeben. Die Ebene E enthält die Punkte A, B und C.

a) Bestimmen Sie eine Koordinatengleichung der Ebene E.
Zeigen Sie, dass das Dreieck ABC gleichschenklig ist.
Bestimmen Sie die Koordinaten des Punktes D so,
dass das Viereck ABCD eine Raute ist.
Berechnen Sie die Innenwinkel dieser Raute.
Zeichnen Sie die Raute in ein Koordinatensystem
(Längeneinheit 1 cm; Verkürzungsfaktor in

$x_1$-Richtung $\frac{1}{2}\sqrt{2}$).

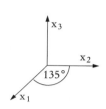

b) Die Raute aus Teilaufgabe a) ist die Grundfläche einer Pyramide, deren Spitze S von E den Abstand 10 hat.
Berechnen Sie das Volumen dieser Pyramide.
Die Pyramidenspitze S liegt auf einer Geraden, die orthogonal zu E ist und die Strecke AC halbiert.
Berechnen Sie die Koordinaten von $S(s_1|s_2|s_3)$ mit $s_1 > 0$.

c) Zeigen Sie, dass die Geraden $g: \vec{x} = \begin{pmatrix} 2 \\ 1 \\ 0 \end{pmatrix} + t \begin{pmatrix} -4 \\ 3 \\ 1 \end{pmatrix}$; $t \in \mathbb{R}$ parallel zur Ebene E ist.
Berechnen Sie den Abstand von g und E.
Untersuchen Sie, ob es eine Pyramide mit der Grundfläche ABCD aus Teilaufgabe a) gibt, deren Spitze auf g liegt und deren Höhe durch die Mitte der Raute geht.

d) Die Eckpunkte der Raute aus Teilaufgabe a) liegen auf oder innerhalb einer Kugel mit dem Mittelpunkt $O(0|0|0)$.
Wie groß muss der Kugelradius mindestens sein?
Eine andere Kugel K mit dem Mittelpunkt O berührt die Ebene E.
Untersuchen Sie, ob der Berührpunkt von E und K innerhalb der Raute ABCD liegt.

## Lösungshinweise:

a) Die Ebene $E$ enthält drei gegebene Punkte. Man kann also eine Parameter-gleichung für $E$ aufstellen und die Parameter eliminieren. In der Koordinaten-gleichung für $E$ fehlt die $x_3$-Koordinate. Was lässt sich also über die Lage von $E$ sagen? Es soll nachgewiesen werden, dass das Dreieck ABC zwei gleich lange Seiten hat. Wie löst man ein solches Problem mit Hilfe von Vektoren? Welche Vektoren sind also zunächst zu ermitteln? Wie ist eine Raute definiert? Wie kann man also den Ortsvektor des Punktes D ansetzen? Die Raute hat eine ganz besondere Lage; beschreiben Sie diese. Welche Innenwinkel sind bei einer Raute gleich groß? Wie berechnet man den Winkel zwischen zwei Vektoren? Wenn man einen Innenwinkel ermittelt hat, ergeben sich die übrigen mit Hilfe elementargeometrischer Überlegungen.

b) Wie lautet die Formel für das Volumen einer Pyramide? Die Spitze S hat von der Ebene $E$ den Abstand 10. Welche Größe in der Volumenformel ist also schon bekannt? Für die Berechnung des Flächeninhaltes der Grundfläche hat man zwei Möglichkeiten. Entweder man benutzt direkt die Formel für den Flächeninhalt einer Raute oder aber man betrachtet die Raute als Parallelo-gramm. Wie lautet die Flächeninhaltsformel für eine Raute? Welche Strecken-längen benötigt man für die Flächenberechnung eines Parallelogramms? Wie ermittelt man den Abstand eines Punktes von einer Geraden? Die Pyramidenspitze liegt auf einer Geraden $h$, die zu $E$ orthogonal ist und die Strecke AC halbiert. Durch welchen Punkt verläuft also diese Gerade? Geben Sie seine Koordinaten an. Notieren Sie eine Gleichung von $h$. Da S auf $h$ liegt, kann man die Koordinaten von S mit Hilfe einer Variablen ange-ben. Die Länge der Höhe ist bekannt. Hieraus ergibt sich eine Gleichung für die Variable. Durch die Bedingung $s_1 > 0$ wird eine Lösung dieser Gleichung ausgeschlossen.

c) Von der Ebene $E$ sind eine Koordinatengleichung und damit auch Normalen-vektoren bekannt. Welche Bedingung für einen Richtungsvektor einer Geraden und einem Normalenvektor einer Ebene muss erfüllt sein, damit die Gerade und die Ebene parallel sind? Wie berechnet man den Abstand eines Punktes von einer Ebene? Für die Untersuchung, ob es eine Pyramide gibt, deren Spitze S auf $g$ liegt und deren Höhe durch die Mitte der Raute geht, mache man sich klar, auf welcher Geraden nach den Überlegungen aus Teilaufgabe b) die Spitze S liegt. Wenn also eine Pyramide der beschriebenen Art existiert, dann ergibt sich die Spitze als Schnittpunkt zweier Geraden. Welches LGS ergibt sich aus dieser Überlegung? Existiert eine Lösung dieses LGS?

d) Der Mittelpunkt der beschriebenen Kugel ist O(0|0|0). Der kleinstmögliche Kugelradius ist also gleich dem Abstand des Punktes A, B, C oder D, der von O am weitesten entfernt ist.
Die Kugel K mit Mittelpunkt O berührt die Ebene E. Die Ebene E ist orthogonal zur $x_1x_2$-Ebene (vgl. Teilaufgabe a)). Die Diagonale AC der Raute ABCD liegt in der $x_1x_2$-Ebene. Also liegt der Berührpunkt R der Kugel K mit der Ebene E auf der Geraden durch die Punkte A und C. Berechnen Sie also zunächst die Koordinaten von R. Notieren Sie dann eine Gleichung für die Ortsvektoren aller Punkte zwischen A und C. Erfüllen die Koordinaten von R diese Gleichung?
Eine andere Möglichkeit zur Untersuchung der Lage von R ergibt sich aus der Frage nach der Gleichung für die Ortsvektoren aller Punkte innerhalb der Raute.

**G**

## Lösung:

### a) Koordinatengleichung der Ebene E

Von der Ebene E sind die Punkte A(2|−2|0), B(−2|1|−3) und C(−6|4|0) gegeben.
Damit ergibt sich als Parametergleichung von E:

$$\vec{x} = \begin{pmatrix} 2 \\ -2 \\ 0 \end{pmatrix} + r \begin{pmatrix} -4 \\ 3 \\ -3 \end{pmatrix} + s \begin{pmatrix} -8 \\ 6 \\ 0 \end{pmatrix}; \ r, s \in \mathbb{R}.$$

Setzt man für $\vec{x} = \begin{pmatrix} x_1 \\ x_2 \\ x_3 \end{pmatrix}$ ein und eliminiert r und s, so ergibt sich eine

Koordinatengleichung:
E: $3x_1 + 4x_2 + 2 = 0$.
Die Ebene E ist also parallel zur $x_3$-Achse.

### Nachweis, dass das Dreieck ABC gleichschenklig ist

Aus $\overrightarrow{AB} = \begin{pmatrix} -4 \\ 3 \\ -3 \end{pmatrix}$ und $\overrightarrow{BC} = \begin{pmatrix} -4 \\ 3 \\ 3 \end{pmatrix}$ folgt $|\overrightarrow{AB}| = |\overrightarrow{BC}| = \sqrt{34}$.

Das Dreieck ABC ist also gleichschenklig.

### Koordinaten des Punktes D

Ein Parallelogramm mit vier gleich langen Seiten heißt Raute. Das Viereck ABCD ist also eine Raute, wenn für den Ortsvektor des Punktes D gilt:

$$\overrightarrow{OD} = \overrightarrow{OA} + \overrightarrow{BC} = \begin{pmatrix} 2 \\ -2 \\ 0 \end{pmatrix} + \begin{pmatrix} -4 \\ 3 \\ 3 \end{pmatrix} = \begin{pmatrix} -2 \\ 1 \\ 3 \end{pmatrix}.$$ Der gesuchte Punkt D ist somit $D(-2\,|\,1\,|\,3)$.

### Innenwinkel der Raute

Ist $\alpha$ der Innenwinkel der Raute bei A, so folgt mit den Vektoren

$$\overrightarrow{AB} = \begin{pmatrix} -4 \\ 3 \\ -3 \end{pmatrix} \text{ und } \overrightarrow{AD} = \begin{pmatrix} -4 \\ 3 \\ 3 \end{pmatrix} \text{ aus}$$

$$\cos\alpha = \frac{\begin{pmatrix} -4 \\ 3 \\ -3 \end{pmatrix} \cdot \begin{pmatrix} -4 \\ 3 \\ 3 \end{pmatrix}}{\sqrt{34} \cdot \sqrt{34}} = \frac{16}{34} = \frac{8}{17} \text{ der Winkel } \alpha \approx 61{,}93°.$$

Da ABCD eine Raute ist, gilt für den Innenwinkel $\gamma$ bei C: $\gamma = \alpha \approx 61{,}93°$. Hieraus folgt für die Innenwinkel $\beta$ bei B und $\delta$ bei D: $\beta = \delta = 180° - \alpha \approx 118{,}07°$.

### Zeichnung

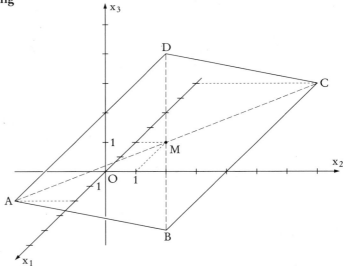

Die Diagonale AC der Raute ABCD liegt in der $x_1x_2$-Ebene. Die Diagonale BD ist parallel zur $x_3$-Achse.

**b) Volumen der Pyramide**

### 1. Möglichkeit:

Zur Berechnung des Flächeninhaltes der Grundfläche verwendet man den Satz:
Bei einer Raute mit den Diagonalen e und f gilt für den Flächeninhalt:

$A_{Raute} = \frac{1}{2} \cdot e \cdot f.$

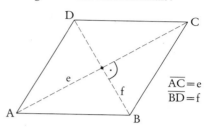

Mit $e = |\overrightarrow{AC}| = \left| \begin{pmatrix} -8 \\ 6 \\ 0 \end{pmatrix} \right| = 10$ und

$f = |\overrightarrow{BD}| = \left| \begin{pmatrix} 0 \\ 0 \\ 6 \end{pmatrix} \right| = 6$ ergibt sich also

$\overline{AC} = e$
$\overline{BD} = f$

$A_{Raute} = \frac{1}{2} \cdot 10 \cdot 6 = 30.$

Da die Spitze S von der Grundfläche ABCD den Abstand 10 hat, folgt für das Volumen der Pyramide:

$V = \frac{1}{3} \cdot A_{Raute} \cdot 10 = \frac{1}{3} \cdot 30 \cdot 10 = 100.$

### 2. Möglichkeit:

Man berechnet den Abstand d des Punktes D von der Strecke AB und verwendet die Formel $A_{Raute} = \overline{AB} \cdot d$. Dabei ist d der Betrag des Vektors $\overrightarrow{DF}$, wobei F der Fußpunkt des Lotes von D auf AB ist. Rechnerisch ergibt sich F als Schnittpunkt der Hilfsebene $E_1$ durch D orthogonal zu AB und der Geraden $g_1$ durch A mit dem Richtungsvektor $\overrightarrow{AB}$.

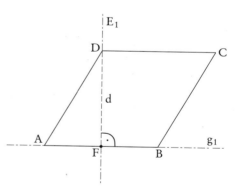

$E_1: \left[ \vec{x} - \begin{pmatrix} -2 \\ 1 \\ 3 \end{pmatrix} \right] \cdot \begin{pmatrix} -4 \\ 3 \\ -3 \end{pmatrix} = 0; \quad g_1: \vec{x} = \begin{pmatrix} 2 \\ -2 \\ 0 \end{pmatrix} + r \begin{pmatrix} -4 \\ 3 \\ -3 \end{pmatrix}; \quad r \in \mathbb{R}$

$g_1 \cap E_1 = \{F\}:$ Aus $-4(4 - 4r) + 3(-3 + 3r) - 3(-3 - 3r) = 0$ folgt $r = \frac{8}{17}$

und damit $F\left( \frac{2}{17} \middle| -\frac{10}{17} \middle| -\frac{24}{17} \right).$

Mit $\overrightarrow{DF} = \frac{1}{17} \cdot \begin{pmatrix} 36 \\ -27 \\ -75 \end{pmatrix}$ ergibt sich $|\overrightarrow{DF}| = \frac{1}{17}\sqrt{7650} = \frac{15}{17}\sqrt{34}.$

Außerdem gilt $|\overrightarrow{AB}| = \left|\begin{pmatrix} -4 \\ 3 \\ -3 \end{pmatrix}\right| = \sqrt{34}$. Damit folgt:

$A_{Raute} = \sqrt{34} \cdot \dfrac{15}{17}\sqrt{34} = \dfrac{510}{17} = 30$ und $V = \dfrac{1}{3} \cdot A_{Raute} \cdot 10 = \dfrac{1}{3} \cdot 30 \cdot 10 = 100$.

**Koordinaten von S**

Ist M die Mitte von AC, so liegt die Spitze S der Pyramide auf der Geraden h durch M senkrecht zu E. Da S von E den Abstand 10 hat, ist $|\overrightarrow{MS}| = 10$.

Mit $M(-2\,|\,1\,|\,0)$ ergibt sich:

$h: \vec{x} = \begin{pmatrix} -2 \\ 1 \\ 0 \end{pmatrix} + u\begin{pmatrix} 3 \\ 4 \\ 0 \end{pmatrix}$; $u \in \mathbb{R}$.

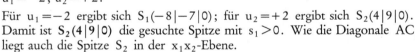

S liegt auf h: $S(-2 + 3u\,|\,1 + 4u\,|\,0)$.

Also ist $|\overrightarrow{MS}| = \left|\begin{pmatrix} 3u \\ 4u \\ 0 \end{pmatrix}\right| = \sqrt{25u^2}$.

Aus $\sqrt{25u^2} = 10$ folgt
$u_1 = -2$; $u_2 = +2$.

Für $u_1 = -2$ ergibt sich $S_1(-8\,|-7\,|\,0)$; für $u_2 = +2$ ergibt sich $S_2(4\,|\,9\,|\,0)$. Damit ist $S_2(4\,|\,9\,|\,0)$ die gesuchte Spitze mit $s_1 > 0$. Wie die Diagonale AC liegt auch die Spitze $S_2$ in der $x_1x_2$-Ebene.

**c) Nachweis, dass g parallel zu E ist**

Der Vektor $\begin{pmatrix} -4 \\ 3 \\ 1 \end{pmatrix}$ ist ein Richtungsvektor von g, der Veltor $\begin{pmatrix} 3 \\ 4 \\ 0 \end{pmatrix}$ ist ein Normalenvektor von E. Da $\begin{pmatrix} -4 \\ 3 \\ 1 \end{pmatrix} \cdot \begin{pmatrix} 3 \\ 4 \\ 0 \end{pmatrix} = -12 + 12 = 0$ ist, sind **g und E parallel.**

**Abstand von g und E**

Der Abstand d der Geraden g von E ist gleich dem Abstand des Punktes $P(2\,|\,1\,|\,0) \in g$ von E.

$E: 3x_1 + 4x_2 + 2 = 0$;

HNF von E: $\dfrac{1}{5} \cdot (3x_1 + 4x_2 + 2) = 0$;

$d = d(P;E) = \left|\dfrac{1}{5} \cdot (3 \cdot 2 + 4 \cdot 1 + 2)\right| = \dfrac{12}{5} = 2{,}4$.

**Untersuchung**

Es gibt eine Pyramide mit der Grundfläche ABCD, der Spitze auf g und der Höhe durch M, wenn g die Gerade h aus Teilaufgabe b) schneidet.

Aus $\begin{pmatrix} 2 \\ 1 \\ 0 \end{pmatrix} + t \begin{pmatrix} -4 \\ 3 \\ 1 \end{pmatrix} = \begin{pmatrix} -2 \\ 1 \\ 0 \end{pmatrix} + u \begin{pmatrix} 3 \\ 4 \\ 0 \end{pmatrix}$ folgt $\begin{cases} -4t - 3u = -4 \\ 3t - 4u = 0. \\ t = 0 \end{cases}$

Dieses LSG hat keine Lösung; damit schneiden sich g und h nicht. Also gibt es **keine solche Pyramide.**

### d) Berechnung des kleinstmöglichen Kugelradius

Die Punkte $A(2|-2|0)$ und $C(-6|4|0)$ liegen in der $x_1x_2$-Ebene mit

$$|\overrightarrow{OA}| = \left| \begin{pmatrix} 2 \\ -2 \\ 0 \end{pmatrix} \right| = \sqrt{8} = 2\sqrt{2}; \quad |\overrightarrow{OC}| = \begin{pmatrix} -6 \\ 4 \\ 0 \end{pmatrix} = \sqrt{52} = 2\sqrt{13}.$$

Für die Punkte $B(-2|1|-3)$ und $D(-2|1|3)$ ergibt sich

$$|\overrightarrow{OB}| = \left| \begin{pmatrix} -2 \\ 1 \\ -3 \end{pmatrix} \right| = \sqrt{14}; \quad |\overrightarrow{OD}| = \left| \begin{pmatrix} -2 \\ 1 \\ 3 \end{pmatrix} \right| = \sqrt{14}.$$

Also ist $r = 2\sqrt{13}$ der kleinstmögliche Kugelradius.

**Untersuchung, ob der Berührpunkt von K mit E innerhalb der Raute ABCD liegt**

**1. Möglichkeit:**

Die Punkte A und C (und damit die Diagonale der Raute) liegen in der $x_1x_2$-Ebene. Die Ebene E geht durch A und C und ist parallel zur $x_3$-Achse (vgl. Teilaufgabe a) und Figur). Damit berührt die Kugel K um O die Gerade durch A und C. Zu untersuchen ist also, ob der Berührpunkt R auf der Strecke AC liegt oder nicht.

Ist k die Ursprungsgerade mit einem Normalenvektor von E als Richtungsvektor, so ergibt sich R als Schnittpunkt von k mit E. Mit

$$k: \vec{x} = v \begin{pmatrix} 3 \\ 4 \\ 0 \end{pmatrix}; \quad v \in \mathbb{R} \text{ und}$$

$E: 3x_1 + 4x_2 + 2 = 0$ ergibt sich:

$3 \cdot 3v + 4 \cdot 4v + 2 = 0$. Hieraus folgt $v = -\dfrac{2}{25}$.

Die Koordinaten des Berührpunktes sind somit $R\left(-\dfrac{6}{25} \middle| -\dfrac{8}{25} \middle| 0\right)$.

G

Zur Überprüfung, ob R zwischen A und C liegt, betrachtet man alle Punkte P mit

$$\overrightarrow{OP} = \overrightarrow{OA} + s \cdot \overrightarrow{AC} = \begin{pmatrix} 2 \\ -2 \\ 0 \end{pmatrix} + s \begin{pmatrix} -8 \\ 6 \\ 0 \end{pmatrix} ; \quad 0 < s < 1 ; \ s \in \mathbb{R}.$$

Für die Koordinaten von R ergibt sich das LGS

$$\begin{cases} -\dfrac{6}{25} = 2 - 8s \\ -\dfrac{8}{25} = -2 + 6s \end{cases} \quad \text{mit der Lösung } s = 0{,}28.$$

Also berührt die Kugel K die Ebene E in einem Punkt zwischen A und C und somit **innerhalb** der Raute.

**2. Möglichkeit:**

Man berechnet zunächst wie bei der 1. Möglichkeit die Koordinaten des Berührpunktes R. Zur Überprüfung, ob R im Innern der Raute liegt, betrachtet man alle Punkte P mit

$$\overrightarrow{OP} = \overrightarrow{OA} + m \cdot \overrightarrow{AB} + n \cdot \overrightarrow{AD} = \begin{pmatrix} 2 \\ -2 \\ 0 \end{pmatrix} + m \cdot \begin{pmatrix} -4 \\ 3 \\ -3 \end{pmatrix} + n \cdot \begin{pmatrix} -4 \\ 3 \\ 3 \end{pmatrix}$$

mit $0 < m < 1$; $0 < n < 1$; $m, n \in \mathbb{R}$.

Für die Koordinaten von R ergibt sich das LGS

$$\begin{cases} -\dfrac{6}{25} = 2 - 4m - 4n \\ -\dfrac{8}{25} = -2 + 3m + 3n \\ 0 = -3m + 3n \end{cases} \quad \text{mit der Lösung } m = \dfrac{7}{25}; \ n = \dfrac{7}{25}.$$

Also liegt der Punkt R **innerhalb** der Raute.

Die Gerade g geht durch die Punkte $S_1(4|0|0)$ und $S_2(0|3|0)$. Ferner ist gegeben die Gerade

$$h: \vec{x} = \begin{pmatrix} 0 \\ 4{,}5 \\ -2{,}5 \end{pmatrix} + r \begin{pmatrix} 4 \\ -6 \\ 5 \end{pmatrix}; \quad r \in \mathbb{R}.$$

Die Ebene E enthält die Geraden g und h.

a) Berechnen Sie die Koordinaten des Schnittpunktes der Geraden g und h.
   Bestimmen Sie eine Koordinatengleichung der Ebene E.
   Veranschaulichen Sie E mithilfe der Spurgeraden in einem Koordinatensystem (LE 1 cm; Verkürzungsfaktor in $x_1$-Richtung $\frac{1}{2}\sqrt{2}$).

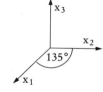

   Berechnen Sie den Winkel zwischen der Ebene E und der $x_1x_2$-Ebene.

b) Die Schnittpunkte der Ebene E mit den Koordinatenachsen und der Ursprung O bilden die Eckpunkte einer Pyramide.
   Berechnen Sie ihr Volumen.
   Zeigen Sie, dass die Gerade h die $x_1x_2$-Ebene im Umkreismittelpunkt des Dreiecks $S_1S_2O$ durchstößt.
   Berechnen Sie das Volumen des kleinsten senkrechten Zylinders, in den die Pyramide einbeschrieben werden kann und dessen Grundfläche in der $x_1x_2$-Ebene liegt.

c) Für jedes $t \in \mathbb{R}$ ist eine Ebene $E_t$ gegeben durch
   $E_t: 15tx_1 + 20tx_2 + 12x_3 = 60t$.
   Bestimmen Sie die Spurpunkte von $E_t$ für $t \neq 0$.
   Zeigen Sie, dass die Gerade g in jeder Ebene $E_t$ liegt.
   Für welche Werte von t hat $E_t$ vom Ursprung den Abstand $\frac{12}{13}$?

## Lösungshinweise:

a) Mithilfe der beiden gegebenen Punkte $S_1$ und $S_2$ erhält man eine Gleichung der Geraden g. Um die Koordinaten des Schnittpunktes S der Geraden g und h zu berechnen, setzt man die rechten Seiten der zugehörigen Gleichungen gleich und erhält ein LGS. Aus der dritten Gleichung ergibt sich dann sofort der Parameter r.

Da die Ebene E die Geraden g und h enthält, liegt S in E. Mit Richtungsvektoren von g und h lässt sich eine Parametergleichung von E angeben. Schreibt man $\vec{x}$ in Koordinaten und eliminiert dann die Parameter, ergibt sich eine Koordinatengleichung von E.

Für die Zeichnung sind die Spurpunkte $S_1$ und $S_2$ gegeben. Wie erhält man den dritten Spurpunkt $S_3$ der Ebene E?

Zur Ermittlung des Schnittwinkels $\alpha$ der Ebene E und der $x_1x_2$-Ebene benötigt man Normalenvektoren dieser Ebenen. Einen Normalenvektor von E kann man sofort angeben. Die $x_1x_2$-Ebene hat spezielle Normalenvektoren. Notieren Sie einen einfachen und berechnen Sie dann $\alpha$.

b) Wie lautet die Formel für das Volumen einer Pyramide? Von welchen Flächen der gegebenen Pyramide lassen sich die Inhalte sofort angeben, wenn man die Zeichnung in Teilaufgabe a) betrachtet? Welche Fläche wählen Sie als Grundfläche? Welche Strecke ist dann die zugehörige Höhe?

Um nachzuweisen, dass die Gerade h die $x_1x_2$-Ebene im Umkreismittelpunkt des Dreiecks $S_1S_2O$ durchstößt, ermittelt man zunächst die Koordinaten des Durchstoßpunktes S. Nach Teilaufgabe a) hat der Schnittpunkt der Geraden g und h die Koordinaten $S(2\,|\,1,5\,|\,0)$. Da dieser Punkt in der $x_1x_2$-Ebene liegt, ist er der Schnittpunkt von h mit der $x_1x_2$-Ebene. Eine andere Möglichkeit zur Ermittlung von S ergibt sich, wenn man h mit der $x_1x_2$-Ebene schneidet. Die $x_1x_2$-Ebene kann dabei durch $x_3 = 0$ beschrieben werden.

Zum Nachweis, dass S der Umkreismittelpunkt des Dreiecks $S_1S_2O$ ist, kann man mehr geometrisch oder mehr rechnerisch argumentieren. Wo liegt z. B. S im Vergleich zu $S_1$ und $S_2$? Um was für ein Dreieck handelt es sich bei Dreieck $S_1S_2O$? Fertigen Sie eine Skizze an. Welche Strecken müssen gleich lang sein, damit S der Umkreismittelpunkt des Dreiecks $S_1S_2O$ ist?

Wie lautet die Formel für das Volumen eines Zylinders? Welchen Radius hat die Grundfläche (vgl. Skizze), welche Höhe hat der Zylinder?

c) Wie erhält man aus einer Koordinatengleichung einer Ebene die Koordinaten der Spurpunkte? Welche Besonderheiten ergeben sich im Falle der Ebene $E_t$?

Zum Nachweis, dass die Gerade g in jeder Ebene $E_t$ liegt, kann man diese Besonderheiten der Spurpunkte von $E_t$ ausnutzen. Eine andere Möglichkeit für den Nachweis ergibt sich, in dem man g und $E_t$ schneidet. Für welche Werte aus $\mathbb{R}$ ist die sich ergebende Gleichung erfüllt?

Für die Berechnung der Werte von t, für die $E_t$ vom Ursprung den Abstand $\frac{12}{13}$ hat, ermittelt man zunächst die Hessesche Normalenform der Ebene $E_t$. Welche Bedingung muss nun erfüllt sein? Welche Gleichungen folgen aus der Betragsgleichung? Umformungen führen dann auf dieselbe quadratische Gleichung.

**Lösung:**

**a) Koordinaten des Schnittpunktes der Geraden g und h**

Es sei S der gesuchte Schnittpunkt.

$$g:\ \vec{x} = \begin{pmatrix} 4 \\ 0 \\ 0 \end{pmatrix} + s \begin{pmatrix} -4 \\ 3 \\ 0 \end{pmatrix};\ s \in \mathbb{R}$$

$$h:\ \vec{x} = \begin{pmatrix} 0 \\ 4,5 \\ -2,5 \end{pmatrix} + r \begin{pmatrix} 4 \\ -6 \\ 5 \end{pmatrix};\ r \in \mathbb{R}$$

$g \cap h = \{S\}$: Es ergibt sich das LGS

$$\begin{cases} 4 - 4s = & 4r \\ 3s = & 4,5 - 6r \\ 0 = & -2,5 + 5r \end{cases}$$

mit der Lösung $r = s = 0,5$. Somit: $S(2 \mid 1,5 \mid 0)$.

**Koordinatengleichung der Ebene E**

Der Punkt S liegt in der Ebene E; Richtungsvektoren von g und h sind auch Richtungsvektoren von E:

$$E:\ \vec{x} = \begin{pmatrix} 2 \\ 1,5 \\ 0 \end{pmatrix} + r \begin{pmatrix} 4 \\ -6 \\ 5 \end{pmatrix} + s \begin{pmatrix} -4 \\ 3 \\ 0 \end{pmatrix};\ r, s \in \mathbb{R}.$$

Setzt man für $\vec{x} = \begin{pmatrix} x_1 \\ x_2 \\ x_3 \end{pmatrix}$ ein und eliminiert r und s, so ergibt sich eine Koordinatengleichung:

$E:\ 15x_1 + 20x_2 + 12x_3 - 60 = 0$.

**Zeichnung**
Spurpunkt $S_3$ mit der $x_3$-Achse: $x_1 = x_2 = 0$; $x_3 = 5$; $S_3(0\,|\,0\,|\,5)$.

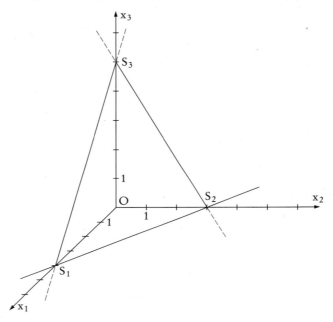

**Berechnung des Winkels zwischen E und der $x_1x_2$-Ebene**

Der Winkel $\alpha$ zwischen der Ebene E und der $x_1x_2$-Ebene lässt sich als Winkel zwischen zugehörigen Normalenvektoren berechnen. Ein Normalenvektor von E ist $\vec{n_1} = \begin{pmatrix} 15 \\ 20 \\ 12 \end{pmatrix}$, ein Normalenvektor der $x_1x_2$-Ebene ist $\vec{n_2} = \begin{pmatrix} 0 \\ 0 \\ 1 \end{pmatrix}$. Damit folgt aus

$$\cos\alpha = \frac{\left| \begin{pmatrix} 15 \\ 20 \\ 12 \end{pmatrix} \cdot \begin{pmatrix} 0 \\ 0 \\ 1 \end{pmatrix} \right|}{\sqrt{15^2 + 20^2 + 12^2} \cdot \sqrt{1}} = \frac{12}{\sqrt{769}}$$ der Winkel $\alpha \approx 64{,}4°$.

**b) Volumen der Pyramide**

Betrachtet man das Dreieck $S_1 S_2 O$ als Grundfläche der Pyramide, so ist $OS_3$ die zugehörige Höhe.

Der Inhalt des Dreiecks $S_1S_2O$ ist $A_{Dreieck} = \frac{1}{2} \cdot 4 \cdot 3 = 6$.

Für das Volumen der Pyramide ergibt sich damit:

$$V = \frac{1}{3} \cdot A_{Dreieck} \cdot 5 = \frac{1}{3} \cdot 6 \cdot 5 = 10.$$

**Nachweis, dass h die $x_1x_2$-Ebene im Umkreismittelpunkt des Dreiecks $S_1S_2O$ durchstößt**

**1. Möglichkeit:**

Nach Teilaufgabe a) ist $S(2|1,5|0)$ der Schnittpunkt der Geraden g und h.
Dieser Punkt S liegt in der $x_1x_2$-Ebene. Also ist S der Schnittpunkt von h mit der $x_1x_2$-Ebene.
Weiterhin ist S die Mitte von $S_1S_2$. Das Dreieck $S_1S_2O$ hat bei O einen rechten Winkel.
**Also ist S der Mittelpunkt des Umkreises des Dreiecks $S_1S_2O$.**

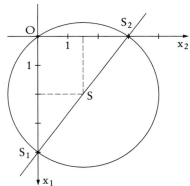

**2. Möglichkeit**

Für die $x_1x_2$-Ebene gilt $x_3 = 0$. Eine Gleichung für h ist gegeben:

$$h: \vec{x} = \begin{pmatrix} 0 \\ 4,5 \\ -2,5 \end{pmatrix} + r \begin{pmatrix} 4 \\ -6 \\ 5 \end{pmatrix}; \quad r \in \mathbb{R}$$

Aus der Gleichung $0 = -2,5 + 5r$ folgt $r = 0,5$. Also gilt für den Schnittpunkt S der Geraden h und der $x_1x_2$-Ebene: $S(2|1,5|0)$. Weiterhin ist

$$\vec{SS_1} = \begin{pmatrix} 2 \\ -1,5 \\ 0 \end{pmatrix}, \quad \vec{SS_2} = \begin{pmatrix} -2 \\ 1,5 \\ 0 \end{pmatrix}, \quad \vec{SO} = \begin{pmatrix} -2 \\ -1,5 \\ 0 \end{pmatrix}.$$

Diese drei Vektoren haben alle den gleichen Betrag $\sqrt{\frac{25}{4}} = \frac{5}{2}$.

**Also ist S der Mittelpunkt des Umkreises des Dreiecks $S_1S_2O$.**

**Volumen des Zylinders**

Der kleinste senkrechte Zylinder, in den die Pyramide einbeschrieben werden kann und dessen Grundfläche in der $x_1x_2$-Ebene liegt, hat als Grundfläche den Kreis um S mit dem Radius $r = |\vec{SO}| = \frac{5}{2}$ (vgl. Figur).

Die Höhe dieses Zylinders ist gleich der Höhe der Pyramide.

$$V_{Zylinder} = \pi \cdot \left(\frac{5}{2}\right)^2 \cdot 5 = \frac{125}{4}\pi$$

c) **Spurpunkte von $E_t$ für $t \neq 0$**

$E_t: \ 15tx_1 + 20tx_2 + 12x_3 = 60t; \ t \in \mathbb{R}$

Für $t \neq 0$ ergibt sich:

Schnittpunkt $T_1$ mit der $x_1$-Achse: $x_2 = x_3 = 0; \ x_1 = 4; \ T_1(4|0|0)$,

Schnittpunkt $T_2$ mit der $x_2$-Achse: $x_1 = x_3 = 0; \ x_2 = 3; \ T_2(0|3|0)$,

Schnittpunkt $T_3$ mit der $x_3$-Achse: $x_1 = x_2 = 0; \ x_3 = 5t; \ T_3(0|0|5t)$.

**Nachweis, dass g in jeder Ebene $E_t$ liegt**

**1. Möglichkeit:**

Es ist $S_1 = T_1$ und $S_2 = T_2$. Also sind die Spurpunkte der Ebene $E_t$ mit der $x_1$-Achse und mit der $x_2$-Achse identisch mit den Schnittpunkten der Geraden g mit diesen Koordinatenachsen. Damit ist die Gerade g Spurgerade jeder Ebene $E_t$ mit der $x_1x_2$-Ebene, d. h., **die Gerade g liegt in jeder Ebene $E_t$.**

**2. Möglichkeit:**

$$g: \ \vec{x} = \begin{pmatrix} 4 \\ 0 \\ 0 \end{pmatrix} + s \begin{pmatrix} -4 \\ 3 \\ 0 \end{pmatrix}; \ s \in \mathbb{R} \ \text{(vgl. Teilaufgabe a))}$$

Mit $\vec{x} = \begin{pmatrix} x_1 \\ x_2 \\ x_3 \end{pmatrix}$ ergibt sich aus der Gleichung für $E_t$:

$15t(4 - 4s) + 20t(3s) = 60t.$

Diese Gleichung ist für alle $t \in \mathbb{R}$ erfüllt. **Also liegt g in jeder Ebene $E_t$.**

**Berechnung der Werte von t**

HNF von $E_t$: $\dfrac{15tx_1 + 20tx_2 + 12x_3 - 60t}{\sqrt{(15t)^2 + (20t)^2 + 12^2}} = 0$ bzw. $\dfrac{15tx_1 + 20tx_2 + 12x_3 - 60t}{\sqrt{144 + 625t^2}} = 0$

Der Punkt $O(0|0|0)$ soll von $E_t$ den Abstand $\dfrac{12}{13}$ haben:

$$d(O; E_t) = \left| \frac{-60t}{\sqrt{144 + 625t^2}} \right| = \frac{12}{13}.$$

Hieraus folgt

$$\frac{-60t}{\sqrt{144 + 625t^2}} = \frac{12}{13} \ \text{oder} \ \frac{-60t}{\sqrt{144 + 625t^2}} = -\frac{12}{13}.$$

Umformen führt in beiden Fällen auf die Gleichung $3600t^2 = 144$ mit den Lösungen $t_1 = \dfrac{1}{5}, \ t_2 = -\dfrac{1}{5}$.

Eine ägyptische Pyramide hat die Form einer senkrechten, quadratischen Pyramide. Die Seitenlänge des Quadrats beträgt 144 m, die Höhe 90 m. Zur Vermessung wird ein kartesisches Koodinatensystem mit der Längeneinheit 1 m verwendet, dessen Ursprung in der Mitte der quadratischen Grundfläche liegt und dessen $x_1$- und $x_2$-Achse parallel zu den Grundkanten verlaufen. Die Bezeichnung der Punkte wird gemäß der nebenstehenden Skizze gewählt.

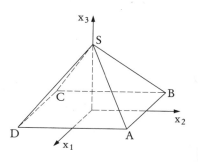

**G**

a) Geben Sie die Koordinaten der Eckpunkte A, B, C, D und S an.
Berechnen Sie die Länge der Seitenkante AS.
Welchen Neigungswinkel besitzt eine Seitenkante zur Grundfläche?
Bestimmen Sie eine Gleichung der Ebene $E_1$ durch die Punkte A, B und S.
Wie groß ist der Neigungswinkel einer Seitenfläche zur Grundfläche?

b) Die Ägypter bauten die Pyramide schichtweise. Zum Transport der Steine zur jeweiligen Schicht wurde eine Rampe benötigt.
Die zum Transport der Steine benötigte Rampenfläche ist rechteckig und liege nun in der Ebene $E_2: 5x_2 + 26x_3 = 1350$.

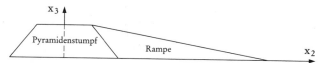

Berechnen Sie die Höhe des bisher gebauten Pyramidenstumpfes.
Wie lang ist die zum Transport der Steine benötigte Rampenfläche?

c) Der Punkt $Q(48|0|30)$ ist der Schwerpunkt der Seitenfläche DAS.
Senkrecht zu dieser Seitenfläche verläuft ein Schacht, dessen Mittelachse von Q ausgeht und in 14 m Höhe über der Grundfläche am Eingang des Königsgrabs endet.
Berechnen Sie die Koordinaten dieses Endpunktes.
Eine weitere Kammer wurde um denjenigen Punkt P gebaut, der von allen Seitenflächen und der Grundfläche der Pyramide den gleichen Abstand hat.
Bestimmen Sie die Koordinaten von P auf eine Dezimale gerundet.

**Lösungshinweise:**

a) Der Ursprung des Koordinatensystems liegt in der Mitte der quadratischen Grundfläche. Die $x_1$- und die $x_2$-Achse sind parallel zu den Grundkanten. Hieraus ergeben sich die Koordinaten der Eckpunkte A, B, C, D und S. Von der Seitenkante AS sind nun die Koordinaten der Endpunkte A und S bekannt. Wie berechnet man die Länge einer Strecke mithilfe eines Vektors? Aufgrund der Symmetrie der Pyramide haben alle Seitenkanten zur Grundfläche den gleichen Neigungswinkel. Wählen Sie also eine Seitenkante aus! Der Neigungswinkel $\alpha$ zwischen der ausgewählten Seitenkante und der Grundfläche ergibt sich mithilfe eines Richtungsvektors der Kante und eines Normalenvektors der Ebene $E_0$, in der die Grundfläche liegt. Wie lautet die Formel für $\alpha$? Die Ebene $E_1$ geht durch die Punkte A, B und S. Also kann man für $E_1$ z. B. eine Parametergleichung aufstellen. Auch die Neigungswinkel der vier Seitenflächen zur Grundfläche sind gleich groß. Da man schon eine Parametergleichung der Ebene $E_1$ durch die Punkte A, B und S ermittelt hat, wählt man $E_1$ als eine Ebene, die eine Seitenfläche enthält. Der Winkel $\beta$ zwischen dieser Ebene und der Ebene $E_0$ lässt sich mithilfe von Normalenvektoren berechnen. Geben Sie einen Normalenvektor von $E_0$ an. Einen Normalenvektor von $E_1$ erhält man aus einer Koordinatengleichung von $E_1$. Wie lautet die Formel für $\beta$?

b) Skizzieren Sie in einer $x_2x_3$-Koordinatenebene die Spurgeraden von $E_1$ und $E_2$. Markieren Sie den Schnittpunkt H der Spurgeraden; zeichnen Sie die gesuchte Höhe ein. Welche besondere Lage haben die Ebenen $E_1$ und $E_2$? Was folgt hieraus für die Lage der Schnittgeraden? Aufgrund dieser besonderen Lage ergibt sich die Höhe des Pyramidenstumpfes aus der $x_3$-Koordinate von H.
Kennzeichnen Sie in der Skizze die Strecke der Rampenfläche, von der die Länge gesucht ist. Ermitteln Sie die Koordinaten des zweiten Endpunktes der Strecke und berechnen Sie die Länge.

c) Skizzieren Sie in einer $x_1x_3$-Koordinatenebene die Spurgerade der Ebene $E_3$, in der die Seitenfläche DAS liegt. Zeichnen Sie Q und die Mittelachse des Schachtes als Lotgerade m zu $E_3$ durch Q ein. Ermitteln Sie zeichnerisch den Endpunkt R des Schachtes. Welche Koordinate von R ist also nur zu berechnen? Hierzu hat man zwei Möglichkeiten. Entweder ermittelt man eine Gleichung von m und nutzt aus, dass R auf m liegt. Hierbei ergibt sich ein Richtungsvektor von m als Normalenvektor von $E_3$. Oder aber man verwendet den Strahlensatz. Betrachten Sie die Skizze! Welcher Punkt Z bietet sich als Zentrum an? Die Lage von Z kann man unter Verwendung von

Geradengleichungen in der $x_1x_3$-Ebene ermitteln. Notieren Sie eine Verhältnisgleichung und berechnen Sie die fehlende Koordinate von R.
Der Punkt P hat von allen Seitenflächen und von der Grundfläche den gleichen Abstand. Skizzieren Sie die Lage von P in der $x_2x_3$-Ebene. Von P ist also nur die $x_3$-Koordinate unbekannt. Diese fehlende Koordinate $x_3 = r$ ergibt sich aus der Bedingung, dass der Abstand des Punktes P von der Ebene $E_1$ gleich r ist. Es ergibt sich eine Betragsgleichung. Wie löst man eine solche Gleichung?

## Lösung:

### a) Koordinaten der Eckpunkte

Die Koordinaten der Eckpunkte der Pyramide sind:
$A(72|72|0)$, $B(-72|72|0)$, $C(-72|-72|0)$, $D(72|-72|0)$, $S(0|0|90)$.

### Länge der Seitenkante AS

Mit $\overrightarrow{AS} = \begin{pmatrix} -72 \\ -72 \\ 90 \end{pmatrix}$ ergibt sich

$$|\overrightarrow{AS}| = \sqrt{(-72)^2 + (-72)^2 + 90^2} = \sqrt{18\,468} = 18\sqrt{57} \approx 135{,}9.$$

### Neigungswinkel zwischen einer Seitenkante und der Grundfläche

Die Neigungswinkel der vier Seitenkanten zur Grundfläche sind gleich groß. Es sei $\alpha$ der Neigungswinkel zwischen der Seitenkante AS mit $\overrightarrow{AS} = \begin{pmatrix} -72 \\ -72 \\ 90 \end{pmatrix}$ und der Grundfläche. Eine Koordinatengleichung der Ebene $E_0$, in der die Grundfläche liegt, ist $x_3 = 0$. Also ist $\overrightarrow{n_1} = \begin{pmatrix} 0 \\ 0 \\ 1 \end{pmatrix}$ ein Normalenvektor der Ebene $E_0$.

Aus $\sin\alpha = \dfrac{\left| \begin{pmatrix} -72 \\ -72 \\ 90 \end{pmatrix} \cdot \begin{pmatrix} 0 \\ 0 \\ 1 \end{pmatrix} \right|}{18\sqrt{57} \cdot 1} = \dfrac{5}{\sqrt{57}}$ folgt $\alpha \approx 41{,}5°$.

### Gleichung der Ebene $E_1$ durch A, B und S

Von der Ebene $E_1$ sind die Punkte A, B und S gegeben. Damit ergibt sich als Parametergleichung von $E_1$:

$$E_1: \vec{x} = \begin{pmatrix} 72 \\ 72 \\ 0 \end{pmatrix} + s \begin{pmatrix} -144 \\ 0 \\ 0 \end{pmatrix} + t \begin{pmatrix} -72 \\ -72 \\ 90 \end{pmatrix}; \quad s, t \in \mathbb{R}.$$

**Neigungswinkel zwischen einer Seitenfläche und der Grundfläche**

Auch die Neigungswinkel der vier Seitenflächen zur Grundfläche sind gleich groß. Es sei $\beta$ der Neigungswinkel zwischen der Seitenfläche ABS und der Grundfläche. Die Seitenfläche ABS liegt in der Ebene $E_1$. Damit lässt sich $\beta$ berechnen als Winkel zwischen Normalenvektoren der Ebenen $E_1$ und $E_0$.

Der Vektor $\vec{n_1} = \begin{pmatrix} 0 \\ 0 \\ 1 \end{pmatrix}$ ist ein Normalenvektor von $E_0$. Einen Normalenvektor

$\vec{n_2}$ von $E_1$ erhält man aus einer Koordinatengleichung von $E_1$. Setzt man

also $\vec{x} = \begin{pmatrix} x_1 \\ x_2 \\ x_3 \end{pmatrix}$ in die Gleichung für $E_1$ ein, erhält man zunächst das LGS:

$$\begin{cases} x_1 = 72 - 144s - 72t \\ x_2 = 72 \qquad\quad - 72t \\ x_3 = \qquad\qquad\quad 90t \end{cases}.$$

Eliminiert man die Parameter $s$ und $t$, ergibt sich eine Koordinatengleichung:
$E_1: 5x_2 + 4x_3 = 360$.
Diese Ebene verläuft parallel zur $x_1$-Achse; $\vec{n_2} = \begin{pmatrix} 0 \\ 5 \\ 4 \end{pmatrix}$ ist ein Normalenvektor
von $E_1$.

Aus $\cos\beta = \dfrac{\left| \begin{pmatrix} 0 \\ 5 \\ 4 \end{pmatrix} \cdot \begin{pmatrix} 0 \\ 0 \\ 1 \end{pmatrix} \right|}{\sqrt{41} \cdot 1} = \dfrac{4}{\sqrt{41}}$ folgt $\beta \approx 51,3°$.

**b) Höhe des Pyramidenstumpfes**

Da die Ebenen $E_1$ und $E_2$ beide parallel zur $x_1$-Achse sind, ist auch die Schnittgerade beider Ebenen parallel zur $x_1$-Achse. Das LGS
$$\begin{cases} 5x_2 + 26x_3 = 1350 \\ 5x_2 + 4x_3 = 360 \end{cases}$$
hat die Lösung $x_2 = 36$, $x_3 = 45$.
Der Punkt $H(0|36|45)$ liegt in der $x_2x_3$-Ebene (vgl. Figur).
Die Höhe des Pyramidenstumpfes ist also $h = 45\,\text{m}$.

**Länge der Rampenfläche**

Die Ebene $E_2$ hat mit der $x_2$-Achse den Spurpunkt $S_2(0|270|0)$ (vgl. Figur).
Die Länge der Rampenfläche ergibt sich als Länge der Strecke $S_2H$.

Mit $\overrightarrow{S_2H} = \begin{pmatrix} 0 \\ -234 \\ 45 \end{pmatrix}$ ergibt sich $|\overrightarrow{S_2H}| = \sqrt{(-234)^2 + 45^2} = \sqrt{56781} \approx 238,3$.

Die Länge der Rampenfläche ist also **ungefähr 238,3 m**.

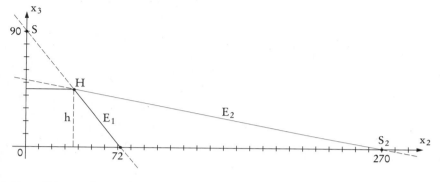

## c) Koordinaten des Endpunktes

### 1. Möglichkeit:

Es sei $R(x_1|x_2|x_3)$ der gesuchte Endpunkt auf der Mittelachse $m$ des Schachtes. Wie $Q$ liegt auch $R$ in der $x_1x_3$-Ebene. Weiterhin ist von $R$ die Koordinate $x_3=14$ bekannt.

Damit gilt: $R(x_1|0|14)$; gesucht ist nur noch die $x_1$-Koordinate von $R$ (vgl. Figur).

Die Mittelachse $m$ geht durch den Punkt $Q$; ein Normalenvektor

$$\vec{n_3} = \begin{pmatrix} a \\ b \\ c \end{pmatrix}$$ der Ebene $E_3$ durch die

Punkte A, D und S ist ein Richtungsvektor von $m$:

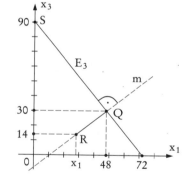

$$m: \vec{x} = \begin{pmatrix} 48 \\ 0 \\ 30 \end{pmatrix} + t \begin{pmatrix} a \\ b \\ c \end{pmatrix}; \quad t \in \mathbb{R}.$$

Wegen $\overrightarrow{AS} = \begin{pmatrix} -72 \\ -72 \\ 90 \end{pmatrix} = -\frac{1}{18} \begin{pmatrix} 4 \\ 4 \\ -5 \end{pmatrix}$ und $\overrightarrow{AD} = \begin{pmatrix} 0 \\ -144 \\ 0 \end{pmatrix} = -144 \begin{pmatrix} 0 \\ 1 \\ 0 \end{pmatrix}$ sind die

Vektoren $\begin{pmatrix} 4 \\ 4 \\ -5 \end{pmatrix}$ und $\begin{pmatrix} 0 \\ 1 \\ 0 \end{pmatrix}$ Richtungsvektoren von $E_3$.

$\begin{pmatrix} a \\ b \\ c \end{pmatrix} \cdot \begin{pmatrix} 4 \\ 4 \\ -5 \end{pmatrix} = 0$ und $\begin{pmatrix} a \\ b \\ c \end{pmatrix} \cdot \begin{pmatrix} 0 \\ 1 \\ 0 \end{pmatrix} = 0$ ergibt $\begin{cases} 4a + 4b - 5c = 0 \\ b = 0 \end{cases}$.

Also ist $\vec{n_3} = \begin{pmatrix} 5 \\ 0 \\ 4 \end{pmatrix}$ ein Richtungsvektor von m.

Als Gleichung für m ergibt sich:

$$m: \vec{x} = \begin{pmatrix} 48 \\ 0 \\ 30 \end{pmatrix} + t \begin{pmatrix} 5 \\ 0 \\ 4 \end{pmatrix}; \quad t \in \mathbb{R}.$$

Wegen $x_3 = 14$ folgt aus $14 = 30 + 4t$ somit $t = -4$. Also gilt: $R(28|0|14)$.

**2. Möglichkeit:**

Wieder sei $R(x_1|0|14)$ der gesuchte Endpunkt. In der folgenden Rechnung nutzt man aus, dass die Punkte Q und R sowie die Spitze S der Pyramide in der $x_1 x_3$-Ebene liegen (vgl. Figur).
Die Gerade g durch die Punkte Q und S hat die Gleichung

$$g: x_3 = -\frac{90}{72} x_1 + 90.$$

Die zu g orthogonale Gerade h durch Q hat die Gleichung

$$h: x_3 = \frac{72}{90} x_1 - 8,4.$$

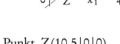

Die Gerade h schneidet die $x_1$-Achse im Punkt $Z(10,5|0|0)$.
Nach dem Strahlensatz mit Zentrum Z gilt:
$(x_1 - 10,5):(48 - 10,5) = 14:30$.
Hieraus folgt: $x_1 = 28$. Also gilt: $R(28|0|14)$.

**Koordinaten des Punktes P**

Da P von den Seitenflächen und der Grundfläche der Pyramide den gleichen Abstand hat, ist P der Mittelpunkt der Inkugel der Pyramide. Damit liegt P auf der Höhe OS der Pyramide:
$P(0|0|r)$ mit $r > 0$; außerdem gilt: $d(P; E_1) = r$ (vgl. Figur).

HNF von $E_1: \dfrac{1}{\sqrt{41}}(5x_2 + 4x_3 - 360) = 0;$

$$d(P; E_1) = \left| \frac{1}{\sqrt{41}}(4r - 360) \right|$$

Aus $\left| \dfrac{1}{\sqrt{41}}(4r-360) \right| = r$ folgt

$\dfrac{1}{\sqrt{41}}(4r-360)=r$ oder $\dfrac{1}{\sqrt{41}}(4r-360)=-r$ mit den Lösungen

$r_1 = \dfrac{360}{4-\sqrt{41}}$ ; $r_2 = \dfrac{360}{4+\sqrt{41}} \approx 34{,}6$.

Da $r_1 < 0$ ist, gilt etwa: $P(0\,|\,0\,|\,34{,}6)$.

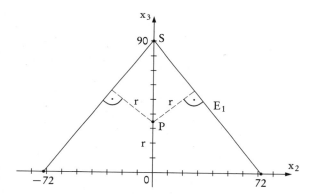

Gegeben sind die Punkte $A(3\,|\,1\,|\,0)$ und $B(3\,|\,7\,|\,0)$ sowie

die Gerade $g:\ \vec{x}=\begin{pmatrix}4\\1\\3\end{pmatrix}+r\begin{pmatrix}1\\2\\3\end{pmatrix};\ r\in\mathbb{R}$.

a) Die Punkte $A$ und $B$ liegen auf der Geraden $h$.
   Bestimmen Sie eine Gleichung der Geraden $h$.
   Zeigen Sie, dass sich $g$ und $h$ schneiden, und bestimmen Sie ihren
   Schnittwinkel.
   Bestimmen Sie eine Koordinatengleichung der Ebene $E$, die die Geraden
   $g$ und $h$ enthält.
   Unter welchem Winkel schneidet $E$ die $x_1x_2$-Ebene?

b) Eine Kugel $K$ hat den Mittelpunkt $M(2\,|\,4\,|\,\sqrt{2})$ und den Radius $r=\sqrt{22}$.
   Geben Sie eine Gleichung von $K$ an.
   Die Kugel $K$ schneidet die $x_1x_2$-Ebene in einem Kreis.
   Bestimmen Sie Mittelpunkt und Radius dieses Schnittkreises.

c) Für jedes $t>0$ ist eine Kugel $K_t:\ x_1^2+x_2^2+(x_3-2t)^2=t^2$ gegeben.
   Geben Sie Mittelpunkt und Radius von $K_t$ an.
   Die Kugeln $K_1$ und $K_2$ schneiden sich in einem Kreis.
   Bestimmen Sie den Mittelpunkt dieses Schnittkreises.
   Für welche Werte von $t$ berühren sich die Kugeln $K_t$ und $K_1$ von außen?

d) Der Punkt $A$ liegt auf einer Kugel $K^*$ mit dem Mittelpunkt $M(2\,|\,4\,|\,\sqrt{2})$.
   Zeigen Sie, dass auch $B$ auf $K^*$ liegt.
   Die Strecke $AB$ ist die Basis gleichschenkliger Dreiecke, deren Spitzen auf
   $K^*$ liegen.
   Beschreiben Sie die Lage dieser Spitzen.

**G**

## Lösungshinweise:

a) Die Gerade h geht durch die Punkte A und B. Man kann also eine Parametergleichung von h angeben. Für den Nachweis, dass sich g und h schneiden, notiert man eine Vektorgleichung und untersucht das zugehörige LGS auf eine Lösung.

Wie berechnet man den Schnittwinkel zweier Geraden, von denen Parametergleichungen bekannt sind? Die Ebene E wird durch die sich schneidenden Geraden g und h aufgespannt. Also kann man eine Parametergleichung von E notieren und die Parameter eliminieren.

Zur Ermittlung des Schnittwinkels der beiden Ebenen benötigt man Normalenvektoren der Ebenen. Ein Normalenvektor von E ergibt sich aus der ermittelten Koordinatengleichung von E. Auch für die $x_1x_2$-Ebene kann man direkt einen Normalenvektor angeben. Zu welcher Koordinatenachse sind Normalenvektoren der $x_1x_2$-Ebene parallel? Wie lautet die Formel zur Ermittlung des Winkels zwischen zwei Ebenen?

b) Von der Kugel K sind der Mittelpunkt und der Radius gegeben. Also kann man eine Vektorgleichung oder eine Koordinatengleichung von K angeben. Zur Ermittlung des Mittelpunktes $\overline{M}$ und des Radius $\overline{r}$ des Schnittkreises fertigen Sie zunächst eine Skizze an. $\overline{M}$ liegt „unterhalb" von M in der $x_1x_2$-Ebene. Damit lassen sich die Koordinaten von $\overline{M}$ angeben. Der Radius $\overline{r}$ ergibt sich mithilfe des Satzes von Pythagoras.

c) Für jedes $t > 0$ ist eine Gleichung der Kugel $K_t$ gegeben. Also kann man Mittelpunkt und Radius in Abhängigkeit von t direkt angeben. Zur Ermittlung des Mittelpunktes $M'$ des Schnittkreises der Kugeln $K_1$ und $K_2$ notieren Sie die Koordinaten von $M_1$ und $M_2$ sowie die Radien $r_1$ und $r_2$ Beschreiben Sie die Lage von $M_1$ und $M_2$; fertigen Sie eine Skizze an. Welche Koordinaten von $M'$ sind schon bekannt? Zur Berechnung der fehlenden Koordinate hat man zwei Möglichkeiten. Entweder man benutzt den Thalessatz und den Kathetensatz oder aber man subtrahiert die beiden Gleichungen für $K_1$ und $K_2$.

Die Kugel $K_1$ bleibt fest, Kugeln $K_t$ sollen $K_1$ von außen berühren. Skizzieren Sie diesen Sachverhalt. Welche Bedingung muss der Abstand der Mittelpunkte von $K_1$ und $K_2$ erfüllen? Aus der sich ergebenden Betragsgleichung folgen die gesuchten Werte für t.

d) Von der Kugel $K^*$ sind der Mittelpunkt M und der Punkt A auf der Kugel gegeben. Zum Nachweis, dass auch B auf $K^*$ liegt, kann man entweder die Längen der Strecken AM und BM vergleichen oder eine Kugelgleichung notieren und für den Punkt B die „Punktprobe" durchführen.

# Lösung

Zur Beschreibung der Lage der Spitzen gleichschenkliger Dreiecke zeichnen Sie zunächst in einem $x_1x_2x_3$-Koordinatensystem die Punkte A, B und M ein. Wo liegt M im Vergleich zu A und B? Alle Punkte, die von A und B gleich weit entfernt sind, liegen auf einer zu AB orthogonalen Ebene durch die Mitte C von AB. Tragen Sie auch den Punkt C ein. Die Spitzen der gleichschenkligen Dreiecke sollen auf K* liegen. Beschreiben Sie die Schnittfigur zwischen K* und der zu AB orthogonalen Ebene durch C.

## Lösung:

**a) Gleichung der Geraden h**

Die Gerade h geht durch die Punkte $A(3|1|0)$ und $B(3|7|0)$. Also gilt:

$$\vec{x} = \begin{pmatrix} 3 \\ 1 \\ 0 \end{pmatrix} + s^* \begin{pmatrix} 0 \\ 6 \\ 0 \end{pmatrix} ; \quad s^* \in \mathbb{R} \text{ bzw.}$$

$$h: \vec{x} = \begin{pmatrix} 3 \\ 1 \\ 0 \end{pmatrix} + s \begin{pmatrix} 0 \\ 1 \\ 0 \end{pmatrix} ; \quad s \in \mathbb{R}.$$

**Nachweis, dass sich g und h schneiden**

Aus der Vektorgleichung $\begin{pmatrix} 4 \\ 1 \\ 3 \end{pmatrix} + r \begin{pmatrix} 1 \\ 2 \\ 3 \end{pmatrix} = \begin{pmatrix} 3 \\ 1 \\ 0 \end{pmatrix} + s \begin{pmatrix} 0 \\ 1 \\ 0 \end{pmatrix}$ ergibt sich das LGS

$$\begin{cases} r \phantom{-s} = -1 \\ 2r - s = \phantom{-}0 \\ 3r \phantom{-s} = -3 \end{cases} \text{ mit der Lösung } r = -1; \; s = -2.$$

**Die Geraden g und h schneiden sich.**

**Schnittwinkel zwischen g und h**

Ist $\alpha \leq 90°$ der Winkel zwischen Richtungsvektoren von g und h, so folgt aus

$$\cos \alpha = \frac{\left| \begin{pmatrix} 1 \\ 2 \\ 3 \end{pmatrix} \cdot \begin{pmatrix} 0 \\ 1 \\ 0 \end{pmatrix} \right|}{\sqrt{14 \cdot 1}} = \frac{2}{\sqrt{14}} \text{ der Winkel } \alpha \approx 57{,}7°.$$

**Koordinatengleichung von E**

Parametergleichung von E:

$$\vec{x} = \begin{pmatrix} 3 \\ 1 \\ 0 \end{pmatrix} + r \begin{pmatrix} 1 \\ 2 \\ 3 \end{pmatrix} + s \begin{pmatrix} 0 \\ 1 \\ 0 \end{pmatrix} ; \quad r, s \in \mathbb{R}$$

Schreibt man $\vec{x}$ in Koordinaten, ergibt sich zunächst das LGS

$$\begin{cases} x_1 = 3 \ + r \\ x_2 = 1 + s + 2r \\ x_3 = \qquad 3r \end{cases}.$$

Eliminiert man die Parameter $r$ und $s$, ergibt sich eine Koordinatengleichung:
$E: 3x_1 - x_3 = 9$.

### Schnittwinkel zwischen E und der $x_1x_2$-Ebene

Der Schnittwinkel $\beta$ der Ebene E und der $x_1x_2$-Ebene lässt sich als Winkel
zwischen zugehörigen Normalenvektoren berechnen. Ein Normalenvektor

von E ist $\vec{n_1} = \begin{pmatrix} 3 \\ 0 \\ -1 \end{pmatrix}$, ein Normalenvektor der $x_1x_2$-Ebene ist $\vec{n_2} = \begin{pmatrix} 0 \\ 0 \\ 1 \end{pmatrix}$.

Daraus folgt aus

$$\cos\beta = \frac{\left| \begin{pmatrix} 3 \\ 0 \\ -1 \end{pmatrix} \cdot \begin{pmatrix} 0 \\ 0 \\ 1 \end{pmatrix} \right|}{\sqrt{10} \cdot 1} = \frac{1}{\sqrt{10}} \text{ der Winkel } \beta \approx 71{,}6°.$$

### b) Gleichung von K

$$K: \left[ \vec{x} - \begin{pmatrix} 2 \\ 4 \\ \sqrt{2} \end{pmatrix} \right]^2 = 22$$

oder auch
$K: (x_1 - 2)^2 + (x_2 - 4)^2 + (x_3 - \sqrt{2})^2 = 22$.

### Mittelpunkt und Radius des Schnittkreises

Es sei $\overline{M}$ der Mittelpunkt und $\bar{r}$ der
Radius des Schnittkreises (vgl. Figur).
M hat die Koordinaten $M(2 \,|\, 4 \,|\, \sqrt{2})$.
Die Lotgerade k zur $x_1x_2$-Ebene durch
M schneidet die $x_1x_2$-Ebene in $\overline{M}$.
Also gilt: $\overline{M}(2 \,|\, 4 \,|\, 0)$.
Für den Radius $\bar{r}$ des Schnittkreises
gilt nach dem Satz des Pythagoras:
$\bar{r}^2 = r^2 - \sqrt{2}^2 = 22 - 2 = 20$. Also gilt:
$\bar{r} = 2\sqrt{5}$.

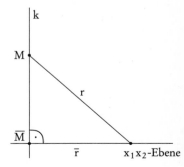

**c) Mittelpunkt und Radius von $K_t$**

$K_t:\ x_1^2 + x_2^2 + (x_3 - 2t)^2 = t^2;\ t > 0$

Hieraus folgt für den Mittelpunkt
$M_t$ der Kugel $K_t$:
$M_t(0|0|2t);\ t > 0$.
Der Radius $r_t$ von $K_t$ ist
$r_t = t;\ t > 0$.

**Mittelpunkt des Schnittkreises von $K_1$ und $K_2$**

**1. Möglichkeit:**
Für die Kugel $K_1$ gilt: $M_1(0|0|2);\ r_1 = 1$;
für die Kugel $K_2$ gilt: $M_2(0|0|4);\ r_2 = 2$.
Die Mittelpunkte der Kugeln liegen also
auf der $x_3$-Achse (vgl. Figur). Der Mittelpunkt $M'$ des Schnittkreises der Kugeln
$K_1$ und $K_2$ liegt ebenfalls auf der $x_3$-Achse.
Für $M'$ gilt: $M'(0|0|2+p)$.
Das Dreieck $M_1PQ$ hat bei $P$ einen rechten Winkel (Thaleskreis). Nach dem Kathetensatz gilt:
$r_1^2 = 2r_2 \cdot p$ bzw. $1^2 = 2 \cdot 2 \cdot p$.

Mit $p = \frac{1}{4}$ folgt $M'(0|0|2,25)$.

**2. Möglichkeit:**

$K_1:\ x_1^2 + x_2^2 + (x_3 - 2)^2 = 1$ bzw. $K_1:\ x_1^2 + x_2^2 + x_3^2 - 4x_3 + 3 = 0$     (1)

$K_2:\ x_1^2 + x_2^2 + (x_3 - 4)^2 = 4$ bzw. $K_2:\ x_1^2 + x_2^2 + x_3^2 - 8x_3 + 12 = 0$     (2)

Der Mittelpunkt $M'(0|0|x_3)$ des Schnittkreises der Kugeln $K_1$ und $K_2$ liegt
in der zugehörigen Schnittebene. Subtraktion der Gleichungen (1) und (2)
liefert $4x_3 = 9$ als Gleichung dieser Schnittebene. Also gilt:
$M'(0|0|2,25)$.

**Berechnung der Werte von $t$, für die sich die Kugeln $K_t$ und $K_1$ von
außen berühren**

$K_t$ und $K_1$ berühren sich von außen, wenn gilt:
$|\overrightarrow{M_1M_t}| = r_1 + r_t = 1 + t$.

Mit $M_1(0|0|2)$ und $M_t(0|0|2t)$

ist $\overrightarrow{M_1M_t} = \begin{pmatrix} 0 \\ 0 \\ 2t-2 \end{pmatrix}$.

Aus $\sqrt{(2t-2)^2} = 1+t$ folgt
zunächst $|2t-2| = 1+t$ und
hieraus $2t-2 = 1+t$ oder
$2t-2 = -(1+t)$
mit den Lösungen

$t_1 = 3$; $t_2 = \dfrac{1}{3}$.

**d) Nachweis, dass B auf K\* liegt**

**1. Möglichkeit:**
Man führt den Nachweis dadurch, dass
man die Längen der Strecken AM und
BM vergleicht.

Mit $\overrightarrow{AM} = \begin{pmatrix} -1 \\ 3 \\ \sqrt{2} \end{pmatrix}$ und $\overrightarrow{BM} = \begin{pmatrix} -1 \\ -3 \\ \sqrt{2} \end{pmatrix}$ ergibt sich

$|\overrightarrow{AM}| = \sqrt{1+9+2} = \sqrt{12}$ und $|\overrightarrow{BM}| = \sqrt{1+9+2} = \sqrt{12}$.

Da die Strecken AM und BM gleich lang sind, **liegt B auf K\*.**

**2. Möglichkeit:**
Man führt den Nachweis dadurch, dass man eine Gleichung für K\* mit
Radius r\* aufstellt und dann prüft, ob die Koordinaten von B diese
Gleichung erfüllen.

Mit $\overrightarrow{AM} = \begin{pmatrix} -1 \\ 3 \\ \sqrt{2} \end{pmatrix}$ ist $r^* = |\overrightarrow{AM}| = \sqrt{1+9+2} = \sqrt{12}$. Also ist

$K^*:\ (x_1-2)^2 + (x_2-4)^2 + (x_3-\sqrt{2})^2 = 12$
eine Gleichung für K\*.

Die Koordinaten des gegebenen Punktes $B(3|7|0)$ erfüllen diese Gleichung.
**Also liegt B auf K\*.**

Beschreibung der Lage der Spitzen gleichschenkliger Dreiecke

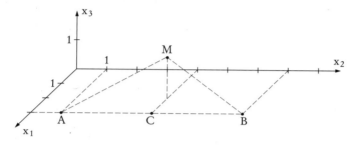

Die Punkte A und B liegen auf K*. Die gesuchten Spitzen gleichschenkliger Dreiecke mit Basis AB müssen von A und B den gleichen Abstand haben und auf K* liegen. Es sei C der Mittelpunkt von AB. Alle Punkte der zur Strecke AB orthogonalen Ebene durch C haben von A und B den gleichen Abstand. Diese Ebene schneidet K* in einem Kreis mit dem Mittelpunkt $M(2|4|\sqrt{2})$ und dem Radius $r^* = \sqrt{12}$ (vgl. Figur). **Die Punkte dieses Kreises sind die gesuchten Spitzen der gleichschenkligen Dreiecke.**

Gegeben sind die Punkte $A(1|-1|1)$, $B(-3|-3|4)$ und $C(3|-3|-2)$.
Die Ebene $E$ enthält die Punkte $A$, $B$ und $C$.

a) Bestimmen Sie eine Koordinatengleichung der
   Ebene $E$ und die Schnittpunkte $S_1$, $S_2$ und $S_3$
   von $E$ mit den Koordinatenachsen.
   Diese Schnittpunkte bilden ein Dreieck.
   Zeichnen Sie dieses Dreieck in ein Koordinatensystem ein (Längeneinheit 1 cm; Verkürzungsfaktor in $x_1$-Richtung $\frac{1}{2}\sqrt{2}$).

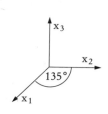

b) Zeigen Sie, dass das Dreieck $S_1 S_2 S_3$ gleichschenklig ist.
   Dieses Dreieck bildet die Grundfläche einer Pyramide mit der Spitze
   $S(3,5|-3|3,5)$.
   Bestimmen Sie das Volumen dieser Pyramide.

c) Die Gerade $g$ enthält die Punkte $A$ und $C$.
   Zeigen Sie, dass der Punkt $P(0|5|2)$ nicht auf $g$ liegt.
   Der Punkt $P$ rotiert um die Achse $g$. Der dabei entstehende Kreis ist
   Grundkreis eines Kegels, dessen Spitze in $A$ liegt.
   Bestimmen Sie das Volumen dieses Kegels.

d) Bestimmen Sie eine Gleichung der Ebene $F$, deren Punkte von $U(1,5|2|-1)$
   und $V(3,5|2|1)$ den gleichen Abstand haben.
   Es gibt eine Gerade $h$, die in der Ebene $E$ aus Teilaufgabe a) liegt und deren
   Punkte von $U$ und $V$ den gleichen Abstand haben.
   Bestimmen Sie eine Gleichung von $h$.

**G**

**Lösungshinweise:**

a) Die Ebene E geht durch die Punkte A, B und C. Man kann also eine Parametergleichung von E angeben. Schreibt man $\vec{x}$ in Koordinaten und eliminiert die Parameter, ergibt sich eine Koordinatengleichung von E. Liegt ein Punkt auf einer Koordinatenachse, so sind zwei Koordinaten schon bekannt. Verwenden Sie dies zur Berechnung der jeweils fehlenden Koordinate.
Für die Zeichnung sind nun die Koordinaten der so genannten Spurgeraden bekannt. Beachten Sie, dass die $x_2$-Koordinate von $S_2$ negativ ist.

b) Es soll nachgewiesen werden, dass das Dreieck $S_1 S_2 S_3$ zwei gleich lange Seiten hat. Wie löst man ein solches Problem mit Hilfe von Vektoren? Welche Vektoren sind also zunächst zu ermitteln?
Wie lautet die Formel für das Volumen einer Pyramide? Für die Berechnung des Flächeninhaltes der Grundfläche nutzt man die besondere Gestalt des Dreiecks $S_1 S_2 S_3$ aus. Welche Seite wählt man als Grundseite? Wie erhält man in diesem Fall die zugehörige Höhe? Die Spitze der Pyramide ist bekannt. Wie ermittelt man am einfachsten die Höhe der Pyramide, wenn man Teilaufgabe a) beachtet?

c) Da zwei Punkte der Geraden g bekannt sind, kann man eine Gleichung von g aufstellen. Der Nachweis, dass P nicht auf g liegt, gelingt durch die so genannte Punktprobe.
Fertigen Sie eine Skizze an, welche die gegenseitige Lage von g und P verdeutlicht. Beschreiben Sie die Lage des Grundkreises des Kegels. Wie erhält man also den Mittelpunkt und den Radius des Grundkreises? Wie ergibt sich die Höhe des Kegels?

d) Verdeutlichen Sie sich die Lage der Ebene F in einer Skizze. Welche Darstellungsform bietet sich also für F an?
Die Gerade h liegt in der Ebene E. In welcher Ebene liegt h ebenfalls? Wie erhält man also eine Gleichung von h?

**Lösung:**

**a) Koordinatengleichung der Ebene E**

Von der Ebene E sind die Punkte $A(1|-1|1)$, $B(-3|-3|4)$ und $C(3|-3|-2)$ gegeben. Damit ergibt sich als Parametergleichung von E:

$$\vec{x} = \begin{pmatrix} 1 \\ -1 \\ 1 \end{pmatrix} + r \begin{pmatrix} -4 \\ -2 \\ 3 \end{pmatrix} + s \begin{pmatrix} 2 \\ -2 \\ -3 \end{pmatrix} ; \quad r, s \in \mathbb{R}.$$

Setzt man für $\vec{x} = \begin{pmatrix} x_1 \\ x_2 \\ x_3 \end{pmatrix}$ ein und eliminiert r und s, so ergibt sich eine Koordinatengleichung:

$E: 2x_1 - x_2 + 2x_3 - 5 = 0.$

**Koordinaten der Schnittpunkte von E mit den Koordinatenachsen**

Schnittpunkt $S_1$ mit der $x_1$-Achse: $x_2 = x_3 = 0$; $x_1 = 2{,}5$; $S_1(2{,}5|0|0)$;
Schnittpunkt $S_2$ mit der $x_2$-Achse: $x_1 = x_3 = 0$; $x_2 = -5$; $S_2(0|-5|0)$;
Schnittpunkt $S_3$ mit der $x_3$-Achse: $x_1 = x_2 = 0$; $x_3 = 2{,}5$; $S_3(0|0|2{,}5)$.

**Zeichnung**

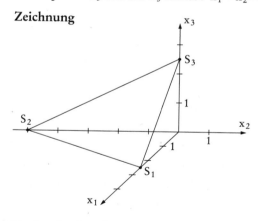

**b) Nachweis, dass das Dreieck $S_1 S_2 S_3$ gleichschenklig ist**

Aus $\overrightarrow{S_1 S_2} = \begin{pmatrix} -2{,}5 \\ -5 \\ 0 \end{pmatrix}$, $\overrightarrow{S_2 S_3} = \begin{pmatrix} 0 \\ 5 \\ 2{,}5 \end{pmatrix}$ und $\overrightarrow{S_1 S_3} = \begin{pmatrix} -2{,}5 \\ 0 \\ 2{,}5 \end{pmatrix}$ folgt

$|\overrightarrow{S_1 S_2}| = |\overrightarrow{S_2 S_3}| = \sqrt{31{,}25}$ und $|\overrightarrow{S_1 S_3}| = \sqrt{12{,}5}$.

Das **Dreieck $S_1 S_2 S_3$ ist also gleichschenklig** mit den Schenkeln $S_1 S_2$ und $S_2 S_3$.

**Volumen der Pyramide**

Die Pyramide hat als Grundfläche das gleichschenklige Dreieck $S_1S_2S_3$. Die Höhe der Pyramide ergibt sich als Abstand des Punktes $S(3,5|-3|3,5)$ von der Ebene E.

Berechnung des Flächeninhaltes $A_{Dreieck}$ des Dreiecks $S_1S_2S_3$:

$M_1$ sei die Mitte von $S_1S_3$. Dann gilt: $M_1(1,25|0|1,25)$.

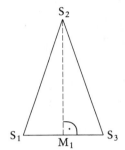

Mit $\overrightarrow{M_1S_2} = \begin{pmatrix} -1,25 \\ -5 \\ -1,25 \end{pmatrix}$; $|\overrightarrow{M_1S_2}| = \sqrt{28,125}$

und $\overrightarrow{S_1S_3} = \begin{pmatrix} -2,5 \\ 0 \\ 2,5 \end{pmatrix}$; $|\overrightarrow{S_1S_3}| = \sqrt{12,5}$

ergibt sich:

$A_{Dreieck} = \frac{1}{2}|\overrightarrow{S_1S_3}| \cdot |\overrightarrow{M_1S_2}|$

$= \frac{1}{2}\sqrt{12,5} \cdot \sqrt{28,125} = \frac{1}{2} \cdot 18,75$.

Berechnung der Höhe h der Pyramide:

HNF von E: $\dfrac{2x_1 - x_2 + 2x_3 - 5}{\sqrt{4+1+4}} = 0$ bzw. $\frac{1}{3}(2x_1 - x_2 + 2x_3 - 5) = 0$;

$h = \left|\frac{1}{3}(2 \cdot 3,5 + 3 + 2 \cdot 3,5 - 5)\right| = 4$.

Berechnung des Volumens V der Pyramide:

$V = \frac{1}{3} \cdot A_{Dreieck} \cdot h = \frac{1}{3} \cdot \frac{1}{2} \cdot 18,75 \cdot 4 = 12,5$.

**c) Nachweis, dass P nicht auf g liegt**

Mit den Punkten $A(1|-1|1)$ und $C(3|-3|-2)$ ergibt sich als Gleichung der Geraden g durch A und C:

$\vec{x} = \begin{pmatrix} 1 \\ -1 \\ 1 \end{pmatrix} + r\begin{pmatrix} 2 \\ -2 \\ -3 \end{pmatrix}$; $r \in \mathbb{R}$.

Punktprobe für $P(0|5|2)$:

$\begin{cases} 0 = 1 + 2r \\ 5 = -1 - 2r \\ 2 = 1 - 3r. \end{cases}$

Dieses LGS hat keine Lösung, also **liegt P nicht auf g**.

**Volumen des Kegels**

Ist $M_2$ der Mittelpunkt des Grundkreises des Kegels, so gilt:

$$V_{Kegel} = \frac{1}{3} \cdot \pi \cdot r^2 \cdot h$$

mit $r = |\overrightarrow{M_2P}|$ und $h = |\overrightarrow{AM_2}|$.

M_2 ergibt sich als Schnittpunkt der
Geraden g mit der Hilfsebene H,
die orthogonal zu g ist und durch
P geht (siehe Figur).
Ein Richtungsvektor von g ist ein
Normalenvektor von h.

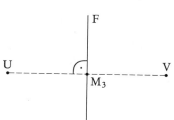

$$H: \left[\vec{x} - \begin{pmatrix} 0 \\ 5 \\ 2 \end{pmatrix}\right] \cdot \begin{pmatrix} 2 \\ -2 \\ -3 \end{pmatrix} = 0 \quad \text{bzw.} \quad 2x_1 - 2x_2 - 3x_3 + 16 = 0.$$

$H \cap g = \{M_2\}$: Aus der Gleichung
$2(1 + 2r) - 2(-1 - 2r) - 3(1 - 3r) + 16 = 0$
mit der Lösung $r = -1$ folgt $M_2(-1 \mid 1 \mid 4)$.

Mit $r = |\overrightarrow{M_2P}|$, $\overrightarrow{M_2P} = \begin{pmatrix} 1 \\ 4 \\ -2 \end{pmatrix}$, $|\overrightarrow{M_2P}| = \sqrt{21}$

und $h = |\overrightarrow{AM_2}|$, $\overrightarrow{AM_2} = \begin{pmatrix} -2 \\ 2 \\ 3 \end{pmatrix}$ und $|\overrightarrow{AM_2}| = \sqrt{17}$

ergibt sich:

$$V_{Kegel} = \frac{1}{3} \cdot \pi \cdot r^2 \cdot h = \frac{1}{3} \cdot \pi \cdot 21 \cdot \sqrt{17} = 7\pi\sqrt{17} \approx 90{,}67.$$

**d) Gleichung der Ebene F, deren Punkte von U und V den gleichen Abstand haben**

Die Ebene F geht durch die Mitte $M_3$ der
Strecke UV und hat den Vektor $\overrightarrow{UV}$ als
Nomalenvektor:

$$M_3(2{,}5 \mid 2 \mid 0); \quad \overrightarrow{UV} = \begin{pmatrix} 2 \\ 0 \\ 2 \end{pmatrix}.$$

Also gilt:

$$F: \left[\vec{x} - \begin{pmatrix} 2{,}5 \\ 2 \\ 0 \end{pmatrix}\right] \cdot \begin{pmatrix} 2 \\ 0 \\ 2 \end{pmatrix} = 0 \quad \text{bzw.} \quad 2x_1 + 2x_3 - 5 = 0.$$

Gleichung der Geraden h

Die Gerade h soll in der Ebene E aus Teilaufgabe a) liegen und alle Punkte von h sollen von U und V den gleichen Abstand haben. Also ist h die Schnittgerade von E und F:

E: $2x_1 - x_2 + 2x_3 - 5 = 0$

F: $2x_1 \quad\ + 2x_3 - 5 = 0$.

Es ist $x_2 = 0$; setzt man $x_1 = t$, so folgt $x_2 = 0$, $x_3 = \dfrac{5}{2} - t$.

Aus $\begin{cases} x_1 = t \\ x_2 = 0 \\ x_3 = \dfrac{5}{2} - t \end{cases}$ folgt $\vec{x} = \begin{pmatrix} 0 \\ 0 \\ \frac{5}{2} \end{pmatrix} + t \begin{pmatrix} 1 \\ 0 \\ -1 \end{pmatrix}$; $t \in \mathbb{R}$

als Gleichung für die Gerade h.

Durch die Eckpunkte

$O(0|0|0)$, $A_1(10|0|0)$, $B_1(10|6|0)$, $C_1(0|8|0)$,
$O_2(0|0|10)$, $A_2(10|0|11)$, $B_2(10|6|8)$, $C_2(0|8|6)$

ist ein Gebäude (Ausstellungspavillon) mit ebenen Seitenwänden gegeben, welches auf der $x_1x_2$-Ebene steht (Angaben in Meter). $O_2$, $A_2$, $B_2$, $C_2$ sind die Eckpunkte seiner Dachfläche.

a) Zeichnen Sie das Gebäude in ein Koordinatensystem ein (Längeneinheit 1 cm; Verkürzungsfaktor in $x_1$-Richtung $\frac{1}{2}\sqrt{2}$).

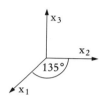

Zeigen Sie, dass die Eckpunkte der Dachfläche in einer Ebene E liegen.
Ermitteln Sie eine Koordinatengleichung von E.
In E liegt die gesamte Dachfläche. Falls die Dachneigung (Winkel zwischen E und der $x_1x_2$-Ebene) größer als 30° ist, muss ein Schneefanggitter angebracht werden. Überprüfen Sie, ob dies der Fall ist.

b) Es soll die Größe der Dachfläche bestimmt werden. Untersuchen Sie hierzu die Lage gegenüberliegender Dachkanten. Bestimmen Sie den Inhalt der Dachfläche.

c) Die trapezförmige Fläche $M_2M_3C_3C_2$ mit $M_2(5|7|7)$, $M_3(5|7|4)$ und $C_3(0|8|4)$ in der entsprechenden Außenwand ist verglast. Durch diese Glasfläche fällt paralleles Sonnenlicht ein, wobei zu einem bestimmten Zeitpunkt der Lichtstrahl durch die Ecke $C_2$ im Punkt $Q_2(2|0|2)$ der gegenüberliegenden Wand $A_1OO_2A_2$ auftrifft.
Bestimmen Sie den vom Sonnenlicht getroffenen Bereich der Wand und schraffieren Sie diesen.

## Lösungshinweise:

a) Da die Koordinaten aller Eckpunkte des Gebäudes gegeben sind, kann man das Gebäude in einem Koordinatensystem zeichnen.
Drei der vier Eckpunkte der Dachfläche liegen stets in einer Ebene. Wählen Sie zwei Spannvektoren dieser Ebene. Welche Bedingung muss erfüllt sein, damit auch der vierte Eckpunkt in dieser Ebene liegt?
Mithilfe der gewählten Spannvektoren und einem Stützvektor lässt sich eine Parametergleichung der Ebene E aufstellen. Schreibt man $\vec{x}$ in Koordinaten und eliminiert die Parameter, ergibt sich eine Koordinatengleichung von E.
Die gestellten Aufgaben lassen sich auch in anderer Reihenfolge bearbeiten: Man ermittelt zunächst eine Koordinatengleichung von E und überprüft dann mittels Punktprobe, ob auch der vierte Punkt in E liegt.
Der Winkel zwischen der Ebene E und der $x_1x_2$-Ebene wird als Dachneigung bezeichnet. Zur Ermittlung dieses Winkels benötigt man Normalenvektoren der Ebenen. Ein Normalenvektor von E ergibt sich aus der ermittelten Koordinatengleichung von E. Auch für die $x_1x_2$-Ebene kann man direkt einen Normalenvektor angeben. Zu welcher Koordinatenachse sind Normalenvektoren der $x_1x_2$-Ebene parallel? Wie lautet die Formel zur Ermittlung des Winkels zwischen zwei Ebenen?

b) Durch gegenüberliegende Dachkanten werden Vektoren festgelegt; notieren Sie diese. Untersuchen Sie, ob es Vektoren gibt, die ein Vielfaches eines anderen Vektors sind. Um was für ein Viereck handelt es sich also bei dem Viereck $O_2A_2B_2C_2$? Wie lautet die Formel für den Flächeninhalt dieses Vierecks? Die Höhe des Vierecks ergibt sich als Abstand eines Punktes von einer Geraden. Welche Schritte sind also durchzuführen, um in diesem Fall den Abstand zu berechnen?

c) Tragen Sie in der Zeichnung aus Teilaufgabe a) das Trapez $M_2M_3C_3C_2$ ein. Durch welchen Vektor ist die Richtung des parallelen Sonnenlichtes festgelegt? Der Lichtstrahl durch $C_3$ treffe die gegenüberliegende Wand im Punkt $Q_3$. Dieser Punkt $Q_3$ ergibt sich also als Schnittpunkt einer Geraden mit einer Ebene. Notieren Sie eine Parametergleichung der Geraden. Für Punkte in der $x_1x_3$-Ebene gilt $x_2 = 0$. Hieraus ergibt sich der Parameter für den Punkt $Q_3$. Führen Sie entsprechende Überlegungen für die beiden fehlenden Ecken des vom Sonnenlicht getroffenen Bereiches durch. Tragen Sie die ermittelten Punkte in die Figur aus Teilaufgabe a) ein und schraffieren Sie den sich ergebenden Bereich.

**Lösung:**

a) Zeichnung

Die Koordinaten der Eckpunkte des Gebäudes sind:
$O(0|0|0)$, $A_1(10|0|0)$, $B_1(10|6|0)$, $C_1(0|8|0)$, $O_2(0|0|10)$, $A_2(10|0|11)$,
$B_2(10|6|8)$, $C_2(0|8|6)$.

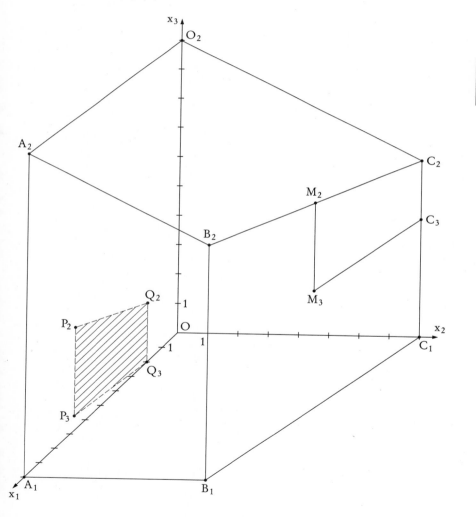

**G**

**Nachweis, dass die Eckpunkte der Dachfläche in einer Ebene E liegen**

Die vier Punkte $O_2$, $A_2$, $B_2$ und $C_2$ liegen in einer Ebene, wenn sich z. B. der Vektor $\overrightarrow{O_2B_2}$ als Linearkombination der Vektoren $\overrightarrow{O_2A_2}$ und $\overrightarrow{O_2C_2}$ darstellen lässt.

Mit $\overrightarrow{O_2A_2} = \begin{pmatrix} 10 \\ 0 \\ 1 \end{pmatrix}$, $\overrightarrow{O_2B_2} = \begin{pmatrix} 10 \\ 6 \\ -2 \end{pmatrix}$ und $\overrightarrow{O_2C_2} = \begin{pmatrix} 0 \\ 8 \\ -4 \end{pmatrix}$ ergibt sich aus

$\overrightarrow{O_2B_2} = r \cdot \overrightarrow{O_2A_2} + s \cdot \overrightarrow{O_2C_2}$ bzw. $\begin{pmatrix} 10 \\ 6 \\ -2 \end{pmatrix} = r \cdot \begin{pmatrix} 10 \\ 0 \\ 1 \end{pmatrix} + s \cdot \begin{pmatrix} 0 \\ 8 \\ -4 \end{pmatrix}$ das LGS

$$\begin{cases} 10 = r \cdot 10 \\ 6 = \quad\quad s \cdot 8 \\ -2 = r \cdot 1 + s \cdot (-4) \end{cases}$$

mit der Lösung $r = 1$, $s = \dfrac{3}{4}$. Also liegen die **Eckpunkte** $O_2$, $A_2$, $B_2$ und $C_2$ der Dachfläche in einer Ebene.

**Koordinatengleichung von E**

Mit den Vektoren $\overrightarrow{O_2A_2} = \begin{pmatrix} 10 \\ 0 \\ 1 \end{pmatrix}$ und $\overrightarrow{O_2C_2} = \begin{pmatrix} 0 \\ 8 \\ -4 \end{pmatrix}$ erhält man als Parametergleichung von

$E: \vec{x} = \begin{pmatrix} 0 \\ 0 \\ 10 \end{pmatrix} + u \begin{pmatrix} 10 \\ 0 \\ 1 \end{pmatrix} + v \begin{pmatrix} 0 \\ 8 \\ -4 \end{pmatrix}$; $u, v \in \mathbb{R}$.

Setzt man für $\vec{x} = \begin{pmatrix} x_1 \\ x_2 \\ x_3 \end{pmatrix}$ ein und eliminiert u und v, ergibt sich eine Koordinatengleichung:

$E: x_1 - 5x_2 - 10x_3 + 100 = 0$.

Bemerkung: Man kann auch erst eine Gleichung der Ebene aufstellen, die durch die Punkte $O_2$, $A_2$ und $C_2$ geht und dann mittels Punktprobe nachweisen, dass auch der Punkt $B_2$ in dieser Ebene liegt.

**Überprüfung, ob ein Schneefanggitter angebracht werden muss**

Die Dachfläche liegt in einer Ebene E mit dem Normalenvektor $\vec{n_1} = \begin{pmatrix} 1 \\ -5 \\ -10 \end{pmatrix}$.

Der Vektor $\vec{n_2} = \begin{pmatrix} 0 \\ 0 \\ 1 \end{pmatrix}$ ist ein Normalenvektor der $x_1x_2$-Ebene. Es sei $\alpha$ der

Neigungswinkel zwischen der Ebene E und der $x_1x_2$-Ebene.

Aus $\cos\alpha = \dfrac{\left|\begin{pmatrix}1\\-5\\-10\end{pmatrix}\cdot\begin{pmatrix}0\\0\\1\end{pmatrix}\right|}{\sqrt{126\cdot 1}} = \dfrac{10}{\sqrt{126}}$ folgt $\alpha \approx 27{,}02°$.

Da $\alpha$ kleiner als $30°$ ist, muss **kein Schneefanggitter angebracht werden.**

**b) Untersuchung der Lage gegenüberliegender Dachkanten**

Die gegenüberliegenden Dachkanten $O_2A_2$ und $C_2B_2$ bzw. $O_2C_2$ und $A_2B_2$ legen die folgenden Vektoren fest:

$$\overrightarrow{O_2A_2} = \begin{pmatrix}10\\0\\1\end{pmatrix} \text{ und } \overrightarrow{C_2B_2} = \begin{pmatrix}10\\-2\\2\end{pmatrix} \text{ bzw. } \overrightarrow{O_2C_2} = \begin{pmatrix}0\\8\\-4\end{pmatrix} \text{ und } \overrightarrow{A_2B_2} = \begin{pmatrix}0\\6\\-3\end{pmatrix}.$$

Wegen $\overrightarrow{O_2C_2} = \dfrac{4}{3}\cdot\overrightarrow{A_2B_2}$ sind die Dachkanten $O_2C_2$ und $A_2B_2$ parallel.

Da $\overrightarrow{O_2A_2}$ kein Vielfaches von $\overrightarrow{C_2B_2}$ ist, sind die Dachkanten $O_2A_2$ und $C_2B_2$ nicht parallel.

**Flächeninhalt der Dachfläche $O_2A_2B_2C_2$**

Aufgrund der Untersuchung über die Lage gegenüberliegender Dachkanten ist die Dachfläche $O_2A_2B_2C_2$ ein Trapez. Für den Flächeninhalt gilt (vgl. Figur):

$$A = \dfrac{1}{2}(|\overrightarrow{O_2C_2}| + |\overrightarrow{A_2B_2}|)\cdot h.$$

Es ist $|\overrightarrow{O_2C_2}| = \sqrt{64+16} = \sqrt{80}$ und $|\overrightarrow{A_2B_2}| = \sqrt{36+9} = \sqrt{45}$.

Die Höhe $h$ des Trapezes ist der Abstand des Punktes $A_2$ von der Geraden $g$ durch die Punkte $O_2$ und $C_2$. Der Lotfußpunkt $F$ ergibt sich als Schnittpunkt der Hilfsebene $E_1$ durch $A_2$ orthogonal zu $\overrightarrow{O_2C_2}$ mit der Geraden $g$.

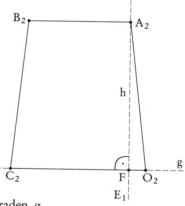

Jeder Richtungsvektor von $g$ ist ein Normalenvektor von $E_1$.

$$g: \vec{x} = \begin{pmatrix}0\\0\\10\end{pmatrix} + r\begin{pmatrix}0\\2\\-1\end{pmatrix}; \; r \in \mathbb{R}$$

$$E_1: \left[\vec{x} - \begin{pmatrix}10\\0\\11\end{pmatrix}\right]\cdot\begin{pmatrix}0\\2\\-1\end{pmatrix} = 0$$

$E_1 \cap g = \{F\}$: Aus $2r \cdot 2 + (10 - r - 11) \cdot (-1) = 0$ folgt $r = -\frac{1}{5}$.

Der Lotfußpunkt ist also: $F\left(0 \left| -\frac{2}{5} \right| \frac{51}{5}\right)$.

Mit $\overrightarrow{A_2F} = \begin{pmatrix} -10 \\ -\frac{2}{5} \\ -\frac{4}{5} \end{pmatrix}$ ergibt sich damit für die Höhe h des Trapezes:

$h = |\overrightarrow{A_2F}| = \sqrt{100 + \frac{4}{25} + \frac{16}{25}} = \frac{6}{5}\sqrt{70}$. Damit folgt:

$A = \frac{1}{2}(\sqrt{80} + \sqrt{45}) \cdot \frac{6}{5}\sqrt{70} = \frac{1}{2}(4\sqrt{5} + 3\sqrt{5}) \cdot \frac{6}{5}\sqrt{70} = 21\sqrt{14} \approx 78,57$.

c) **Bestimmung des vom Sonnenlicht getroffenen Bereiches**

Laut Aufgabe trifft der Lichtstrahl durch $C_2$ die gegenüberliegende Wand in $Q_2$. Entsprechend sei $Q_3$ der Bildpunkt von $C_3$, $P_2$ der Bildpunkt von $M_2$ und $P_3$ der Bildpunkt von $M_3$. Die Punkte $Q_2$, $Q_3$, $P_2$ und $P_3$ ergeben sich als Schnittpunkte der Geraden durch $C_2$, $C_3$, $M_2$ und $M_3$ jeweils mit dem Richtungsvektor $\vec{u} = \overrightarrow{C_2Q_2}$ und der $x_1x_3$-Ebene.

Es sei $k_1$ die Gerade durch $C_3$ mit dem Richtungsvektor $\vec{u}$. Dann gilt:

$k_1: \vec{x} = \begin{pmatrix} 0 \\ 8 \\ 4 \end{pmatrix} + r\begin{pmatrix} 2 \\ -8 \\ -4 \end{pmatrix}$; $r \in \mathbb{R}$.

$k_1 \cap (x_1x_3\text{-Ebene}) = \{Q_3\}$:
Für die Punkte in der $x_1x_3$-Ebene gilt $x_2 = 0$. Aus $8 - 8r = 0$ folgt $r = 1$.
Damit ist $Q_3(2|0|0)$ der Bildpunkt von $C_3$.

Es sei $k_2$ die Gerade durch $M_2$ mit dem Richtungsvektor $\vec{u}$. Dann gilt:

$k_2: \vec{x} = \begin{pmatrix} 5 \\ 7 \\ 7 \end{pmatrix} + s\begin{pmatrix} 2 \\ -8 \\ -4 \end{pmatrix}$; $s \in \mathbb{R}$.

$k_2 \cap (x_1x_3\text{-Ebene}) = \{P_2\}$: Aus $7 - 8s = 0$ folgt $s = \frac{7}{8}$.
Damit ist $P_2\left(\frac{27}{4} \left| 0 \right| \frac{7}{2}\right)$ der Bildpunkt von $M_2$.

Es sei $k_3$ die Gerade durch $M_3$ mit dem Richtungsvektor $\vec{u}$. Dann gilt:

$k_3: \vec{x} = \begin{pmatrix} 5 \\ 7 \\ 4 \end{pmatrix} + t\begin{pmatrix} 2 \\ -8 \\ -4 \end{pmatrix}$; $t \in \mathbb{R}$.

$k_3 \cap (x_1x_3\text{-Ebene}) = \{P_3\}$: Aus $7 - 8t = 0$ folgt $t = \frac{7}{8}$.
Damit ist $P_3\left(\frac{27}{4} \left| 0 \right| \frac{1}{2}\right)$ der Bildpunkt von $M_3$.

Der vom Sonnenlicht getroffene Bereich ist ein Trapez mit den Eckpunkten:
$Q_2(2|0|2)$, $Q_3(2|0|0)$, $P_2\left(\dfrac{27}{4}\middle|0\middle|\dfrac{7}{2}\right)$ und $P_3\left(\dfrac{27}{4}\middle|0\middle|\dfrac{1}{2}\right)$.

**Zeichnung**

Vgl. Figur in Teilaufgabe a).

G

Gegeben sind der Punkt $A(1|2|3)$, die Ebene
$E: 4x_1 - 12x_2 + 3x_3 + 11 = 0$ sowie die Gerade $g: \vec{x} = \begin{pmatrix} 1 \\ 2 \\ 9 \end{pmatrix} + t \begin{pmatrix} 1 \\ 0 \\ -1 \end{pmatrix}$; $t \in \mathbb{R}$.

a) Zeigen Sie, dass der Punkt A in E liegt.
Berechnen Sie die Koordinaten des Schnittpunktes von g mit E.
Geben Sie eine Gleichung der Ebene $E_1$ an, die g und A enthält.
Bestimmen Sie eine Gleichung der Schnittgeraden von E und $E_1$.

b) Durch den Punkt $B(15|-20|9)$ verläuft eine zu E parallele Ebene $E_2$.
Geben Sie eine Gleichung von $E_2$ an.
E und $E_2$ sind Tangentialebenen einer Kugel, welche E im Punkt A berührt.
Bestimmen Sie eine Gleichung dieser Kugel.

c) Die Kugel K mit Mittelpunkt $M(5|-10|6)$ und Radius $r = 13$ wird von der Geraden g in den Punkten $S_1$ und $S_2$ geschnitten.
Bestimmen Sie die Koordinaten von $S_1$ und $S_2$.
Die Strecke $S_1S_2$ ist der Durchmesser des Schnittkreises einer Ebene $E_3$ mit K.
Geben Sie eine Gleichung von $E_3$ an.

d) Die Gerade h geht durch die Punkte $C(-5|1|28)$ und $D(-9|4|26)$.
Der Mittelpunkt der Kugel K* mit dem Radius 12 bewegt sich auf der Geraden h.
Kollidiert K* bei dieser Bewegung mit der Kugel K aus Teilaufgabe c)?

G

## Lösungshinweise:

a) Von der Ebene E ist eine Koordinatengleichung gegeben. Mithilfe der Punktprobe für A gelingt der Nachweis, dass A in E liegt.

Auch von der Geraden g ist eine Gleichung gegeben. Setzt man in die Koordinatengleichung von E für $x_1$, $x_2$ und $x_3$ die entsprechenden Terme aus der Parametergleichung von g ein, erhält man für den Parameter einen festen Wert. Hieraus ergeben sich die Koordinaten des gesuchten Schnittpunktes von g mit E.

Die Gerade g und der Punkt A liegen in der Ebene $E_1$. Fertigen Sie eine Skizze an. Um eine Parametergleichung von $E_1$ aufstellen zu können, benötigt man einen zweiten Richtungsvektor. Wie erhält man diesen?

Eine Gleichung der Schnittgeraden von E und $E_1$ kann auf verschiedene Weise ermittelt werden: Entweder man verwendet für beide Ebenen die Koordinatenform der Gleichungen oder aber für eine der Ebenen die Parameterform.

b) Die Ebene $E_2$ ist parallel zu E und verläuft durch B. Fertigen Sie eine Skizze an. Von der Ebene $E_2$ kennt man also einen Punkt und einen Normalenvektor. Damit kann man eine Gleichung von $E_2$ in Normalenform angeben. Andere Möglichkeit zur Ermittlung einer Gleichung für $E_2$: Alle zu E parallelen Ebenen haben Gleichungen der Form: $4x_1 - 12x_2 + 3x_3 + a = 0$. Wie kann man a berechnen?

Tragen Sie in Ihrer Skizze auch die Kugel ein. Diese berührt die Ebene E in A. Der Berührpunkt C der Kugel mit der Ebene $E_2$ ergibt sich als Schnittpunkt einer Geraden k mit $E_2$. Wie liegt diese Gerade k? Notieren Sie eine Gleichung von k und berechnen Sie die Koordinaten von C. Wie ergeben sich nun Mittelpunkt und Radius der Kugel?

c) Vergleichen Sie die in Teilaufgabe b) ermittelte Kugel mit der Kugel K. Zu welchem Ergebnis kommen Sie? Von der Geraden g ist eine Gleichung gegeben. Wie ermittelt man die Koordinaten der beiden Schnittpunkte von g und K?

Die Strecke $S_1S_2$ ist der Durchmesser des Schnittkreises der Ebene $E_3$ mit K. Also ist der Mittelpunkt $M^*$ der Strecke $S_1S_2$ der Mittelpunkt des Schnittkreises und der Vektor $\overrightarrow{MM^*}$ ist ein Normalenvektor von $E_3$. Damit lässt sich eine Gleichung für $E_3$ in Normalenform angeben. Andere Möglichkeit: Da von $E_3$ ein Normalenvektor bekannt ist, lässt sich wie in Teilaufgabe b) eine Gleichung für $E_3$ in Koordinatenform mit einem unbekannten Summanden ansetzen. Diesen Summanden kann man dann mit einer Punktprobe berechnen.

d) Die Gerade h durch die Punkte C und D ist fest. Ebenso die Kugel K mit dem Mittelpunkt M und dem Radius $r = 13$. Die Kugel K* mit dem Radius 12 bewegt sich auf der Geraden h. Fertigen Sie eine Skizze an. Um zu entscheiden, ob die Kugeln K und K* kollidieren, muss man den Abstand des Mittepunktes M von der Geraden h mit der Summe der beiden Kugelradien vergleichen. Welche Bedingung muss erfüllt sein, damit keine Kollision stattfindet? Wie berechnet man den Abstand eines Punktes von einer Geraden?

## Lösung:

### a) Nachweis, dass der Punkt A in der Ebene E liegt

Setzt man die Koordinaten des Punktes A in die Gleichung für die Ebene E ein, ergibt sich: $4 \cdot 1 - 12 \cdot 2 + 3 \cdot 3 + 11 = 0$, d. h., die Koordinaten von A erfüllen die Gleichung von E; also **liegt A in E**.

### Koordinaten des Schnittpunktes von g mit E

Es sei S der Schnittpunkt der Geraden g mit der Ebene E.
$g \cap E = \{S\}$: $4(1+t) - 12 \cdot 2 + 3(9-t) + 11 = 0$; hieraus folgt $t = -18$ und somit $S(-17 \mid 2 \mid 27)$.

### Gleichung der Ebene $E_1$, die g und A enthält

Der Punkt $P(1 \mid 2 \mid 9)$ liegt auf der Geraden g und somit in der Ebene $E_1$. Die Vektoren

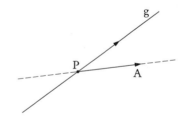

$\begin{pmatrix} 1 \\ 0 \\ -1 \end{pmatrix}$ und $\overrightarrow{PA} = \begin{pmatrix} 0 \\ 0 \\ -6 \end{pmatrix}$ sind Richtungs-

vektoren von $E_1$. Also gilt:

$E_1$: $\vec{x} = \begin{pmatrix} 1 \\ 2 \\ 9 \end{pmatrix} + s \begin{pmatrix} 1 \\ 0 \\ -1 \end{pmatrix} + t \begin{pmatrix} 0 \\ 0 \\ -6 \end{pmatrix}$; $s, t \in \mathbb{R}$

bzw. $E_1$: $x_2 = 2$.

### Gleichung der Schnittgeraden von E und $E_1$

**1. Möglichkeit:**
Man verwendet die Koordinatengleichungen der Ebenen:
E:  $4x_1 - 12x_2 + 3x_3 = -11$;
$E_1$:       $x_2 = 2$.
Setzt man $x_3 = r$, so folgt aus

$$4x_1 - 12x_2 + 3r = -11 \qquad (1)$$
$$x_2 = 2 \qquad (2)$$

durch Einsetzen von (2) in (1): $x_1 = \frac{13}{4} - \frac{3}{4}r$.

Aus $\begin{cases} x_1 = \dfrac{13}{4} - \dfrac{3}{4}r \\ x_2 = 2 \\ x_3 = r \end{cases}$ folgt

$$s:\ \vec{x} = \begin{pmatrix} \frac{13}{4} \\ 2 \\ 0 \end{pmatrix} + r \begin{pmatrix} -\frac{3}{4} \\ 0 \\ 1 \end{pmatrix};\ r \in \mathbb{R}\ \text{oder auch}\ \vec{x} = \begin{pmatrix} \frac{13}{4} \\ 2 \\ 0 \end{pmatrix} + r^* \begin{pmatrix} -3 \\ 0 \\ 4 \end{pmatrix};\ r^* \in \mathbb{R}.$$

### 2. Möglichkeit:

Man verwendet die Koordinatenform von E und die Parameterform von $E_1$.
Mit E: $4x_1 - 12x_2 + 3x_3 + 11 = 0$ folgt $4(1+s) - 12 \cdot 2 + 3(9 - s - 6t) + 11 = 0$
und hieraus $s = 18t - 18$.
Damit ergibt sich:

$$\vec{x} = \begin{pmatrix} 1 \\ 2 \\ 9 \end{pmatrix} + (18t - 18) \begin{pmatrix} 1 \\ 0 \\ -1 \end{pmatrix} + t \begin{pmatrix} 0 \\ 0 \\ -6 \end{pmatrix};\ t \in \mathbb{R}.$$

Also ist

$$s:\ \vec{x} = \begin{pmatrix} -17 \\ 2 \\ 27 \end{pmatrix} + t \begin{pmatrix} 18 \\ 0 \\ -24 \end{pmatrix};\ t \in \mathbb{R}\ \text{oder auch}\ \vec{x} = \begin{pmatrix} -17 \\ 2 \\ 27 \end{pmatrix} + t^* \begin{pmatrix} 3 \\ 0 \\ -4 \end{pmatrix};\ t^* \in \mathbb{R}$$

eine Gleichung der Schnittgeraden von E und $E_1$.

### b) Gleichung von $E_2$

#### 1. Möglichkeit:

Normalenvektoren von E
sind auch Normalenvektoren
von $E_2$. Da $E_2$ durch den
Punkt $B(15 \mid -20 \mid 9)$ verläuft,
erhält man eine Gleichung
von $E_2$ in Normalenform:

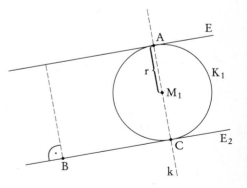

$$E_2:\ \left[ \vec{x} - \begin{pmatrix} 15 \\ -20 \\ 9 \end{pmatrix} \right] \cdot \begin{pmatrix} 4 \\ -12 \\ 3 \end{pmatrix} = 0.$$

Setzt man $\vec{x} = \begin{pmatrix} x_1 \\ x_2 \\ x_3 \end{pmatrix}$, ergibt sich

die Koordinatengleichung
$E_2:\ 4x_1 - 12x_2 + 3x_3 - 327 = 0.$

**2. Möglichkeit:**
Da die Ebene $E_2$ parallel zu $E$ ist, hat eine Gleichung für $E_2$ die Form:
$4x_1 - 12x_2 + 3x_3 + a = 0$.
Punktprobe mit $B(15 \mid -20 \mid 9)$ ergibt $4 \cdot 15 - 12 \cdot (-20) + 3 \cdot 9 + a = 0$ und
somit $a = -327$. Also ist
$E_2: 4x_1 - 12x_2 + 3x_3 - 327 = 0$
eine Gleichung für $E_2$.

### Gleichung der Kugel

Die gesuchte Kugel $K_1$ mit dem Mittelpunkt $M_1$ und dem Radius
$r_1 = |\overrightarrow{AM_1}|$ berührt die Ebene $E$ in $A$ (vgl. Figur). Der Berührpunkt $C$
mit der Ebene $E_2$ ergibt sich als Schnittpunkt der Geraden $k$ durch $A$
und orthogonal zu $E$ mit $E_2$.

$$k: \vec{x} = \begin{pmatrix} 1 \\ 2 \\ 3 \end{pmatrix} + t \begin{pmatrix} 4 \\ -12 \\ 3 \end{pmatrix}; \; t \in \mathbb{R}$$

$k \cap E_2 = \{C\}$: $4(1 + 4t) - 12(2 - 12t) + 3(3 + 3t) - 327 = 0$; hieraus folgt
$t = 2$ und somit $C(9 \mid -22 \mid 9)$.
Der Kugelmittelpunkt $M_1$ ist der Mittelpunkt der Strecke $AC$: $M_1(5 \mid -10 \mid 6)$.

Mit $\overrightarrow{AM_1} = \begin{pmatrix} 4 \\ -12 \\ 3 \end{pmatrix}$ folgt für den Kugelradius:

$r_1 = |\overrightarrow{AM_1}| = \sqrt{16 + 144 + 9} = \sqrt{169} = 13$.

Damit ergibt sich als Gleichung der Kugel
$K_1: (x_1 - 5)^2 + (x_2 + 10)^2 + (x_3 - 6)^2 = 169$.

**c) Koordinaten der Schnittpunkte $S_1$ und $S_2$**

Die Kugel $K_1$ aus Teilaufgabe b) ist identisch
mit der Kugel $K$. Die Gerade $g$ schneidet die
Kugel $K$ in $S_1$ und $S_2$.
$g \cap K = \{S_1; S_2\}$:
Aus $(1 + t - 5)^2 + (2 + 10)^2 + (9 - t - 6)^2 = 169$
folgt $t(2t - 14) = 0$ und hieraus $t_1 = 0$; $t_2 = 7$.
Die Schnittpunkte sind also: $S_1(1 \mid 2 \mid 9)$; $S_2(8 \mid 2 \mid 2)$.

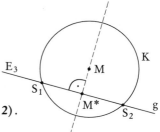

### Gleichung der Ebene $E_3$

**1. Möglichkeit:**
Der Mittelpunkt $M^*$ der Strecke $S_1 S_2$ ist der Mittelpunkt des Schnittkreises
von $E_3$ und $K$ (vgl. Figur). Der Vektor $\overrightarrow{MM^*}$ ist ein Normalenvektor von $E_3$.

Es ist $M^*(4,5 \mid 2 \mid 5,5)$ und $\overrightarrow{MM^*} = \begin{pmatrix} -0,5 \\ 12 \\ -0,5 \end{pmatrix}$. Also ist

$$E_3: \left[ \vec{x} - \begin{pmatrix} 4,5 \\ 2 \\ 5,5 \end{pmatrix} \right] \cdot \begin{pmatrix} -0,5 \\ 12 \\ -0,5 \end{pmatrix} = 0$$

eine Gleichung von $E_3$ in Normalenform.

Setzt man $\vec{x} = \begin{pmatrix} x_1 \\ x_2 \\ x_3 \end{pmatrix}$, ergibt sich die Koordinatengleichung

$E_3: x_1 - 24x_2 + x_3 + 38 = 0$.

**2. Möglichkeit:**

Da $\overrightarrow{MM^*} = \begin{pmatrix} -0,5 \\ 12 \\ -0,5 \end{pmatrix}$ ein Normalenvektor von $E_3$ ist, ergibt sich als Ansatz

einer Gleichung für

$E_3: -0,5x_1 + 12x_2 - 0,5x_3 + b = 0$; Punktprobe mit $M^*(4,5 \mid 2 \mid 5,5)$ ergibt
$-0,5 \cdot 4,5 + 12 \cdot 2 - 0,5 \cdot 5,5 + b = 0$ und somit $b = -19$. Also ist
$-0,5x_1 + 12x_2 - 0,5x_3 - 19 = 0$ oder auch

$E_3: x_1 - 24x_2 + x_3 + 38 = 0$

eine Koordinatengleichung für $E_3$.

**d) Untersuchung, ob die Kugel K* mit der Kugel K kollidiert oder nicht**

Der Mittelpunkt der Kugel K* mit dem
Radius 12 bewegt sich auf der Geraden h.
Die Kugel K* kollidiert mit der Kugel K
aus Teilaufgabe b), wenn der Abstand d
des Mittelpunktes M der Kugel K von
der Geraden h kleiner ist als die Summe
der Radien von K und K*.
Ist F der Fußpunkt des Lotes von M
auf h, so gilt $d = |\overrightarrow{MF}|$. Der Lotfuß-
punkt F ergibt sich als Schnittpunkt der
Hilfsebene H orthogonal zu h durch
M mit h.
Die Gerade h geht durch die Punkte
$C(-5 \mid 1 \mid 28)$ und $D(-9 \mid 4 \mid 26)$. Also gilt:

$$h: \vec{x} = \begin{pmatrix} -5 \\ 1 \\ 28 \end{pmatrix} + u \begin{pmatrix} -4 \\ 3 \\ -2 \end{pmatrix}; \ u \in \mathbb{R}.$$

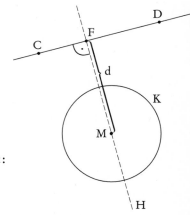

$$H: \left[ \vec{x} - \begin{pmatrix} 5 \\ -10 \\ 6 \end{pmatrix} \right] \cdot \begin{pmatrix} -4 \\ 3 \\ -2 \end{pmatrix} = 0 \quad \text{bzw.} \quad -4x_1 + 3x_2 - 2x_3 + 62 = 0.$$

$h \cap H = \{F\}$: Aus $-4(-5-4u) + 3(1+3u) - 2(28-2u) + 62 = 0$ folgt $u = -1$ und somit $F(-1|-2|30)$.

Es ist $\overrightarrow{MF} = \begin{pmatrix} -6 \\ 8 \\ 24 \end{pmatrix}$. Also ist $d = \left| \begin{pmatrix} -6 \\ 8 \\ 24 \end{pmatrix} \right| = \sqrt{36 + 64 + 576} = \sqrt{676} = 26.$

Die Summe der Radien von K und K* ist $13 + 12 = 25$. Da $25 < 26$ ist, **kollidiert die Kugel K\* nicht mit der Kugel K.**

G

## Register

Abstand
Gerade–Ebene          99/3 c
Gerade-Kugel          96/2 c
Punkt–Ebene          96/1 b; 96/2 a; 96/3 a; 96/3 c; 98/1 b; 00/1 c;
                     00/2 c
Punkt–Punkt          97/1 d; 98/2 a

Betrag               96/1 b; 96/1 c; 96/2 a; 96/2 b; 96/3 a; 98/1 b;
                     98/2 a; 98/2 c; 98/2 d; 99/1 a; 99/2 b; 99/2 d;
                     99/3 a; 99/3 b; 99/3 d; 00/2 c; 00/3 c; 01/1 b;
                     01/1 c; 01/3 b

Bild
einer Geraden        99/1 c
eines Punktes        98/1 b

Ebene
Dreipunkteform       96/1 a; 96/2 a; 96/3 a; 98/1 a; 98/3 a; 99/1 a;
                     99/1 b; 99/3 a; 00/2 a; 01/1 a
Koordinatengleichung 96/1 a; 96/2 a; 96/3 a; 97/1 a; 97/2 b; 97/3 a;
                     98/1 a; 98/1 d; 98/3 a; 99/1 a; 99/2 b; 99/3 a;
                     00/1 a; 00/2 a; 00/3 a; 01/1 a; 01/1 b; 01/1 c;
                     01/1 d; 01/2 a; 01/3 b; 01/3 c
Normalenform         96/1 c; 96/2 c; 96/3 c; 98/2 b; 98/2 c; 99/3 b;
                     01/1 c; 01/1 d; 01/2 b; 01/3 b; 01/3 c; 01/3 d

Ebenenschar          99/1 d; 00/1 c

Ellipse              96/1 d

Flächeninhalt
eines Dreiecks       96/2 b; 97/2 d; 99/1 b; 00/1 b
einer Raute          99/3 b
eines Trapezes       01/2 b

Gerade
Punktrichtungsform   96/1 b; 96/1 c; 96/2 b; 96/2 c; 96/3 a; 96/3 b;
                     96/3 d; 98/1 a; 98/1 b; 98/2 a; 98/2 b; 98/3 a;
                     99/1 c; 99/1 d; 99/2 d; 99/3 b; 00/1 a; 00/2 c;
                     00/3 a; 01/1 d; 01/3 a; 01/3 b

| | |
|---|---|
| Hessesche Normalenform | 96/1 b;  96/2 a;  96/3 a;  96/3 d;  97/1 c;  97/2 c;  98/1 b;  98/3 c;  99/1 b;  99/3 c;  00/1 c;  00/2 c;  01/1 b |
| Kugel | 96/1 b;  96/1 c;  96/2 c;  96/3 c;  96/3 d;  97/2 c;  97/3 c;  98/2 d;  98/3 b;  98/3 c;  99/2 d;  99/3 d;  00/3 b;  00/3 c;  00/3 d;  01/3 b;  01/3 d |
| Länge | |
|   einer Strecke | 96/2 a;  96/3 b;  97/1 a;  97/1 d;  97/2 a;  98/1 b;  98/2 a;  98/2 c;  98/2 d;  98/3 b;  99/1 a;  99/2 b;  99/3 a;  99/3 b;  00/2 a;  00/2 b |
|   eines Vektors | 96/3 c;  99/1 a;  99/1 b;  99/2 b;  99/3 a;  99/3 b;  00/1 b;  01/1 b;  01/2 b |
| Normalenvektor | 96/2 a;  96/3 d;  97/1 b;  97/2 b;  98/1 a;  98/2 b;  98/2 c;  99/1 d;  99/2 b;  00/1 a;  00/2 a;  00/2 c;  01/1 c;  01/1 d;  01/2 b;  01/3 c |
| Orthogonalität | |
|   Vektor–Vektor | 96/1 c;  96/2 b;  96/3 b;  97/1 a;  99/1 d;  99/2 b;  99/3 c;  00/2 c |
|   Ebene–Ebene | 99/1 d |
|   Vektor–Ebene | 98/1 a |
| Ortsvektor | 96/3 d;  97/1 a;  97/2 a;  97/3 a;  98/1 b;  98/3 b;  99/1 c;  99/2 c;  99/2 d;  99/3 a;  99/3 d |
| Parallelität | |
|   Gerade–Ebene | 98/1 a;  99/1 d;  99/3 c;  00/2 b |
| Rauminhalt | |
|   von Kegel | 01/1 c |
|   von Pyramide | 97/1 c;  98/1 c;  99/1 b;  99/2 b;  99/3 b;  00/1 b;  01/1 b |
|   von Zylinder | 00/1 b |
| Schnitt | |
|   Ebene–Ebene | 96/1 a;  98/2 b;  98/3 a;  99/1 d;  00/2 b;  01/3 a |
|   Ebene–Kugel | 96/1 c;  98/2 d;  98/3 b |
|   Gerade–Ebene | 96/3 a;  97/1 a;  97/3 a;  98/1 a;  98/2 a;  01/1 c;  01/2 b;  01/2 c;  01/3 a;  01/3 b;  01/3 d |
|   Gerade–Gerade | 99/3 c;  00/1 a;  00/3 a |
|   Gerade–Kugel | 96/3 c;  01/3 c |
|   Kugel–Kugel | 00/3 c |
| Schnittkreis | 96/1 c;  96/3 d;  97/3 d;  98/2 c;  98/2 d;  98/3 b;  00/3 b |

G

Schnittwinkel
Ebene–Ebene            96/1 a;  96/2 a;  97/2 b;  99/2 b;  00/1 a;  00/2 a;
                      00/3 a;  01/2 a
Gerade–Ebene          97/1 b;  97/3 c;  98/3 a;  99/1 c;  99/2 a;  00/2 a
Gerade–Gerade         96/2 a;  98/1 a;  99/1 a;  99/3 a;  00/3 a

Schrägbild            97/1 b;  97/2 a;  97/3 a;  98/1 a;  98/3 c;  99/2 a;
                      99/3 a;  00/1 a;  01/1 a;  01/2 a

Skalarprodukt         97/1 a;  97/3 b

Spurgeraden           98/3 c;  00/1 a

Spurpunkte            00/1 a;  00/1 c;  01/1 a

Tangente              96/1 c

Tangentialebene       96/3 c;  98/3 b

Umkreis               00/1 b

Volumen               97/1 c;  98/1 c;  99/1 b;  99/2 b;  00/1 b;  01/1 b;
                      01/1 c

# Mathematik–Abitur
# Leistungskurs 1996 – 2001

## Die in Baden-Württemberg zentral gestellten Abituraufgaben mit ihren Lösungen

Klett-Nr.: 72564